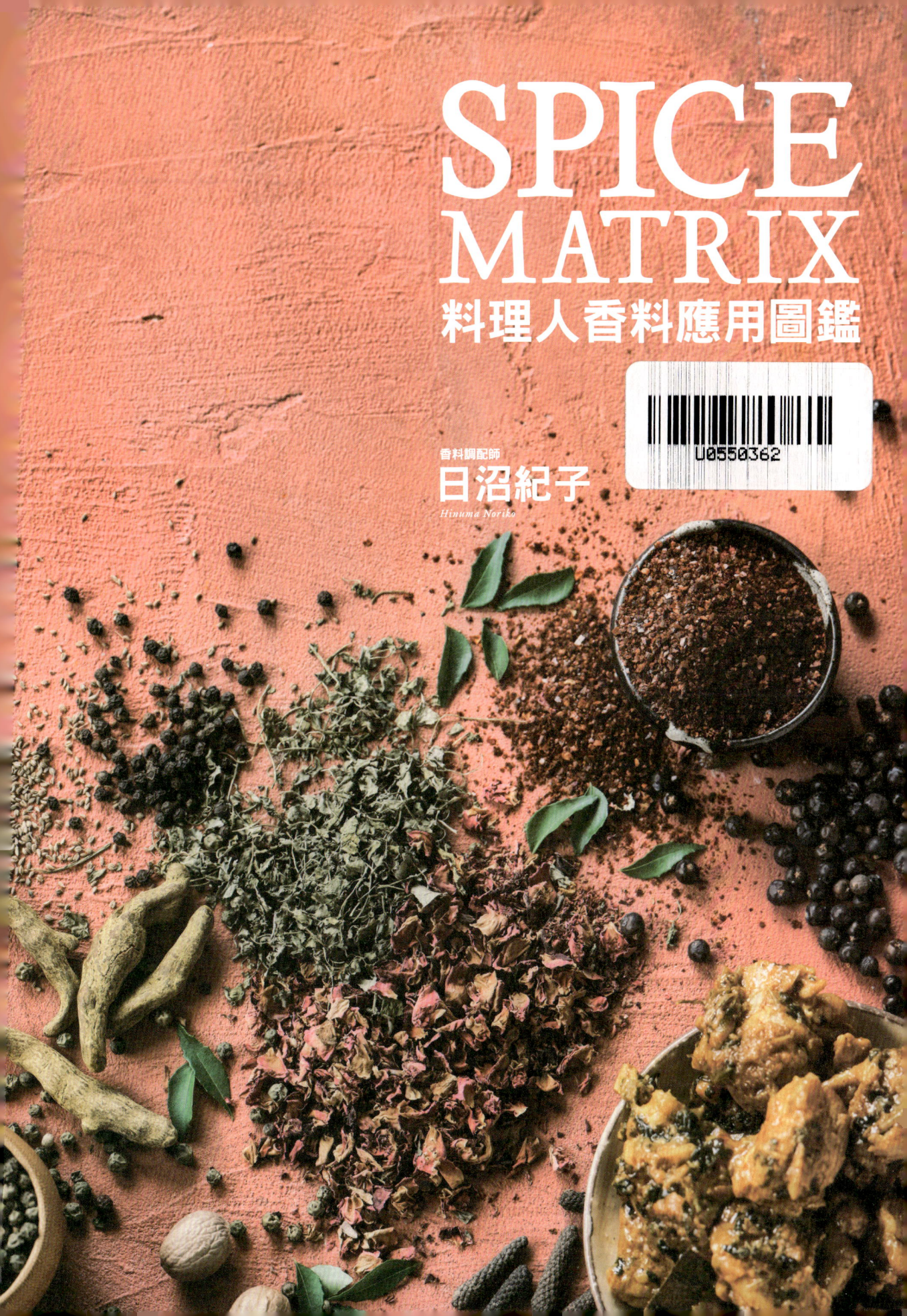

SPICE MATRIX
料理人香料應用圖鑑

香料調配師
日沼紀子
Hinuma Noriko

前言

常有人問我：「香料調配師是什麼樣的工作呢？」請讓我藉以下文字來回答，並作為本書的起始。

從在一家企業中建立香料部門、開發許多香料商品開始，我與香料的緣分已超過二十年了。

從小我就很喜歡「組合、調配」，一拿起眼前的事物，就會試著掌握形狀、顏色、特性，再依照目的做出合適的組合。這些從美勞活動、寫文章、布置房間開始的興趣，後來變成了料理，再演變成香料的組合與搭配。

另一方面，我是個感受力很強的人。尤其對氣味特別敏感。每當天氣或季節變化時，比起透過眼前的景象，我則是先從周遭環境、空氣中的氣味變化開始察覺。對我來說，記憶一個地方的方式，也是透過氣味，例如初次造訪之地的氣味、故鄉專屬的氣味等。許許多多記憶都跟氣味有關。雖然我的記性不好、也不擅長背誦，但是卻能輕易記住食材和料理方法。不過，我這方面的特質對人則不太管用，我很不擅長認人，也時常忘東忘西。

即使如此，我的特質卻偶然和第一個職場賦予的任務非常契合，於是「香料調配師」的頭銜就這樣誕生了。搭配食材和香料、搭配香料和香料，這就是我最拿手的工作。

「香料調配師」的工作範圍相當廣。例如替企業或餐廳開發菜單或新商品、負責培訓課程，或是在餐廳提供香料料理，開設香料料理教室等。我在寫書時也兼顧著這些工作。

這本書是將我平常如何運用香料的感性認知，以邏輯方式來解說。雖然在找出不會互相矛盾的邏輯時費了一番工夫，但若能對您料理時有所助益，也不枉我的辛苦。而且，書中收錄了大量的料理食譜，相信有助您更理解香料的運用。

透過本書，您未來在接觸香料時，想必也可以像使用鹽與醬油般運用自如。

香料調配師　日沼紀子

為何要在料理中使用香料？

什麼是「真正美味的食物」呢？是剛採收的番茄、味道鮮甜的湯品、還是精心製作的醬油。您是否曾經想過，為什麼它們會這麼美味呢？

番茄會好吃，無論是偶然還是人為，澆水頻率、土壤成分等都會影響到它的味道。日式高湯要好喝，最重要的是昆布、柴魚的品質以及熬湯的方法。醬油則是依大豆的品質與製程而定。每道工序都非常重要。層層堆疊這些「要素」和「工序」，食材就變得更加美味了。

那麼，香料呢？香料的氣味明顯，所以在料理中加入香料，就是為了製作出風味強烈的料理嗎？我並不這麼認為。香料雖然是配角，卻能帶出食材本身的風味，讓美味變得更有深度、有層次。在氣味強烈的咖哩，或者具刺激性的麻婆豆腐中，如果香料掩蓋了食材本身的風味，那麼添加香料就失去意義了。唯有與食材的美味共存，互相提高價值，才是使用香料的意義。

本書是分享如何在不偏離「美味」的前提下運用香料的一本指南。使用香料做菜，首先要掌握香料因「形狀、用量、烹調時間」之差異而產生的香氣特性，才能將它運用到適合的烹調階段。本書CHAPTER1「香料入菜的基本知識」會詳細解說香料的整體概念。

在料理中加入香料時，必須了解香料各自的特性，再判斷香料與食材或香料之間是否適合，以及適合的程度。在CHAPTER2「各種香料的料理應用」中，會深入介紹超過90種香料，包含香氣組成分析圖、世界各國料理實例，以及分享我的原創食譜等。而寫在本書開頭的「香料矩陣」（p.8～11）和「食材風味濃淡圖」（p.12～13），將有助於您理解後續的內容，這兩者也是本書的兩大立論基礎。

為了拓展料理變化，了解香料產區特性也很重要。因為各地區的香料組合會展現出各自獨有的特性，並且表現在料理當中。如此一來，當您了解香料的地區特性，料理就不被侷限在某個類型，而是能無限延伸、做出豐富的變化。例如，同樣是利用牛蒡來做菜，透過更換香料，一道菜就能轉變成西式風味或印度風味，非常有趣。能夠享受此樂趣的祕訣，就在CHAPTER3「世界各地特色香料與地區特性」。

那麼，就讓我們從了解香料矩陣開始，走入香料的世界吧！

CONTENTS

- 2 ── 前言
- 3 ── 為何要在料理中使用香料？
- 8 ── 香料矩陣
- 12 ── 食材風味濃淡圖
- 14 ── 本書使用方法・圖表對照方法

CHAPTER1　香料入菜的基本知識　　　　　　　　　　　　　　　　　　　　16

- 18 ── 香料的形狀與用量
- 19 ── 香料顆粒大小與香氣的釋放方式
- 19 ── Column 01 試試自己現磨香料吧！
- 20 ── 香料的使用時機與方式
- 21 ── Column 02 香氣滿滿！煉製香料油的方法
- 22 ── 香料的大小與使用方法【預先調味】
- 24 ── 香料的大小與使用方法【烹調過程】
- 26 ── 香料的大小與使用方法【最後盛盤】
- 28 ── 香料在料理中的功能與搭配方法 1 ｜料理的構成要素
- 29 ── 香料在料理中的功能與搭配方法 2 ｜香料的功能
- 30 ── 香料在料理中的功能與搭配方法 3 ｜如何挑選搭配的香料
- 32 ── 香料在料理中的功能與搭配方法 4 ｜使用香料的時機
- 33 ── Column 03 最多人想知道的香料 Q & A

CHAPTER2　各種香料的料理應用　　　　　　　　　　　　　　　　　　　　34

● 2-1 清新香氣的香料　　　　　　　　　　　　　　　　　　　　　　　　36

- 38 ── ● 清新香氣的香料矩陣
- 40 ── ● 香料圖表─清新香氣／香草系／萬用群組／新鮮
- 41 ── 新鮮馬鬱蘭　　42 ── 新鮮羅勒　　43 ── 新鮮鼠尾草
- 44 ── 新鮮奧勒岡葉　45 ── 新鮮百里香　46 ── 新鮮迷迭香
- 47 ｜應用食譜｜春日馬鬱蘭茴香豆腐泥、羅勒味噌炒茄子、杜松子檸檬雞佐酥炸鼠尾草、自製舒肥火腿佐奧勒岡薄荷醬、百里香風味蝦丸湯、黑胡椒豬五花沙拉佐迷迭香醬

- 50 ── ● 香料圖表─清新香氣／香草系／萬用群組／乾燥
- 51 ── 乾燥馬鬱蘭　　52 ── 乾燥羅勒　　53 ── 乾燥薰衣草
- 54 ── 乾燥奧勒岡葉　55 ── 乾燥鼠尾草　56 ── 乾燥百里香
- 57 ── 乾燥迷迭香
- 58 ｜應用食譜｜馬鬱蘭薰衣草焗烤麵包、中華風羅勒口水雞、薰衣草烤羊排、酥炸竹莢魚佐奧勒岡香草醬、烤舞菇佐鼠尾草鹽、香醋百里香炒金平牛蒡、紅酒燉牛肉搭迷迭香脆片

- 62 ── ● 香料圖表─清新香氣／香草系／燉煮群組
- 63 ── 印度月桂葉　　64 ── 月桂葉　　65 ── 西芹籽
- 66 ｜應用食譜｜印度風燜蔬菜、月桂葉燉豬肉、西芹籽漬牛蒡小黃瓜

- 68 ── ● 香料圖表─清新香氣／香草系／佐料群組
- 69 ── 檸檬香蜂草　　70 ── 紫蘇　　71 ── 綠薄荷
- 72 ｜應用食譜｜肉味噌檸檬香蜂草沙拉、香煎豬排佐紫蘇奶油醬、甜醬油薄荷唐揚豬

74 ── ● 香料圖表─清新香氣／綠色系
75 ──── 細葉芹　　　76 ──── 茴香　　　77 ──── 蒔蘿
78 ──── 葫蘆巴葉　　79 ──── 芫荽　　　80 ──── 巴西里
81｜應用食譜｜明太子細葉芹馬鈴薯泥、雞尾酒杯茴香胭脂蝦、
小黃瓜蒔蘿拌鰹魚鬆、葫蘆巴風味馬鈴薯燉雞、炸魷魚佐芫荽、烤羊肉塔布勒沙拉

84 ── ● 香料圖表─清新香氣／森林系／種子群組
85 ──── 蒔蘿籽　　86 ──── 葛縷子　　87 ──── 黑種草　　88 ──── 印度藏茴香
89｜應用食譜｜高麗菜泡菜、葛縷子風味蘋果醬、炒羅望子油豆腐、印度藏茴香皮塔餅包烤蔬菜

91 ──── Column 04 堅果和乾貨是香料嗎？

92 ── ● 香料圖表─清新香氣／森林系／杜松子群組
93 ──── 杜松子　　94｜應用食譜｜紅酒燉杜松子鴨胸

95 ──── Column 05 香料小史

96 ── ● 香料圖表─清新香氣／生薑系／生薑群組
97 ──── 南薑　　98 ──── 乾薑　　99 ──── 新鮮生薑　　100 ──── 凹唇薑
101｜應用食譜｜南薑醋蝦仁香蕉沙拉、薑香橙汁雞肉、薑香山椒柳橙磅蛋糕、薑味醬燉牛肉

104 ── ● 香料圖表─清新香氣／生薑系／豆蔻群組
105 ──── 小豆蔻　　106 ──── 天堂椒　　107 ──── 黑豆蔻
108｜應用食譜｜小豆蔻風味漬雙果、天堂椒生巧克力、煙燻培根香料歐姆蛋

110 ── ● 香料圖表─清新香氣／柑橘系／果實群組
111 ──── 檸檬　　112 ──── 柳橙　　113 ──── 香橙　　114 ──── 陳皮
115｜應用食譜｜檸檬義式鯛魚卡爾帕喬、奶油醬柚香雞肉、柳橙奧勒岡鮪魚拌飯、陳皮肉丸湯

118 ── ● 香料圖表─清新香氣／柑橘系／葉片群組
119 ──── 檸檬馬鞭草　　120 ──── 泰國青檸葉　　121 ──── 檸檬香茅
122｜應用食譜｜檸檬馬鞭草綠茶凍、南洋風蝦子拌麵、酥炸檸檬香茅海鮮

● **2-2 甘甜香氣的香料** ──────────── 124

126 ── ● 甘甜香氣的香料矩陣
128 ── ● 香料圖表─甘甜香氣／濃香系／萬用群組
129 ──── 錫蘭肉桂　　130 ──── 肉桂　　131 ──── 肉豆蔻
132 ──── 八角　　133 ──── 多香果　　134 ──── 丁香　　135 ──── 可可
136｜應用食譜｜糖煮肉桂梨子、肉桂風味肉末馬鈴薯沙拉、肉豆蔻馬鈴薯濃湯、八角糖醋番茄豬肉、
多香果牛筋清湯、香煎丁香雞肝、炸牛排佐可可胡椒醬

140 ── ● 香料圖表─甘甜香氣／濃香系／甜點群組
141 ──── 東加豆　　142 ──── 香草　　143 ──── 玫瑰
144｜應用食譜｜抹茶東加豆慕斯、香草風味豬肉甜菜根湯、玫瑰白豆沙蒙布朗

140 ── ● 香料圖表─甘甜香氣／清香系／種子群組
147 ──── 茴香籽　　148 ──── 洋茴香籽
149｜應用食譜｜茴香籽漬葡萄柚蝦仁、草莓洋茴香可麗餅

5

150 ── ● 香料圖表—甘甜香氣／清香系／葉・花・莖群組
151 ── 龍蒿　　　152 ── 洋甘菊　　　153 ── 接骨木花　　　154 ── 香蘭葉
155 │應用食譜│涼拌龍蒿白肉魚、洋甘菊蘋果茶、接骨木花雞尾酒、香蘭白玉麻糬

157 ── Column 06 香水與香料的關係

● **2-3 異國風香氣的香料** ────────────────── 158

160 ── ● 異國風香氣的香料矩陣
161 ── ● 香料圖表—異國風香氣／孜然系
162 ── 芫荽籽　　　163 ── 咖哩葉　　　164 ── 葫蘆巴籽
165 ── 孜然　　　166 ── 黑岩鹽
167 │應用食譜│芫荽籽椰香辣蝦鬆、酥炸咖哩葉南瓜、葫蘆巴拔絲地瓜、酥炸孜然小香魚、烤肋排佐香料黑岩鹽

170 ── ● 香料圖表—異國風香氣／非孜然系
171 ── 酸豆　　　172 ── 番紅花
173 │應用食譜│烤酸豆番茄爐魚、番紅花海鮮湯

● **2-4 辣味香料** ────────────────── 174

176 ── ● 辣味香料矩陣
178 ── ● 香料圖表—辣味／辣椒系
179 ── 青辣椒　　　180 ── 紅辣椒
181 │應用食譜│檸汁醃魚片生春捲、香煎豬五花佐韓式辣味噌

182 ── ● 香料圖表—辣味／胡椒系
183 ── 綠胡椒　　　184 ── 白胡椒　　　185 ── 黑胡椒　　　186 ── 長胡椒
187 │應用食譜│舒肥雞佐綠胡椒醬、竹筍佐味噌胡椒白醬、黑胡椒牛排、長胡椒蔥爆豬肉

190 ── ● 香料圖表—辣味／山椒系
191 ── 青花椒　　　192 ── 山椒　　　193 ── 花椒
194 │應用食譜│青花椒漬白蘿蔔、山椒風味雞肉義大利麵、花椒花生味噌飯糰

196 ── ● 香料圖表—辣味／山葵系
197 ── 山葵　　　198 ── 辣根
199 │應用食譜│山葵酸豆漬生魚片、烤牛肉佐辣根

200 ── ● 香料圖表—辣味／芥末系
201 ── 白芥末籽　　　202 ── 褐芥末籽
203 │應用食譜│芝麻芥末涼拌小豆苗、芥末香草布利尼

204 ── Column 07 自製芥末醬
205 ── Column 08 世界各地的芥末醬

● **2-5 鮮味香料** ────────────────── 206

208 ── ● 鮮味香料矩陣
209 ── ● 香料圖表—鮮味
210 ── 洋蔥　　　211 ── 大蒜
212 │應用食譜│滿滿洋蔥燒賣、滿滿大蒜冬粉鍋

- **2-6 酸味香料** — 214
  - 216 — ◆ 酸味香料矩陣
  - 217 — ◆ 香料圖表—酸味
  - 218 — 芒果粉　　219 — 玫瑰果　　220 — 羅望子
  - 221 — 鹽膚木　　222 — 洛神花
  - 223 | 應用食譜 | 印度香料鳳梨沙拉、玫瑰果麻糬、羅望子醬照燒雞肉、鹽膚木巧克力蛋糕、法式洛神花熟肉抹醬

- **2-7 增色香料** — 226
  - 228 — ◆ 增色香料矩陣
  - 229 — ◆ 香料圖表—色澤
  - 230 — 薑黃　　231 — 紅椒粉
  - 232 | 應用食譜 | 酥炸薑黃鯖魚、香草烤雞紅椒飯

- 234 — 萬無一失・適合初學者的5種香料
- 235 — 享受變化・適合探索風味的10種香料

CHAPTER3　世界各地特色香料與地區特性 — 236

- 238 — 地區特色香料文化分布圖

- 240 — 法國（香料矩陣＆特色料理）
- 242 — 北歐（香料矩陣＆特色料理）
- 243 — 義大利（香料矩陣＆特色料理）
- 244 — 西班牙（香料矩陣＆特色料理）

- 245 — Column 09 阿拉伯帝國的飲食文化

- 246 — 土耳其地區（香料矩陣＆特色料理）
- 248 — 伊朗地區（香料矩陣＆特色料理）
- 250 — 摩洛哥地區（香料矩陣＆特色料理）
- 252 — 印度（香料矩陣＆特色料理）

- 256 — Column 10 咖哩粉的起源
- 257 — Column 11 非洲的香料

- 258 — 東南亞（香料矩陣＆特色料理）
- 260 — 中國／台灣（香料矩陣＆特色料理）
- 262 — 日本（香料矩陣＆特色料理）
- 264 — 德州、墨西哥等中南美地區（香料矩陣＆特色料理）

- 266 — 索引
- 270 — 後記
- 271 — 參考文獻

- 書中使用的量匙，1大匙=15ml，1小匙=5ml。1ml=1cc。
- 1撮：用大拇指、食指、中指這3根指頭輕輕抓取的量；少許：約一耳勺（0.013g）
- 食譜中使用到兩次相同材料時，會分開標示用量。三次以上或是標示很複雜時，以總量記載。
- 書中用的「油」是香氣較淡的芝麻油、沙拉油。
- 書中用的「酒」是日本酒。
- 鮮奶油若無特別標示時，則是乳脂肪含量35%的鮮奶油。
- 洋蔥的前處理：去皮，去芽、根和綠色部分。「綠色部分」是指靠近莖的綠色部分，因為有澀味，所以要切除。
- 大蒜的前處理：去皮，去芽。
- 1片生薑約等同1片大蒜的大小（大拇指第一指節的大小）。
- 「生薑」若無特別標示時，是指新鮮生薑。
- 「辣椒」若無特別標示時，是指紅辣椒。

香料矩陣──七大類──

「香料矩陣」是一種用來了解香料的指標。此指標超越植物學的分類，是專門為「料理使用」而建立的嶄新分類系統。香料的功能，可以分為**「增添香氣、增添風味、增添顏色」**三種。這三種功能，再依據增添何種香氣、何種風味等分為七大類，透過將各種香料歸納進這七大類當中，香料矩陣就此展開。有些香料可能同時具備多種功能，但本書是根據其主要功能來分類。首先，讓我們來了解這七大類香料吧！

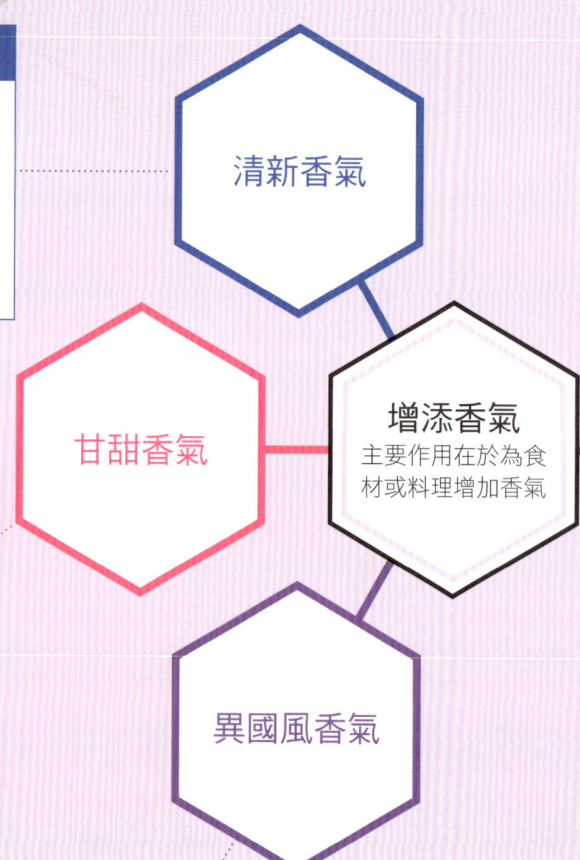

散發清新香氣的香料，如迷迭香、月桂葉等

消除腥味
以清新的香氣，讓食材和料理的腥味變得不明顯（壓制效果）。
例 沙丁魚撒上迷迭香

豐富料理層次
香料的清新香氣能增加料理風味層次，讓人不容易膩口。
例 燉煮料理中加入月桂葉

帶有甜香的香料，如肉桂、八角等

消除腥味
甘甜香氣讓食材或料理的腥味變得不明顯（壓制效果）。
例 滷豬肉時加入八角一起滷

提升甜味
帶出食材或料理本身的甜味。
例 蒸好的地瓜撒上肉桂粉

增添香氣
主要作用在於為食材或料理增加香氣

具有非清爽也非甜香的異國風香氣之香料，如孜然、番紅花等

展現地區特色
香味特殊，讓人感受到地域風情。
＊帶有清新或甘甜香氣的香料，其主要功能是讓食材更美味，相對於此，異國風香氣的香料氣味較明顯，通常是料理的主要元素之一。
例 鷹嘴豆泥撒上孜然就成了中東風料理

添加料理變化
以特殊的香氣，讓料理煥然一新。
例 炸雞先用孜然醃過再炸

豐富料理層次
以特殊香氣增添層次，不易吃膩。
例 馬賽魚湯加入番紅花一起煮

以提供辣味為主的香料，如胡椒、辣椒等

增添辛辣風味
為料理增加辣味。
例 麻婆豆腐中加入紅辣椒

豐富料理層次
剛剛好的辣味，讓人想「再吃一口」。
＊雖然清新香氣或異國風香氣也具有相同的作用，但因為辣味的感受最直接，所以最能輕而易舉地發揮這個效果。

具特有的鮮味或甜味之香料，如大蒜、洋蔥等，蔥類蔬菜居多

消除腥味
和食材一起加熱烹煮時，因和食材中的蛋白質產生化學反應，故能消除腥味。
例 雞肉用加入大蒜的醃料醃過後再煎

增添鮮味
加熱釋放出特殊的鮮味和甜味，能提升料理整體鮮味層次。
＊加熱前較接近辣味香料的功能
例 洋蔥加入咖哩中一起燉煮

- 辣味
- 香料
- 增添風味：以增加讓舌頭直接感覺到的味道為主
- 鮮味
- 增添顏色：比起香氣或風味增色效果更突出
- 酸味
- 色澤

以酸味為主的香料，如洛神花、羅望子等

增添酸味
為料理增添酸味。
例 肉類的佐醬裡加入洛神花

對顏色的影響比香氣、味道更為突出的香料，如薑黃、紅椒粉等

增添色澤
雖然也具香氣和味道，但主要用以增色。
例 咖哩中加入薑黃

香料矩陣——系、群組

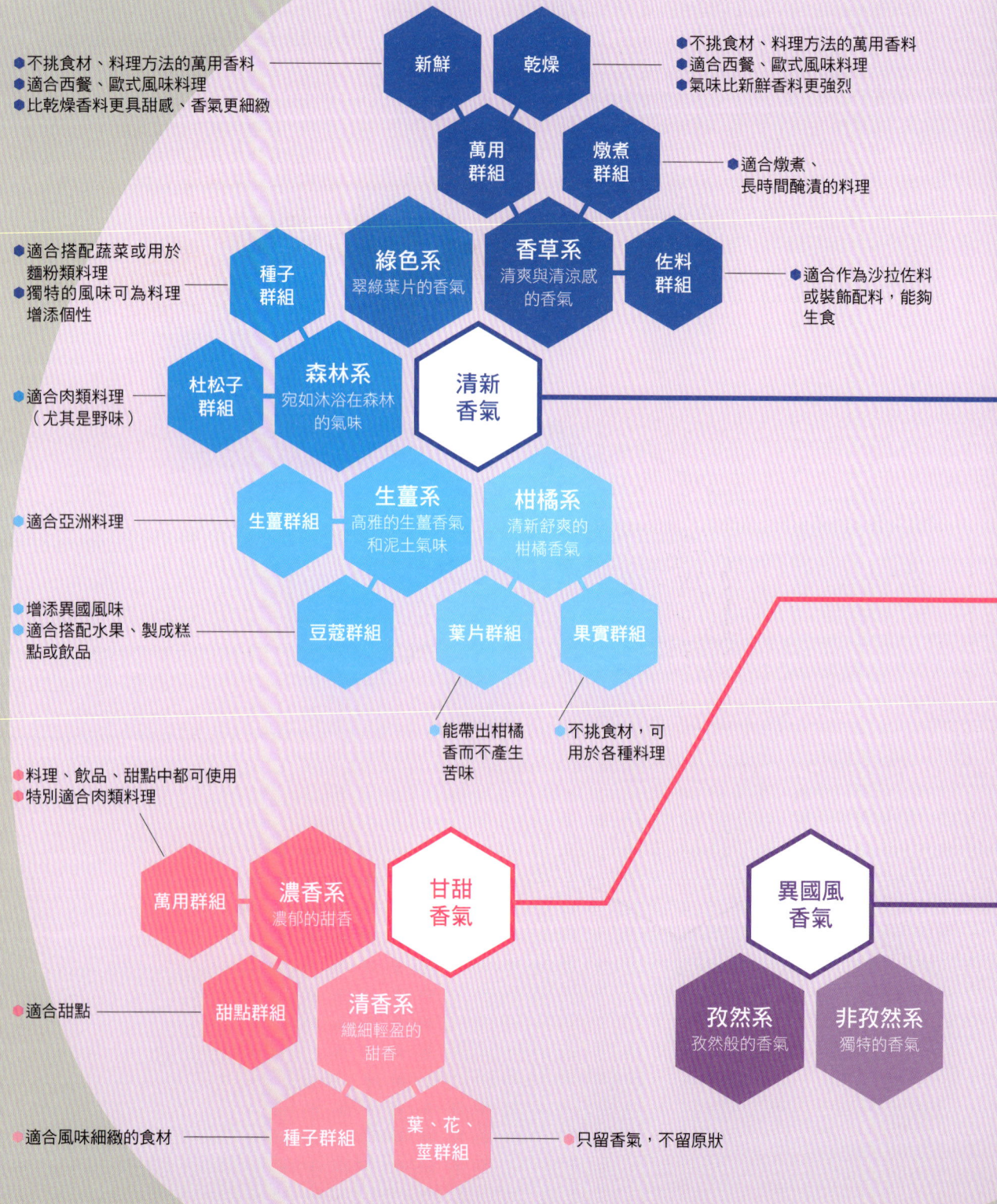

10

前面我們認識了香料矩陣的七大類，接著這七大類會再進一步細分如下。首先，依照香氣和風味特徵，分成各個「系」，接著各個「系」再依據用途分成各「群組」。香料矩陣的「大類→系→群組」架構，會讓您更清楚了解各種香料的角色與功能。

就讓我們來看看各個「系」、「群組」的特徵，以及它們分別適合運用在哪些料理。

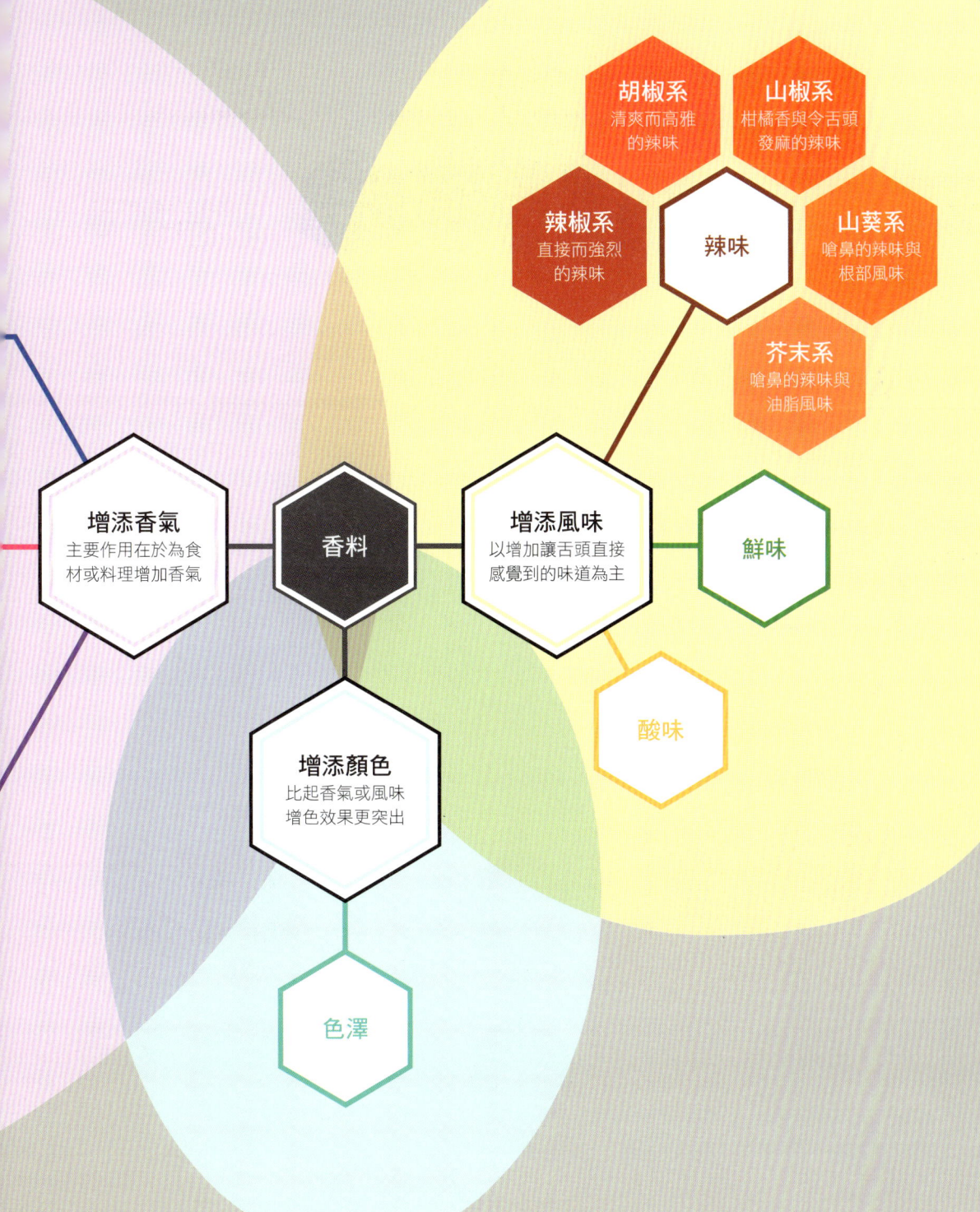

食材風味濃淡圖

「食材風味濃淡圖」是使用香料時的一個指南。這是在與香料搭配的前提下將食材分類，並將「風味的濃淡」以圖像表現。對照CHAPTER2中，不同「系」和「群組」的「香料圖表」一起閱讀，會更容易知道哪些食材和香料特別契合。

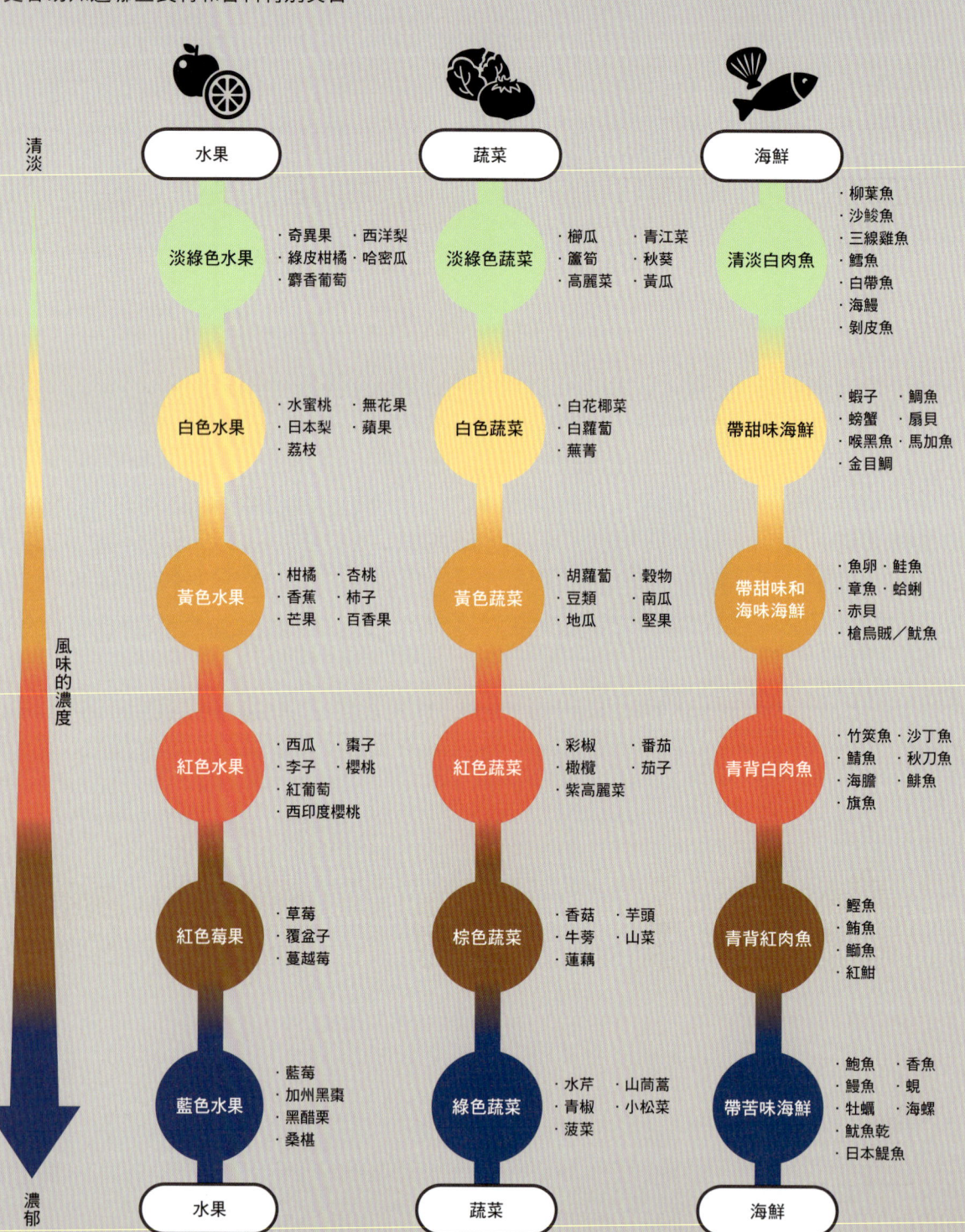

12

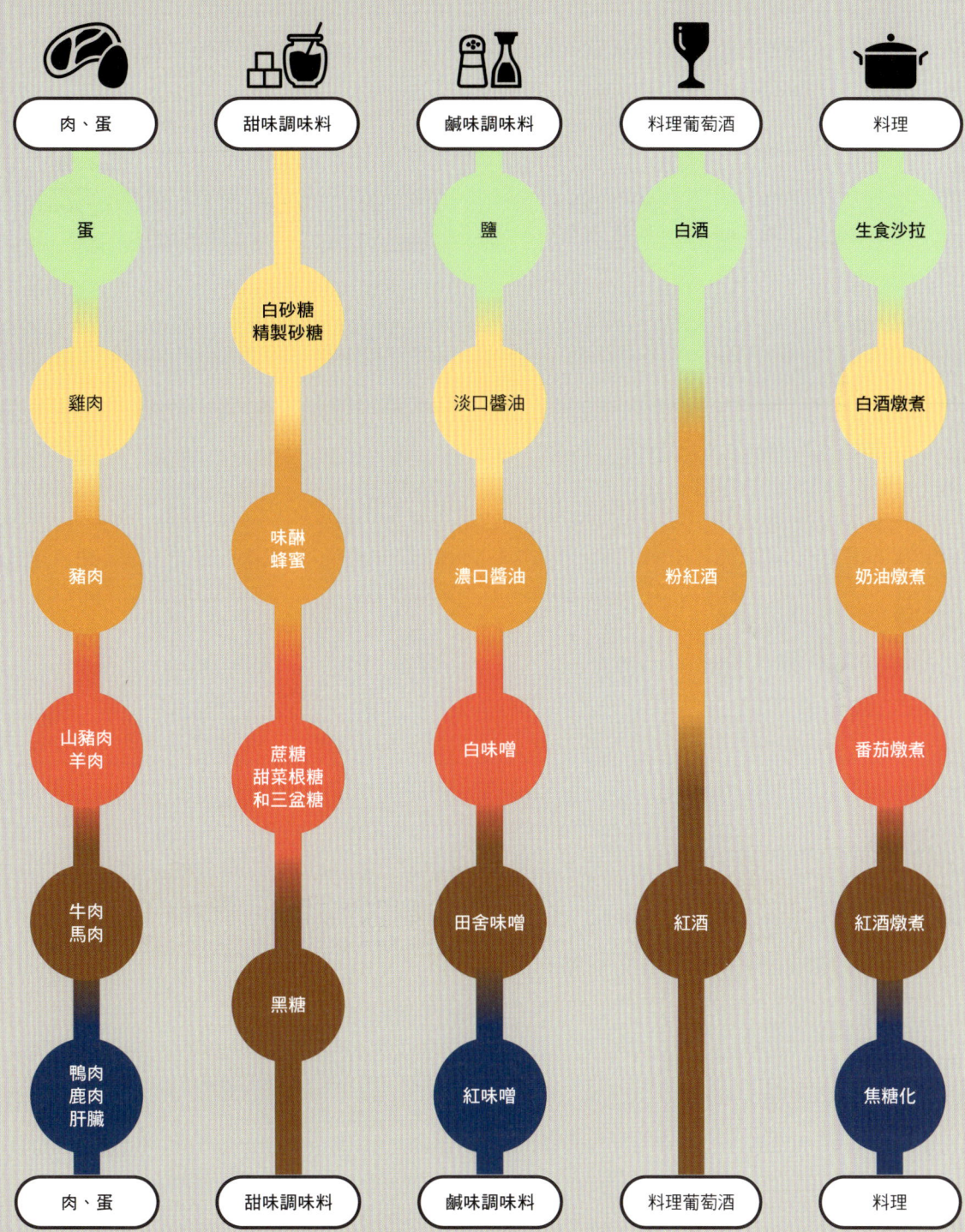

本書使用方法・圖表對照方法

基本搭配 以「食材風味濃淡圖」和「香料圖表」中相同位置為主

如果有想用的香料,可以先翻到CHAPTER2各群組頁面中的「香料圖表」,確認香料的位置,接著再對照「食材風味濃淡圖」,選擇位置相近的食材搭配。

(例)新鮮羅勒燉椰奶南瓜
香料圖表中的「新鮮羅勒」,和食材風味濃淡圖中的「南瓜」都位於中間的黃色位置,非常相配。

食材風味濃淡圖

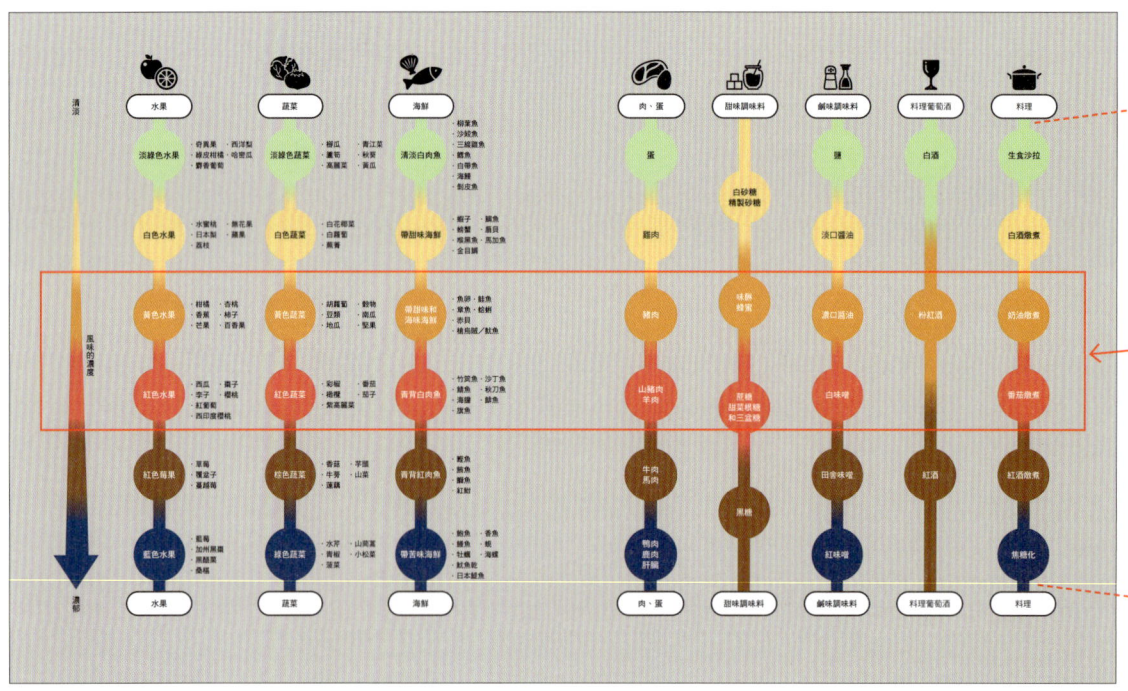

進階搭配 選擇圖表上位置較遠的食材

調整香料的用量

即使食材和香料在圖表上距離很遠(濃淡差距大),也能透過增減用量達到風味的和諧。

◎比香料位置低(濃郁)的食材……
香料多一點
(例)羅勒醬油燉牛肉
→比羅勒「濃郁」的牛肉,要放多一點羅勒。

◎比香料位置高(清淡)的食材……
香料少一點
(例)義式生鯛魚片(卡爾帕喬)
→比羅勒「清淡」的鯛魚,要少放一點羅勒。

結合遠近的食材

也可以將香料與濃淡相近的食材組合,再加入差距較大的食材,藉此協調彼此的風味。
(例)香煎鯛魚排
→想要以羅勒搭配味道較「淡」的鯛魚時,可以將濃淡與羅勒相近的番茄用在醬汁中,三者的風味就會更融合。

14

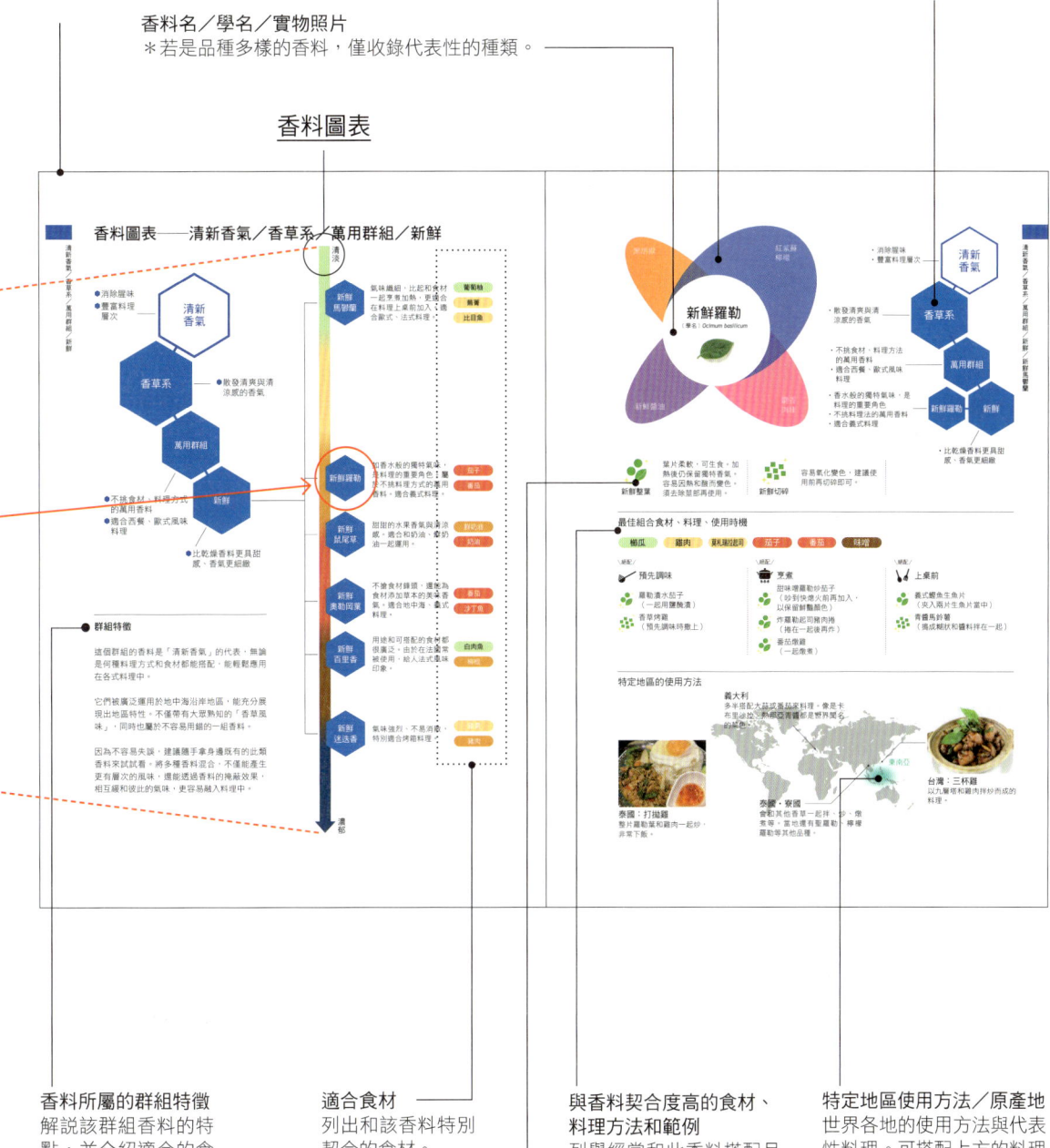

該香料在香料矩陣中的分類
列出該香料所屬的大類、系、群組。請將香料圖表和食材風味濃淡圖對照使用。

香氣組成分析圖
以圖像表現該香料所擁有的香氣，通常會令人聯想到什麼食材。本書主要收錄香氣令人容易聯想的香料。●藍：清新香氣；●粉紅：甘甜香氣；●紫：異國風香氣；●橘：辛辣香氣。
＊對於香氣、味道的感受，因為有個人差異，所以僅為大致的參考基準。
＊「辛辣香氣」是指讓人聯想到辣味的香氣，並非實際的「辣味」。
＊不收錄無法明確界定香氣特徵或難以舉例的香料。

香料功能、作用
各個香料，擁有個自所屬階層（大類、系、群組）的功能、作用，以及該香料本身特有的功能、作用。

香料名／學名／實物照片
＊若是品種多樣的香料，僅收錄代表性的種類。

香料所屬的群組特徵
解說該群組香料的特點，並介紹適合的食材與料理方法。

適合食材
列出和該香料特別契合的食材。

香料形狀
介紹該辛香料主要流通且容易使用的形狀。
＊僅用於製作綜合香料的粉末則不列入。

與香料契合度高的食材、料理方法和範例
列舉經常和此香料搭配且廣泛運用的食材，並以「食材風味濃淡圖」中對應的色彩呈現。
該香料適合什麼時機使用、如何使用，則參考下方的料理方法和範例。

特定地區使用方法／原產地
世界各地的使用方法與代表性料理。可搭配上方的料理方法參考使用。
■：原產地
＊原產地不明者，以「原產地不明」標示。

15

CHAPTER 1
香料入菜的基本知識

首先,來了解香料的共通特徵與使用方法吧!

香料的形狀與用量

香料根據不同大小和形狀,其香氣的釋放方式、用量以及適合加入料理的時機點也會有所不同。讓我們來看看運用於料理時,不同形狀香料所擁有的特性吧!

原狀

特點:**釋發香氣所需時間較長**,能讓香料整體風味融入食材中。

乾燥
用量:1片、1粒~

月桂葉、印度月桂葉等較大的葉片,會直接使用整片葉子。體積大、香氣強的香料,因為會在料理中釋放強烈的氣味,建議撕成小片或碾碎、少量使用,或者在料理中途先取出。

新鮮
用量:1片、1根、1小片~等

比乾燥的狀態更柔軟,也更容易以切或撕的方式來調整用量。與乾燥香料的用法相同,可以在料理中途取出,重點是不要一次加入太多。

小片 粗顆粒狀

特點:介於原狀和粉末狀之間。能夠**快速釋放香氣**、並且均勻加入料理之中。但相較於粉末狀,可能會有風味不均的情況。

乾燥果實或種子
用量:1撮~、1/2小匙~

嚴格來說是原狀但顆粒較小的香料。用途介於原狀和粉末狀之間。若咀嚼到會釋放強烈的風味,要避免使用過量,以免料理風味失衡。

乾燥粗研磨顆粒
用量:1撮~、1/2小匙~

與乾燥果實或種子的共通點是風味層次豐富。除了市售的粗研磨顆粒之外,也可以在家用研磨器或磨缽自己製作。

乾燥碎葉
用量:1撮~、1/2小匙~

廣義上是乾燥的原狀香料,不過葉子較小,或者是大片葉子切碎。風味的釋放方式接近乾燥果實或種子、粗研磨顆粒。重量很輕,所以計量時要注意用量。

新鮮切碎
用量:1撮~1小匙

指將整片新鮮香料切碎。咀嚼到時味道較強,其風味能融入料理整體,且香氣比磨碎狀的更溫和。

粉末狀

特點:立刻釋放香氣、料理風味均勻。

乾燥粉末
用量:1撮~1/2小匙

除了市售的現成產品,也可以自己研磨。會立刻釋放香氣,也容易調整用量,非常適合初學者使用。一點點味道就很強烈,所以請少量、分次慢慢添加,就能找到最適合的用量。

新鮮研磨
用量:1撮~1小匙

可使用已經磨碎的市售品,或自己將新鮮的香料磨碎使用。與乾燥粉末一樣,一旦加入料理中立刻就能釋放香氣,可以輕鬆調整用量。

*1片、1個~=參考用量(3~4人份)

綜合香料

將數種香料混合在一起時,能互相抑制彼此的特殊氣味,稱作「壓制效果」。混合的香料數越多,整體風味就越柔和,也不會搶了食材原有的風味,用量稍多也不易失敗。像咖哩這類以香料風味為特色的料理,雖然可以使用相對較多的香料,但若是過量,就會成為只有香料味道突出,而失去食材本來風味、「喧賓奪主」的料理,因此切勿使用過量。請一邊試味道、一邊確認香料風味與食材鮮味間的平衡。

香料顆粒大小與香氣的釋放方式

香料的顆粒越大，釋放香氣就越費時，
但相對的，香氣也能夠存在較久。

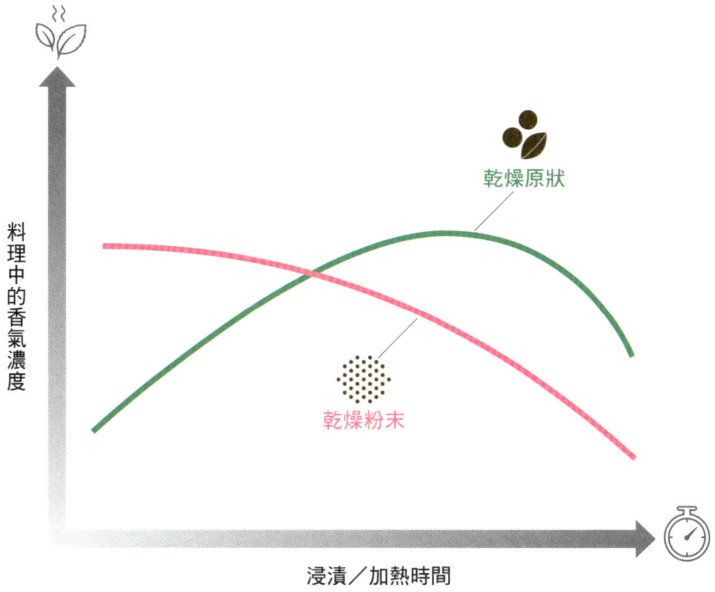

顆粒越小，食材和料理呈現的
風味會越均勻。

（縱軸：料理中的香氣濃度；橫軸：浸漬／加熱時間）

乾燥原狀

乾燥粉末

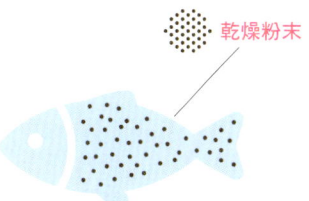

乾燥粉末

能均勻撒在食材上，因此
風味較均勻。

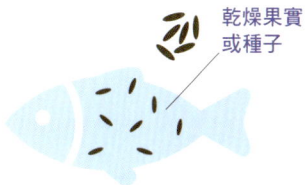

乾燥果實
或種子

可能導致風味不均，但因為
每一口的味道略微不同，較
不易「膩口」。

Column 01 ｜ 試試自己現磨香料吧！

如果自己研磨香料，就可以依照當下的需求，磨成細緻粉末狀或粗顆粒狀。

❶ 電動研磨機
適用於多種香料。依照研磨芝麻或咖啡豆等需求，分為不同的種類。每次研磨都能享受到新鮮的香氣。種子類、纖維多的香料較難磨成細粉，所以會呈現粗粒狀態，要和其他香料混合才容易磨細。研磨狀態會依香料特性和組合不同，請多嘗試看看吧。

❷ 手動研磨器
適合胡椒等，有一定重量、能夠輕鬆磨碎的香料。由於在餐桌上使用很方便而最為普及。但如果是芫荽籽、山椒等較輕的香料，或者八角等較大的香料，先用電動研磨機稍微研磨再放入，會比較容易磨碎。

❸ 研磨缽
雖然可以搗碎各種香料，但要磨成粉末狀需要相當的耐性。適合需要和新鮮香料一起製成糊狀時使用。由於香料容易飛濺，建議選擇大一點的研磨缽。剛開始磨的時候，建議先用磨杵將香料大致搗碎，再將香料反覆壓、磨，將香料碎磨成更細的狀態。

❹ 刨刀　❺ 磨泥器
刨削肉豆蔻、東加豆等，堅硬且體積較大的香料時使用。刨刀能將香料削成薄片；磨泥器則能將顆粒香料磨成相對較粗的粉末。

香料的使用時機與方式

在料理過程中,使用香料的時機大致可分為三個階段——預先調味、烹調過程、最後盛盤,來看看在各個階段可以如何使用香料吧。

預先調味

撒在食材上
將香料和其他調味料一起撒上並揉捏一下。剛撒上時,表面的香料會因加熱而散發香氣,但隨著時間推移,風味會滲透到食材內部,還能消除腥味。

和入麵團、麵衣裡
將香料混合進漢堡排等肉餡、炸物的麵衣、糕點的生麵團中等。讓整個食材充滿香料的風味,同樣有助於消除腥味。

加進醃漬液、米糠床裡
將香料加到製作米糠漬、味噌漬等的米糠床、醃漬液、鹽水中,能間接添加風味,溫和地帶出香氣。

烹調過程

爆香、煉製香料油後烹調
將香料以油加熱、釋出香氣後,再加入燉或炒的料理一起烹煮。可以將油的醇厚感和香料的香氣與風味都融入料理中。

料理時一起烹調
直接法:將香料直接加入有水分的燉煮料理中,為整道菜餚增添風味,呈現與料理的一體感。體積大的香料容易沾附湯汁裡的雜質,體積小的則容易附在浮沫旁,建議先撈除湯汁中的雜質再加入香料。
間接法:將香料放入烤箱、蒸鍋、油炸用油、汆燙的水、燻製器中,可以間接帶出香氣。由於香料不會直接接觸食材,更能展現柔和風味。

在烹調最後階段加入
炒的料理因為水分少、容易焦,因此不要在料理途中加入香料,要在最後才加入。此外,燉煮料理在最後試味道時,若覺得風味還差了一點,也可以再加入適量香料。

最後盛盤

直接拌、撒在料理上
直接將香料拌或撒在烹調完成或生食的食材上。因為舌頭會最先接觸到香料,因此能直接感受香料的風味。

煉製香料油後,拌、淋在料理上
將香料的香氣釋放到熱油中,再將香料油(體積大的香料需先取出)拌入或淋在料理中,增添溫潤的風味。如果過濾掉香料僅使用油本身,香料風味則會更溫和。

加入醬料中,再拌、淋在料理上
將香料加入沙拉醬或醬料中,再拌或淋入料理中,以間接方式增添風味。也可另外盛在小碟中放在桌上,各自沾取食用,不清楚他人喜好時,這麼做也很不錯。

Column 02 | **香氣滿滿！煉製香料油的方法**

此處的煉製香料油，指的是用油加熱香料的手法，能使香料的香氣移轉到油裡，香料本身也因遇熱而軟化。許多料理中常運用的「爆香」就是這個原理。煉好的油，可以直接加食材進去炒或燉煮（❺-A）；或是淋在完成的料理上（❺-B）。

❶ 在小鍋或是平底鍋中放入油和香料，開小火加熱。
＊油要多。需注意避免開大火，否則會讓香料在釋放出香味前就先燒焦。

❷ 香料周圍開始冒出小小的氣泡。
＊若擔心加熱不均勻，可用筷子或鏟子輕輕攪拌。

❸ 開始冒出大氣泡，某些香料可能會濺出。
＊這時表示香氣已經釋放。

❹ 加入新鮮的香料。
＊適合加入易熟的咖哩葉、薑絲、大蒜等。如果是薑片或整顆大蒜，則要在步驟❶就加入。

❺-A 在香料燒焦前就放入有水分的食材，邊翻炒、邊讓食材釋出水分。
＊加入鹽可以幫助食材更容易出水。加入酒或番茄醬等含水液體也可防止燒焦。

❺-B 將煉製的香料油淋在完成的料理上。
＊可以直接淋在料理上，或是淋入鍋中或碗中拌勻。
＊種子系列的小型香料可和油一起食用。印度月桂葉、八角等大型香料則需取出，只使用油。

21

香料的大小與使用方法【預先調味】

烹調前撒在食材上或混在麵粉中調味的香料，以容易裹附食材的粉末狀香料為主。但長時間醃漬時則更適合整顆或整片的香料。

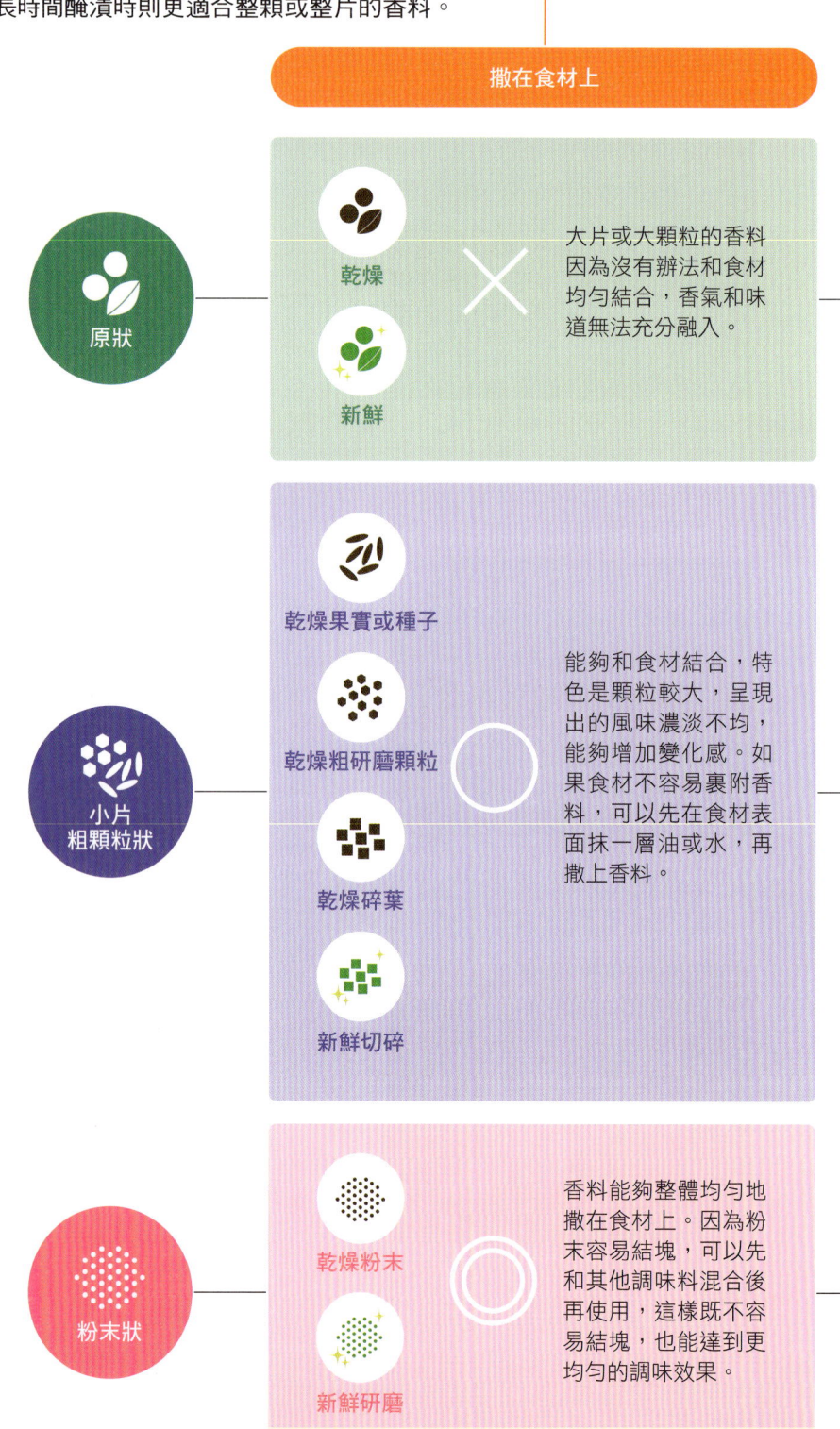

預先調味

| 和入麵團、麵衣裡 | 加進醃漬液、米糠床裡 |

乾燥

新鮮

× 體積大的香料無法和粉類食材或麵糊混拌均勻。食用時如果咀嚼到香料，反而會覺得風味過於濃烈。

乾燥

新鮮

 大顆粒的香料能夠透過加熱烹調更加釋放風味，變得更濃郁。但建議在料理途中先取出，以免烹調過久而出現苦味。

乾燥果實或種子

乾燥粗研磨顆粒

乾燥碎葉

新鮮切碎

○ 能夠和粉類食材或麵糊混合，充分釋放出風味。但因為顆粒較大，整體濃淡不會均勻，好處是風味較有變化，但是要避免過量，容易感到過於濃烈而膩口。

乾燥果實或種子

乾燥粗研磨顆粒

乾燥碎葉

新鮮切碎

△ 細碎的小片或粗粒容易在入口時感覺到雜質。但如果想要呈現粗磨胡椒粒般的顆粒感，或是種子類香料獨特的香氣時，則可以使用。

乾燥粉末

新鮮研磨

○ 能夠和粉類食材或麵糊充分地均勻混合，讓味道完整釋放。整體的味道融合一致，能夠透過調整用量，呈現出細緻、細膩的調味。

乾燥粉末

新鮮研磨

○ 對口感的影響比小片或粗粒狀的香料小，但相較於可以完整取出的原狀香料，仍會殘留少許雜質感。適合用於想要快速增添香氣的淺漬料理等。

23

香料的大小與使用方法【烹調過程】

加熱烹調時,根據香料本身的顆粒大小、加熱方式不同,會有各自適合與不適合的用法,也會影響香氣和風味的釋放方式。

爆香、煉製香料油後烹調

原狀

- 乾燥
- 新鮮

○ 食用前需要先取出香料。料理會有微微、淡雅的氣味。

小片粗顆粒狀

- 乾燥果實或種子 ○ 香料經過加熱後變得容易入口,也會釋放出堅果般的風味。
- 乾燥粗研磨顆粒 △ 因為很容易會燒焦,只要迅速炒香即可。
- 乾燥碎葉
- 新鮮切碎 ○ 加入熱油中,快速讓香氣釋放後,立刻加入其他的食材,避免燒焦。

粉末狀

- 乾燥粉末
- 新鮮研磨

△ 由於容易燒焦,必須在短時間內快速讓香氣釋放。

烹調過程

料理時一起烹調	在烹調最後階段加入

料理時一起烹調

乾燥 / 新鮮 ◎

因為之後可以輕易取出香料，所以能夠達到不影響口感、只保留溫和香氣的效果。

 乾燥果實或種子 ○

和粉末狀相比，更適合需長時間烹調的料理。咀嚼時能感受到強烈的香料風味。

 乾燥粗研磨顆粒 ○

料理中會保有些許的雜質感，整體的濃淡不會一致。

 乾燥碎葉 ◎

柔軟的葉片可以短時間烹調；堅硬的葉片需要長時間燉煮或是在最後先取出。

 新鮮切碎 △

會留下植物特有的生青味，但若需要此風味則可以使用。

乾燥粉末 / 新鮮研磨 ○

由於顆粒小，能和湯汁融合在一起。風味也會立刻釋放出來。不過香氣容易散失，所以在最後階段需再試一下味道，確認是否補充。

在烹調最後階段加入

 乾燥 △

難以在短時間內釋放香氣。基本上只適合想要瞬間添加少許香氣時使用。

 新鮮 ○

柔軟、新鮮的葉片適合在此階段加入。

 乾燥果實或種子 △

由於質地堅硬，短時間內難以釋放香氣。

 乾燥粗研磨顆粒

現磨的香氣濃郁，但加入料理中會帶有顆粒感，而且香料內部的香氣很難立刻釋放出來。不適合搭配質地較硬或體積較大的食材。

 乾燥碎葉

 新鮮切碎 △

會留下植物特有的生青味。但若需要此風味則可以使用。

  乾燥粉末 ○

能立刻和料理融合，也容易調整風味。

 新鮮研磨 ○

適合想要突顯強烈香料風味的料理。

25

香料的大小與使用方法【最後盛盤】

用於已烹調完成的料理,在上桌前做最後的點綴,適合能夠在短時間內立即釋放香氣與風味的香料。

直接拌、撒在料理上

原狀

乾燥 △

除了粉紅胡椒等質地柔軟、香氣溫和的香料以外,幾乎不適合在此階段使用。

新鮮 ○

可直接食用的柔軟葉片或新鮮胡椒等都適合,但是由於風味強烈,要注意用量。

小片
粗顆粒狀

乾燥果實或種子 △

質地堅硬,不太適合直接使用。

乾燥粗研磨顆粒 ◎

可配合食材的風味濃淡來調整用量與顆粒大小,享受現磨香料的樂趣。

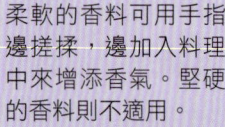
乾燥碎葉 △

柔軟的香料可用手指邊搓揉,邊加入料理中來增添香氣。堅硬的香料則不適用。

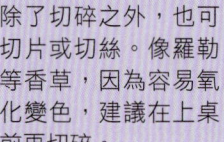
新鮮切碎 ○

除了切碎之外,也可切片或切絲。像羅勒等香草,因為容易氧化變色,建議在上桌前再切碎。

粉末狀

乾燥粉末 ○

新鮮研磨

口感柔和,易與食材融為一體。因為舌頭能直接感受到香料風味,要注意用量。

最後盛盤

煉製香料油後，拌、淋在料理上	加入醬料中，再拌、淋在料理上
乾燥　○　體積大的香料要過濾掉，只使用香料油，風味會比較柔和。	乾燥　△　除了粉紅胡椒等質地柔軟、香氣溫和的香料以外，幾乎不適合在此階段使用。
新鮮　○　比乾燥香料更容易使用。以小火直接將切片或葉狀的香料稍微過油加熱，和油一起作為配料使用。	新鮮　△　質地柔軟的香料適合使用。堅硬的香料可以一開始就製作成醬料，延長浸泡的時間讓它軟化。
乾燥果實或種子 ◎　以小火慢慢地加熱，最後將油和香料一起拌或淋在料理上，會釋放堅果般的香氣。 乾燥粗研磨顆粒	乾燥果實或種子 ◎　適合使用與水分結合後能泡軟的香料。體積大、質地太硬的香料則不適合。 乾燥粗研磨顆粒
乾燥碎葉　△　因為容易燒焦，必須快速過油加熱。或者先將香料撒在料理上方、再淋上熱油。  新鮮切碎	乾燥碎葉　○　容易拌入醬料中。但整體風味的濃淡不會均勻一致。 新鮮切碎
乾燥粉末　△　因為容易燒焦，必須快速過油加熱。或者先將香料撒在料理上方、再淋上熱油。 新鮮研磨	乾燥粉末　○　調味均勻。因舌頭能直接感受到其風味，要注意用量。 新鮮研磨

香料在料理中的功能與搭配方法

1｜料理的構成要素

美味的料理，是在「鮮味、鹹味、甜味、酸味、苦味」這五個關鍵要素間取得平衡的料理。有的料理酸味強，有的料理甜味強，各式各樣的料理都有，不過，其突出的風味究竟是「彰顯出料理的個性」還是「太過搶戲而破壞整道菜的平衡」呢？這就必須好好判斷了。

此外，還有一些能提升附加價值的要素，那就是「香、辣、色」。雖然用餐環境、用餐時的心情等也會帶來影響，但在這裡我們主要討論「香、辣、色」這三個直接與料理相關的要素。

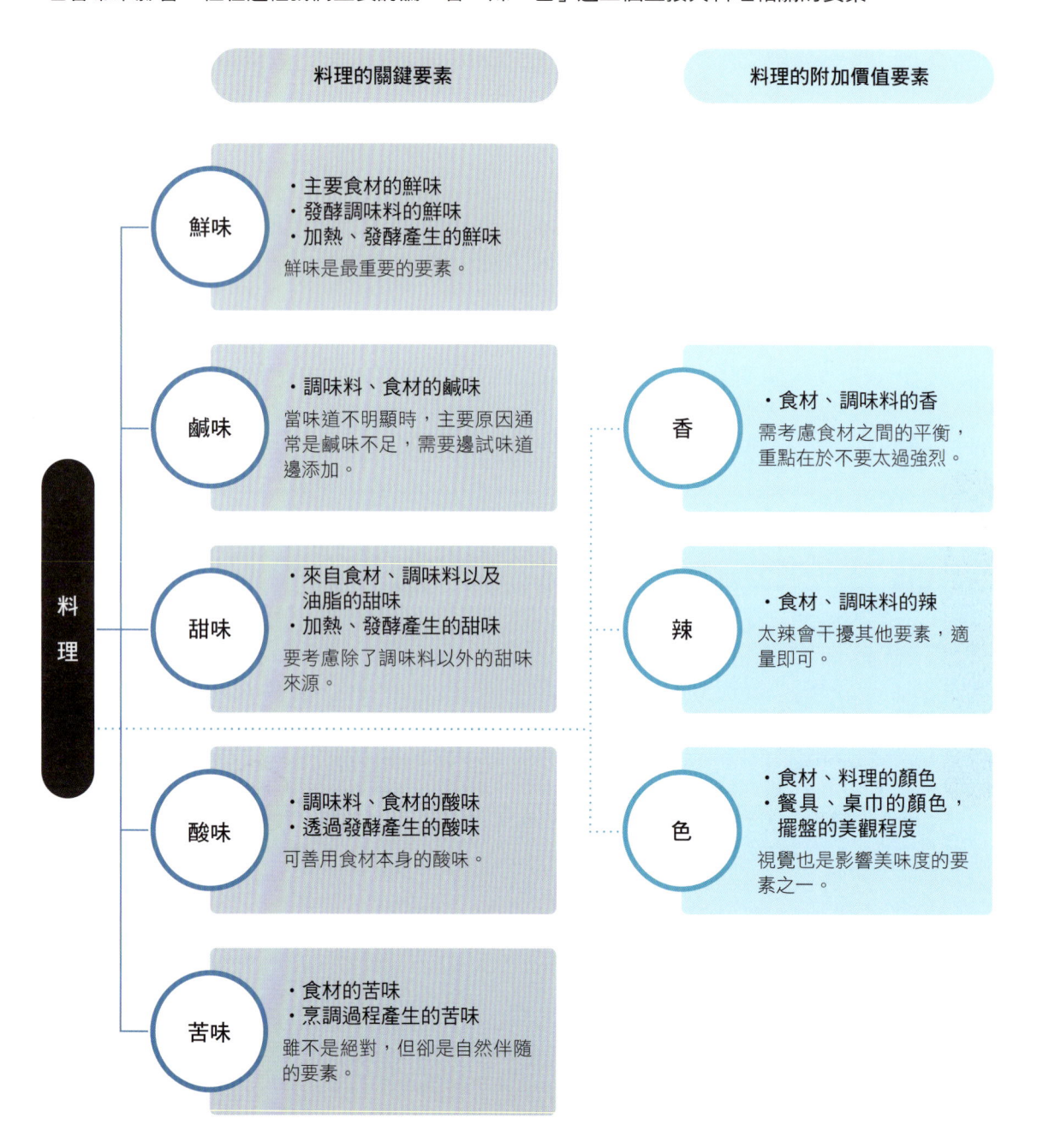

料理的關鍵要素

鮮味
- 主要食材的鮮味
- 發酵調味料的鮮味
- 加熱、發酵產生的鮮味

鮮味是最重要的要素。

鹹味
- 調味料、食材的鹹味

當味道不明顯時，主要原因通常是鹹味不足，需要邊試味道邊添加。

甜味
- 來自食材、調味料以及油脂的甜味
- 加熱、發酵產生的甜味

要考慮除了調味料以外的甜味來源。

酸味
- 調味料、食材的酸味
- 透過發酵產生的酸味

可善用食材本身的酸味。

苦味
- 食材的苦味
- 烹調過程產生的苦味

雖不是絕對，但卻是自然伴隨的要素。

料理的附加價值要素

香
- 食材、調味料的香

需考慮食材之間的平衡，重點在於不要太過強烈。

辣
- 食材、調味料的辣

太辣會干擾其他要素，適量即可。

色
- 食材、料理的顏色
- 餐具、桌巾的顏色，擺盤的美觀程度

視覺也是影響美味度的要素之一。

2 | 香料的功能

在成就美味料理的八個要素中,來看看香料是如何發揮功能的吧。我們可以利用香料補足料理「不足」、「欲增加」的要素,但並非每道料理都需要。

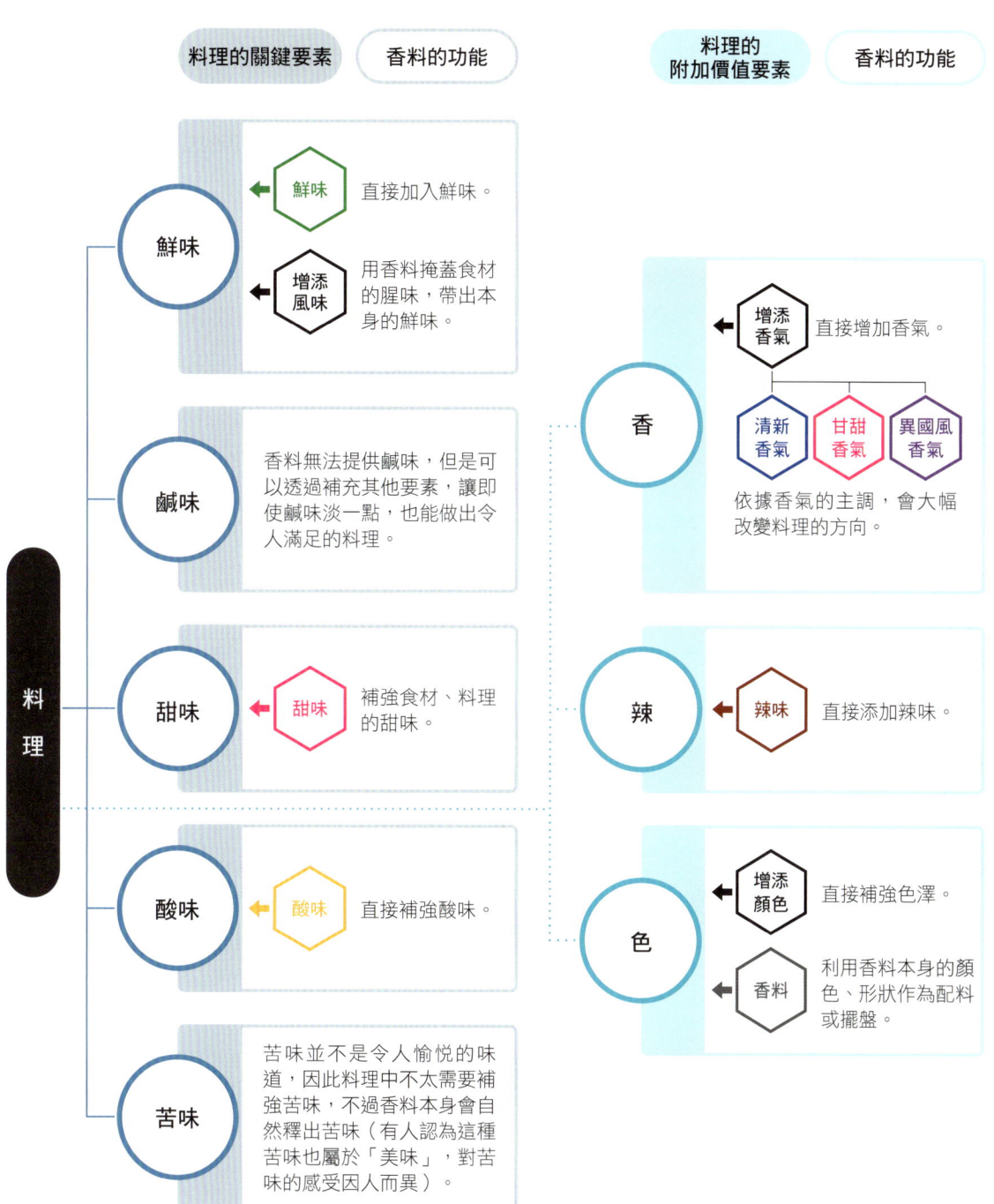

3 | 如何挑選搭配的香料

接下來，要挑選適合加入料理中的香料。下方以製作基本版「多蜜醬牛肉漢堡排」為例。建議初學者可以先選擇一種香料，多做幾次、熟練之後，再試著組合多種香料。

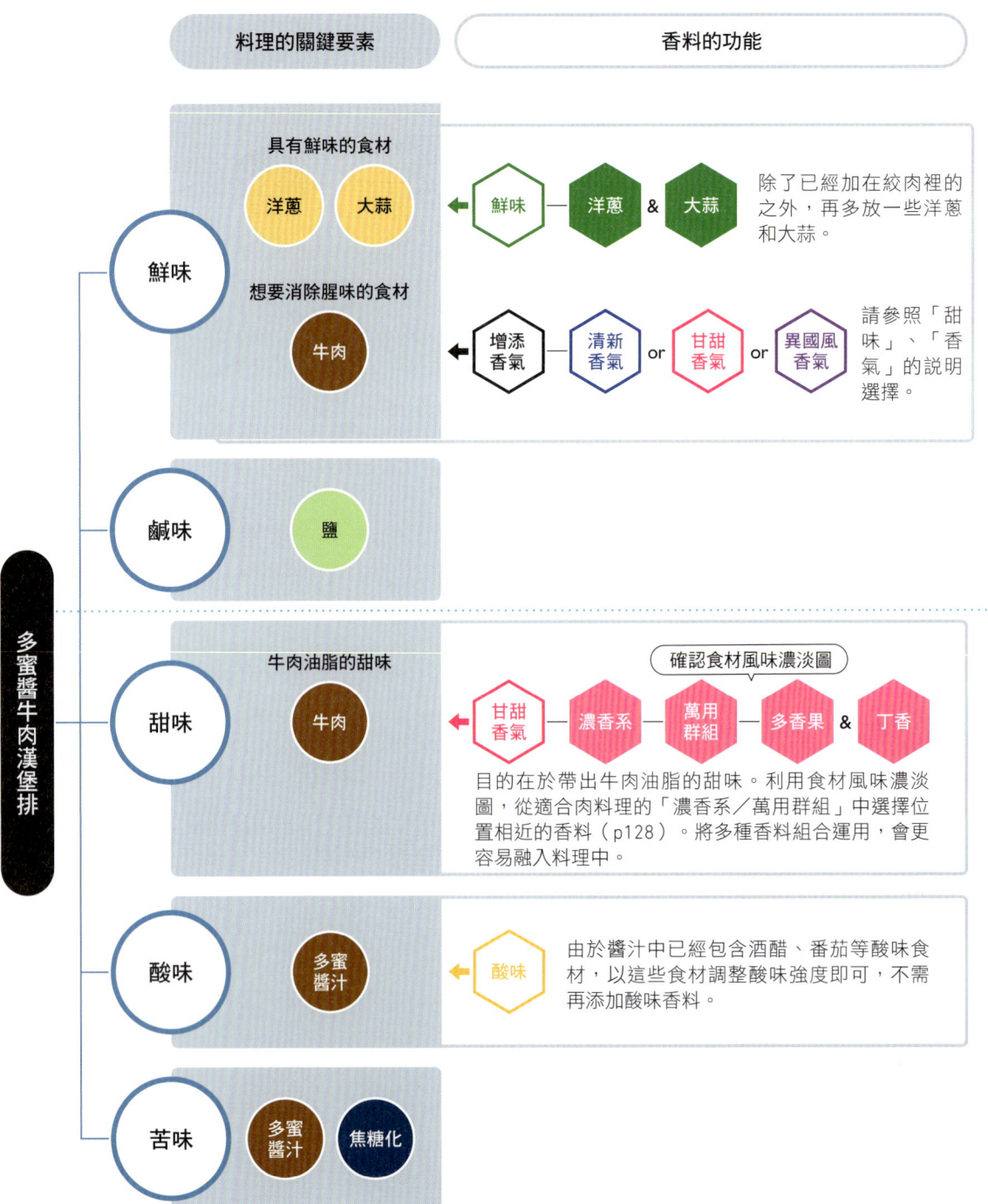

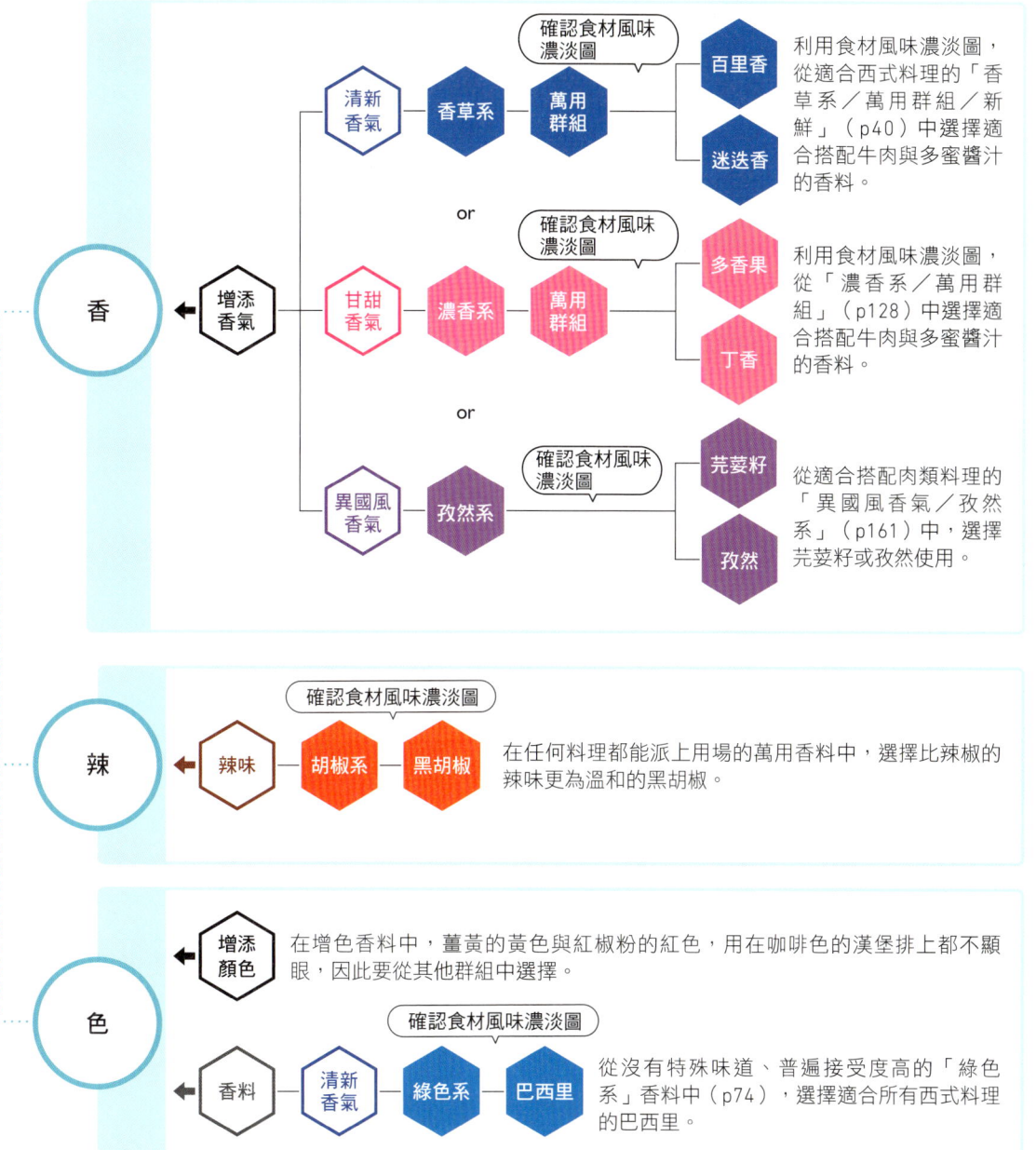

4｜使用香料的時機

香料該在什麼時候使用呢？我們可以根據前面提到的預先調味、烹調過程、最後盛盤，這三個時間點來操作。現在，就以「多蜜醬牛肉漢堡排」為例，實際試試看吧！日常熟悉的香料，只要理解它們各自扮演的角色，就能更加靈活運用。當然，漢堡排只是其中一種。請參考這個模式，搭配「食材風味濃淡圖」與「香料矩陣」，找出屬於自己的香料搭配法！

此外，也可以參考 CHAPTER 3 中的世界各地香料，限定使用某個地區的香料，並嘗試以該地區的料理方式（例如將多蜜醬改為中式糖醋醬）來呈現，這樣一來，即使是再平凡不過的家常菜，也能搖身一變，成為充滿地方特色的美味料理。

*在p30～31中所選的香料是 洋蔥、丁香、多香果、黑胡椒、巴西里 共5種

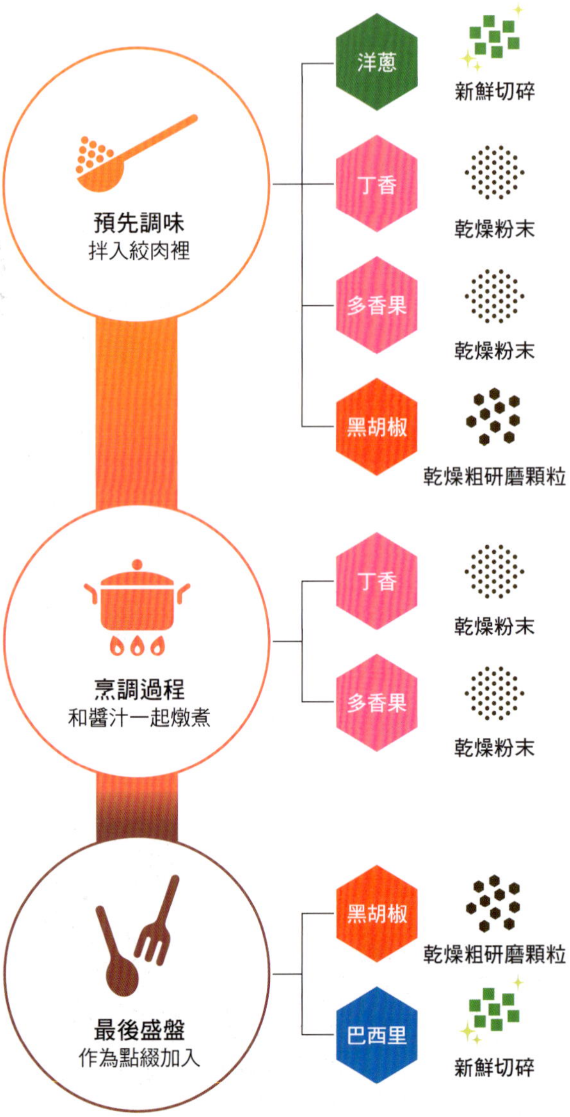

預先調味（拌入絞肉裡）

- **洋蔥**（新鮮切碎）：洋蔥的鮮味必須經過加熱才能完全釋放，所以如果是為了增加鮮味，就要先炒過再使用；但若主要是用來消除肉腥味，就不需炒過，直接將切碎的新鮮洋蔥拌入絞肉中，一起加熱即可。
- **丁香**（乾燥粉末）／**多香果**（乾燥粉末）：將丁香、多香果粉末拌入絞肉裡，能帶出牛肉油脂的甜味，同時也可以有效消除肉腥味。丁香的氣味強烈，少量使用就能達到效果。
- **黑胡椒**（乾燥粗研磨顆粒）：加入絞肉中一起拌勻，增加風味的變化度，也可以消除單只有肉類與油脂時的膩口感。

烹調過程（和醬汁一起燉煮）

- **丁香**（乾燥粉末）／**多香果**（乾燥粉末）：在絞肉和醬汁中都加入相同的香料，能夠讓漢堡排和醬汁的風味更加融合。

最後盛盤（作為點綴加入）

- **黑胡椒**（乾燥粗研磨顆粒）：上桌前撒入現磨的胡椒，因為胡椒的風味會更明顯，可以達到解膩的作用。
- **巴西里**（新鮮切碎）：以新鮮的綠色點綴，增添迷人的色澤之外，清新的香氣也能夠提升風味。

Column 03 | 最多人想知道的香料 Q & A

在這裡分享的是我在講座或課程中，經常被詢問的問題，
對於香料的用法感到迷惘時，不妨試著從中找到方向。
不過要記得，每個人的生活方式與價值觀都不同，
只有適合自己的方式，才是最正確的答案。

Q. 香料一定要現磨才好嗎？

A. 各有優缺點，選擇自己方便、好執行的方式。

常聽人說：「買整顆或整片的香料回家自己磨，才是正統作法。」的確，現磨香料的香氣特別濃郁鮮明。不過缺點是無法磨得太細，而且每次使用都要研磨，有點麻煩。市售的粉末狀香料因為顆粒細緻，能讓料理風味更穩定一致，雖然香氣比現磨來得淡，卻能為料理或混合香料增添高雅細膩的層次。因此請依照情況選擇使用方式。掌握各種香料的特性，搭配合適的料理與用法，就是活用香料的關鍵。

Q. 香料要加熱炒過後，香氣才會出來？

A. 請依照需求決定，加熱後的香料也有缺點。

有些香料會在研磨前先炒香，也有些會先調配成綜合香料粉再炒。先炒可以增添香氣，炒乾的香料也更好磨；但先混成香料粉再炒，則可以讓味道更融合、增加熟成感。不要忘記的是，「炒＝加熱＝氧化」，香料中的油脂受熱後，氧化速度就會變快，部分的香氣也會流失。因此加熱後的香料必須儘快用完，不建議存放。

Q. 香料有保存期限嗎？

A. 可以透過外觀、氣味等狀態來判定。

「香料開封後能放多久？」是我最常被問的問題之一。因為每個人的使用習慣與保存環境不同，建議可以看一看、聞一聞，如果出現「用指腹搓揉也沒有香氣」、「聞起來有氧化油耗味」、「褪色」、「發霉」等變質的情況，就代表必須淘汰了。

Q. 香料應該怎麼保存？

A. 乾燥香料──請密封，放置於乾燥處。

乾燥香料變質或發霉的原因很多，包含氧化、光照、酷熱、潮濕等。建議將香料放入密封容器，儘可能置於陰涼、乾燥的地方保存，但也要依照自己的使用頻率與方便度來決定。

・未開封、需長期保存，或者使用頻率低的香料，建議真空密封後，再冷藏或冷凍保存。但如果是頻繁使用的香料，由於結霜容易導致發霉，就不適合以冷藏、冷凍來保存。

・經常使用的香料，建議放入方便取用的瓶內保存，當然也可以裝夾鏈袋就好，密封性高、保存性也比較好，缺點是使用上會比較不方便。

A. 新鮮香料──保持香料的濕潤狀態。

新鮮香料的保存重點是，必須讓葉片保持濕潤。例如夾在沾溼的廚房紙巾中，再放入不會折到葉片的容器裡，置於冰箱的蔬果冷藏區。如果無法一次用完，可以將預計不會很快用到的量陰乾，之後作為乾燥香料使用。

33

CHAPTER2
各種香料的料理應用

本章將深入介紹各個香料，
搭配其在香料矩陣中所屬的「大類、系、群組」，
解說各個香料的特徵、適合的料理與運用方式。

CHAPTER 2-1
清新香氣的香料

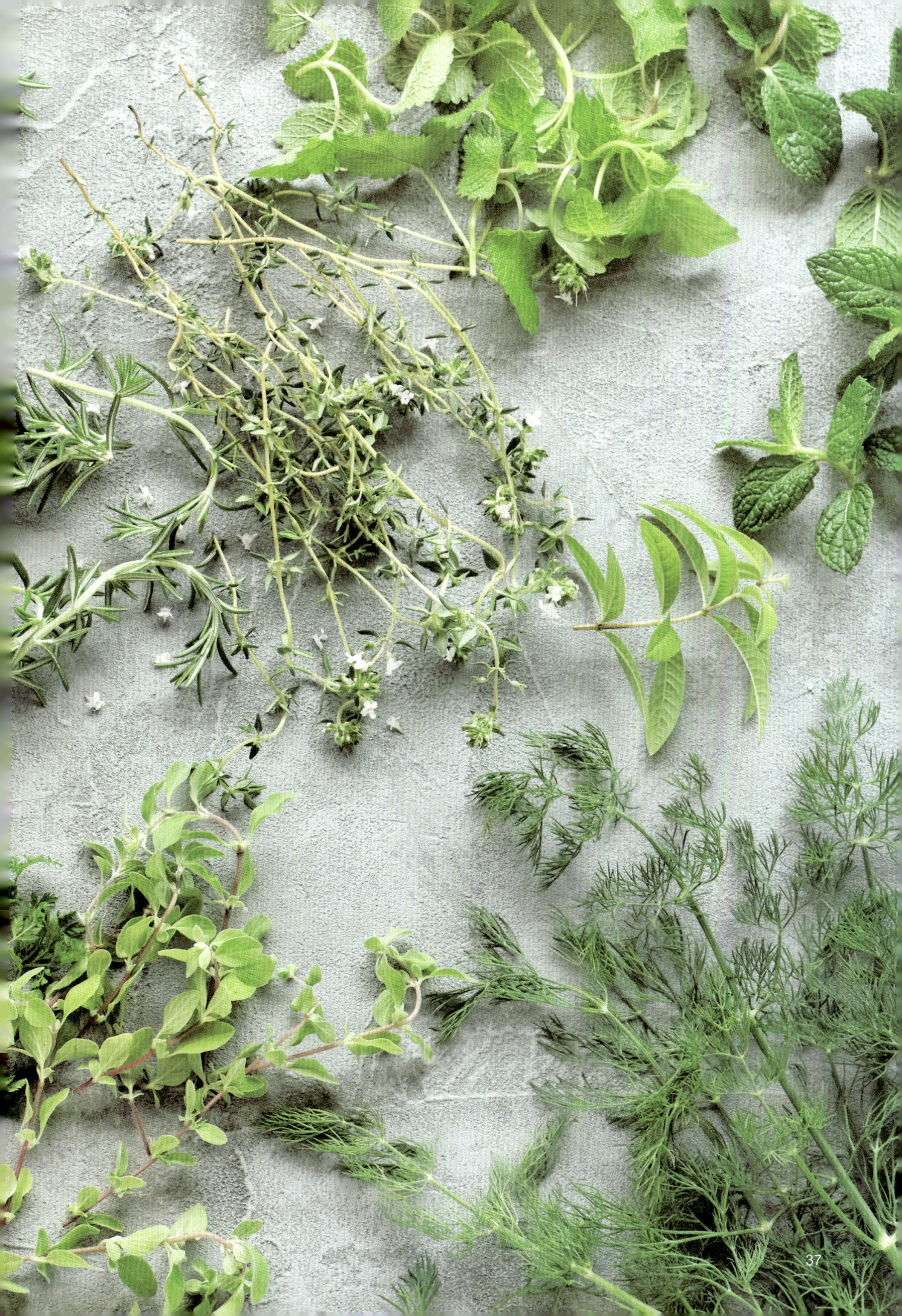

清新香氣的香料矩陣

- ● 消除腥味……藉由清新的香氣，讓食材和料理的腥味不易被發現（壓制效果）。
- ● 豐富料理層次……在料理中添加清新的香氣，不僅能使料理整體風味更豐富，也不容易膩口。

香草系
散發清爽與清涼感的香氣

乾燥：羅勒、薰衣草、馬鬱蘭、奧勒岡葉、鼠尾草、百里香、迷迭香

萬用群組

新鮮：馬鬱蘭、羅勒、鼠尾草、奧勒岡葉、迷迭香、百里香

燉煮群組：印度月桂葉、月桂葉、西芹籽、黃金蒲桃

佐料群組：檸檬香蜂草、綠薄荷、紫蘇、叻沙葉、魚腥草

薩塔香料、香薄荷、泰國羅勒、檸檬羅勒、聖羅勒、土荊芥、印加孔雀草

綠色系
翠綠葉片的香氣

蒔蘿、茴香、葫蘆巴葉、細葉芹、芫荽、巴西里

藍葫蘆巴、刺芫荽、中芹

森林系
宛如沐浴在森林的氣味

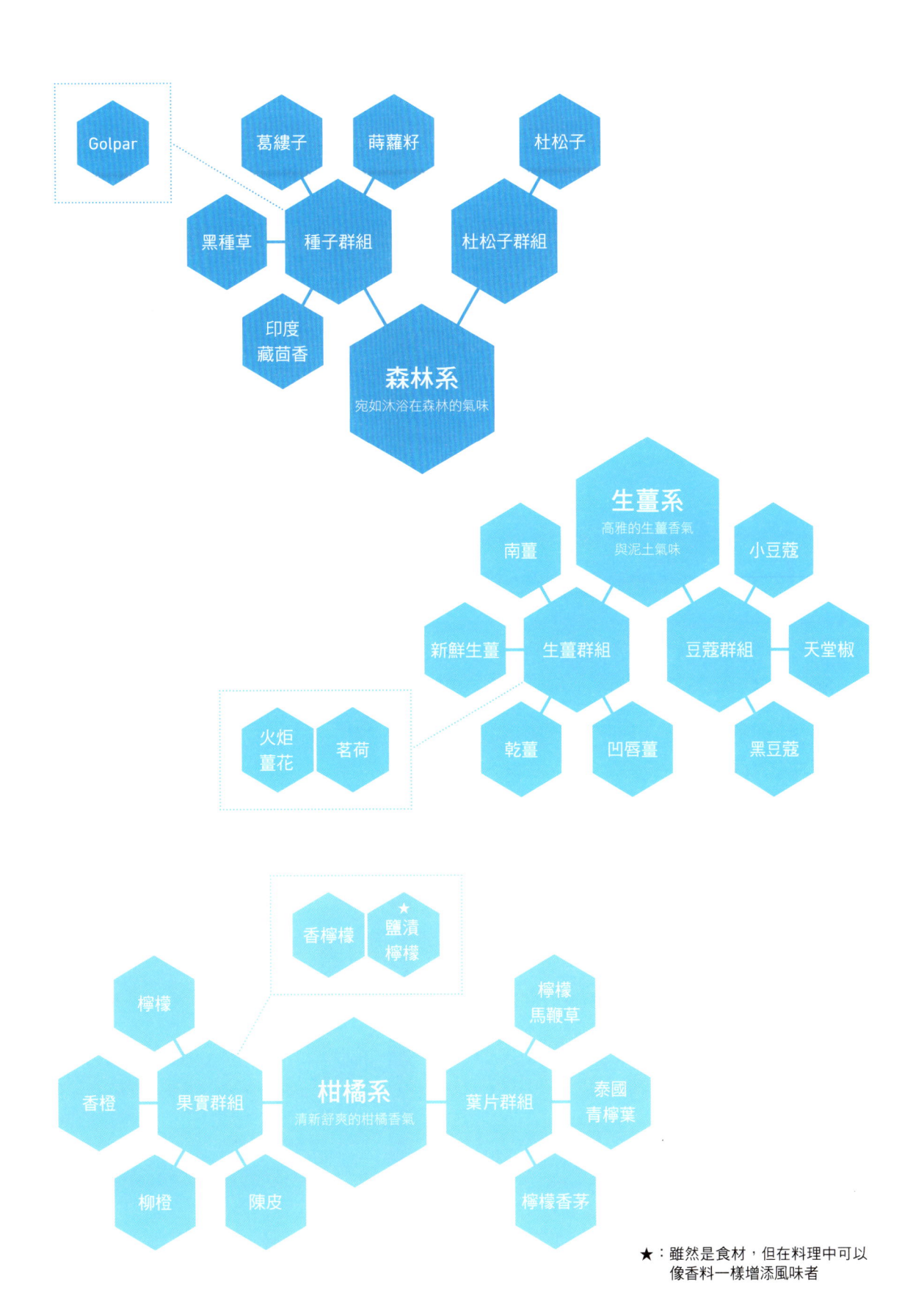

- 種子群組
  - Golpar
  - 葛縷子
  - 蒔蘿籽
  - 黑種草
  - 印度藏茴香
- 杜松子群組
  - 杜松子

生薑系
高雅的生薑香氣與泥土氣味

- 生薑群組
  - 南薑
  - 新鮮生薑
  - 乾薑
  - 凹唇薑
  - 火炬薑花
  - 茗荷
- 豆蔻群組
  - 小豆蔻
  - 天堂椒
  - 黑豆蔻

柑橘系
清新舒爽的柑橘香氣

- 果實群組
  - 香檸檬
  - 鹽漬檸檬 ★
  - 檸檬
  - 香橙
  - 柳橙
  - 陳皮
- 葉片群組
  - 檸檬馬鞭草
  - 泰國青檸葉
  - 檸檬香茅

★：雖然是食材，但在料理中可以像香料一樣增添風味者

香料圖表──清新香氣／香草系／萬用群組／新鮮

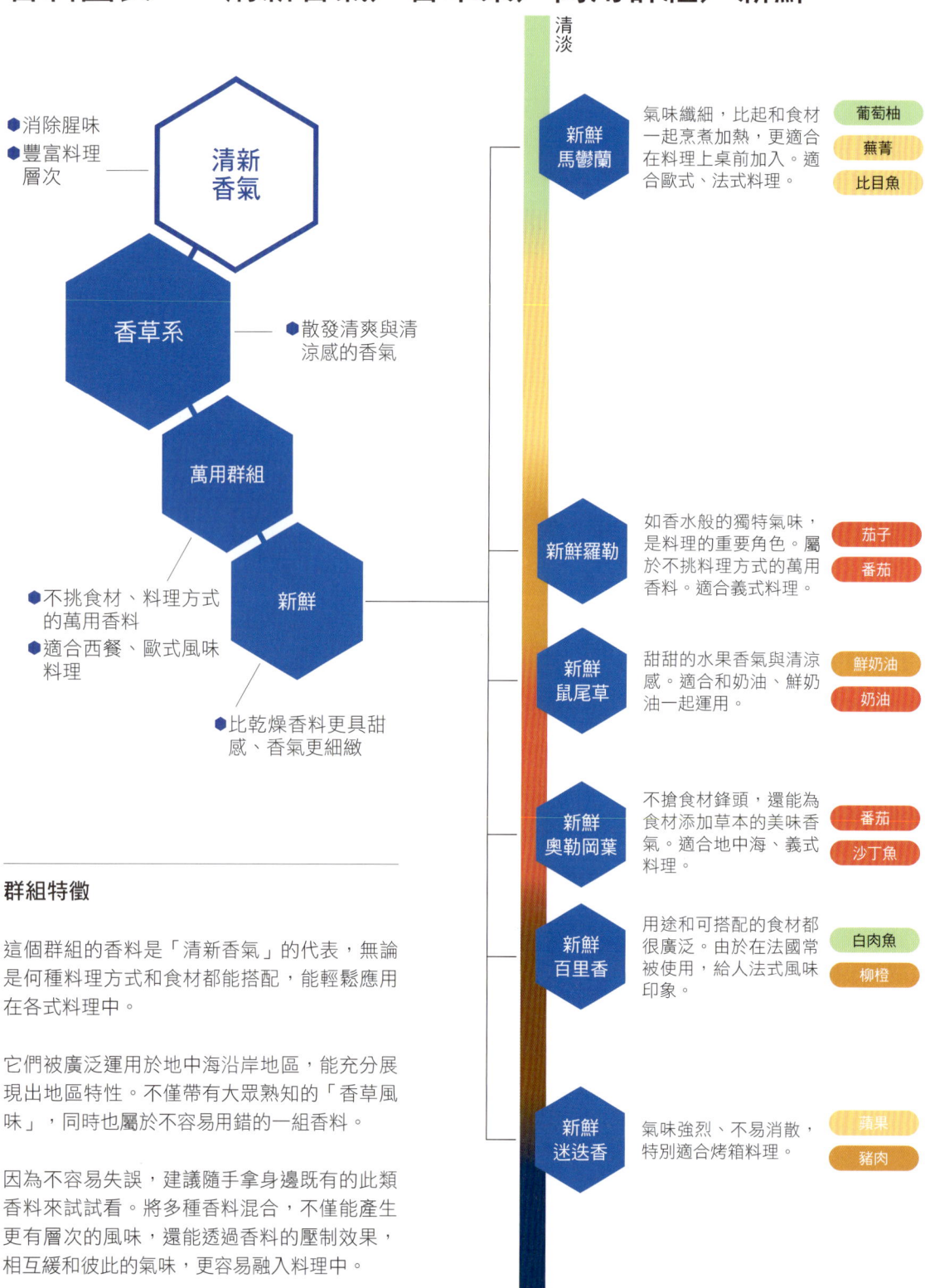

- 消除腥味
- 豐富料理層次

清新香氣

香草系 ── 散發清爽與清涼感的香氣

萬用群組

新鮮

- 不挑食材、料理方式的萬用香料
- 適合西餐、歐式風味料理

- 比乾燥香料更具甜感、香氣更細緻

清淡 → 濃郁

香料	說明	搭配
新鮮馬鬱蘭	氣味纖細，比起和食材一起烹煮加熱，更適合在料理上桌前加入。適合歐式、法式料理。	葡萄柚／蕪菁／比目魚
新鮮羅勒	如香水般的獨特氣味，是料理的重要角色。屬於不挑料理方式的萬用香料。適合義式料理。	茄子／番茄
新鮮鼠尾草	甜甜的水果香氣與清涼感。適合和奶油、鮮奶油一起運用。	鮮奶油／奶油
新鮮奧勒岡葉	不搶食材鋒頭，還能為食材添加草本的美味香氣。適合地中海、義式料理。	番茄／沙丁魚
新鮮百里香	用途和可搭配的食材都很廣泛。由於在法國常被使用，給人法式風味印象。	白肉魚／柳橙
新鮮迷迭香	氣味強烈、不易消散，特別適合烤箱料理。	蘋果／豬肉

群組特徵

這個群組的香料是「清新香氣」的代表，無論是何種料理方式和食材都能搭配，能輕鬆應用在各式料理中。

它們被廣泛運用於地中海沿岸地區，能充分展現出地區特性。不僅帶有大眾熟知的「香草風味」，同時也屬於不容易用錯的一組香料。

因為不容易失誤，建議隨手拿身邊既有的此類香料來試試看。將多種香料混合，不僅能產生更有層次的風味，還能透過香料的壓制效果，相互緩和彼此的氣味，更容易融入料理中。

新鮮馬鬱蘭
〔學名〕Origanum majorana

- 葡萄柚
- 薄荷
- 洋茴香

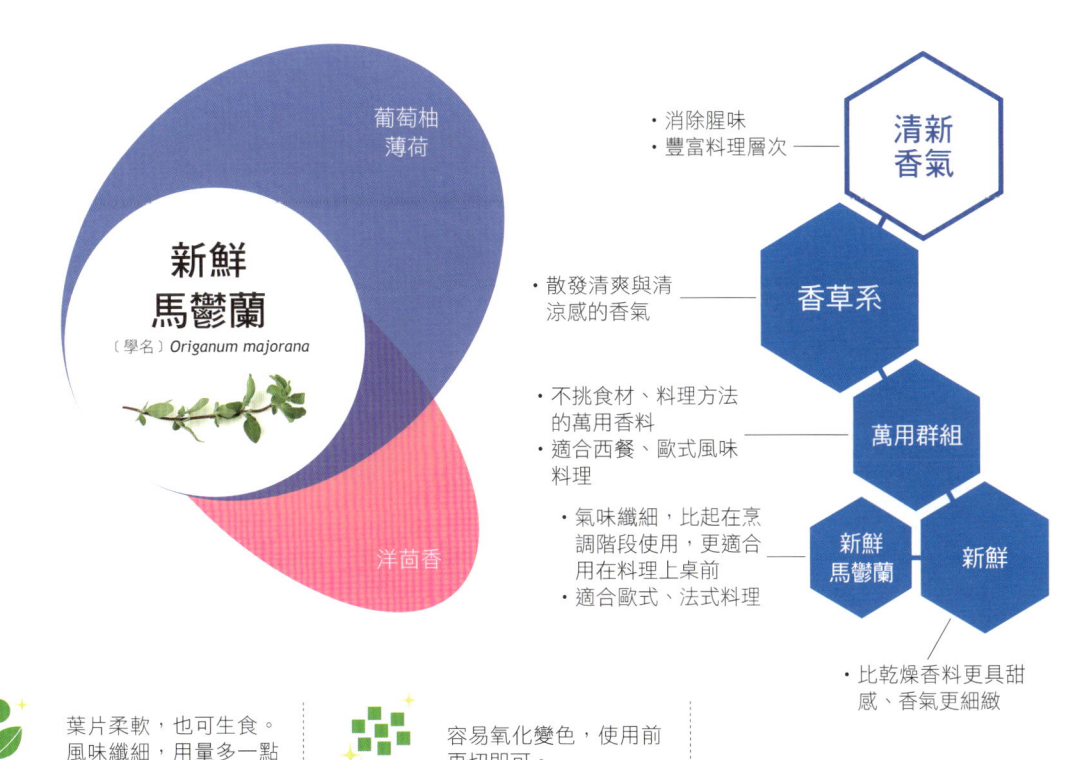

- 消除腥味
- 豐富料理層次 —— 清新香氣

- 散發清爽與清涼感的香氣 —— 香草系

- 不挑食材、料理方法的萬用香料
- 適合西餐、歐式風味料理 —— 萬用群組

- 氣味纖細，比起在烹調階段使用，更適合用在料理上桌前
- 適合歐式、法式料理 —— 新鮮馬鬱蘭 / 新鮮

- 比乾燥香料更具甜感、香氣更細緻

新鮮整葉：葉片柔軟，也可生食。風味纖細，用量多一點也沒問題。

新鮮切碎：容易氧化變色，使用前再切即可。

最佳組合食材、料理、使用時機

葡萄柚　蘋果　蕪菁　白花椰菜　青豆　蘆筍　比目魚　雞蛋

預先調味
- 漬蘋果槍烏賊（連同枝葉一起醃漬）
- 比目魚天婦羅（將葉子混合入麵衣中）

烹調過程
- 青豆奶油義大利麵（熄火前再加入葉片）

最後盛盤 ＼絕配／
- 義式比目魚卡爾帕喬（撒在表面）
- 蜜漬葡萄柚（一起拌入）
- 蕪菁沙拉（拌入沙拉醬）

特定地區的使用方法

地中海沿岸西亞地區

南法：普羅旺斯燉菜
很少單獨使用馬鬱蘭，通常和同群組的香料一起使用。

義大利：香草餃子
和同群組的香草一起揉入義大利餃的餡料中。

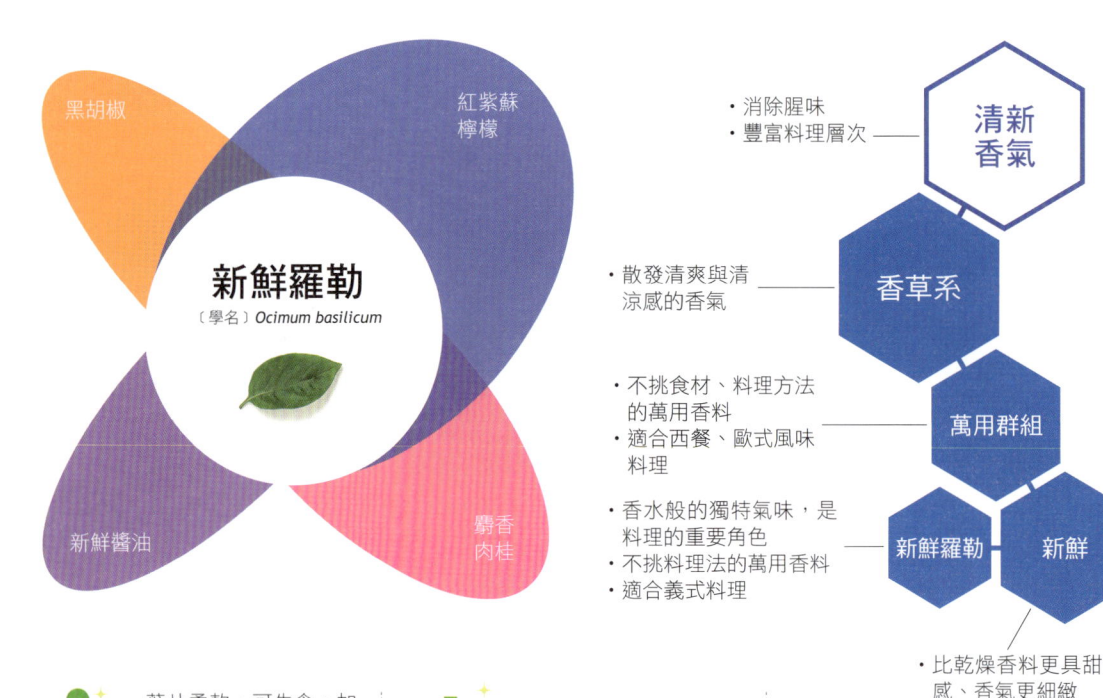

清新香氣／香草系／萬用群組／新鮮／新鮮羅勒

新鮮羅勒
〔學名〕Ocimum basilicum

- 黑胡椒
- 紅紫蘇 檸檬
- 新鮮醬油
- 麝香 肉桂

- 消除腥味
- 豐富料理層次 —— 清新香氣

- 散發清爽與清涼感的香氣 —— 香草系

- 不挑食材、料理方法的萬用香料
- 適合西餐、歐式風味料理 —— 萬用群組

- 香水般的獨特氣味，是料理的重要角色
- 不挑料理法的萬用香料
- 適合義式料理 —— 新鮮羅勒／新鮮

- 比乾燥香料更具甜感、香氣更細緻

新鮮整葉：葉片柔軟，可生食。加熱後仍保留獨特香氣。容易因熱和酸而變色。須去除粗梗再食用。

新鮮切碎：容易氧化變色，建議使用前再切碎即可。

最佳組合食材、料理、使用時機

櫛瓜　雞肉　莫札瑞拉起司　茄子　番茄　味噌

預先調味（絕配）
- 羅勒漬水茄子（一起用鹽醃漬）
- 香草烤雞（醃製調味時撒上）

烹調過程（絕配）
- 甜味噌羅勒炒茄子（炒到熄火前再加入，以保留鮮豔顏色）
- 炸羅勒起司豬肉捲（捲在一起後油炸）
- 番茄燉雞（一起燉煮）

最後盛盤（絕配）
- 義式鰹魚卡爾帕喬（夾入兩片生魚片當中）
- 青醬馬鈴薯（搗成糊狀拌入醬料）

特定地區的使用方法

義大利
多半搭配大蒜或番茄來料理。像是卡布里沙拉、熱那亞青醬都是世界聞名的菜色。

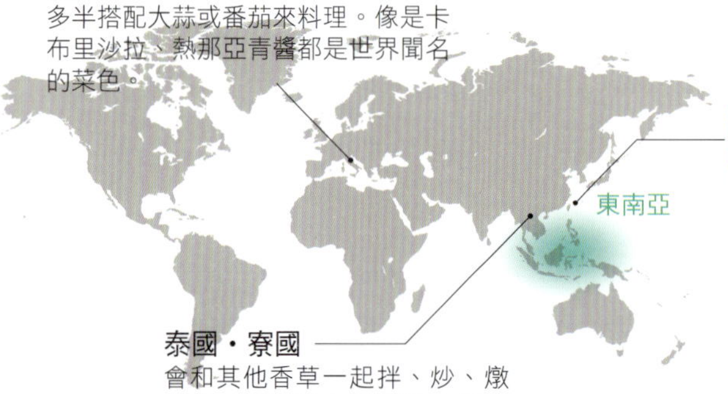

東南亞

泰國：打拋雞
整片羅勒葉和雞肉一起炒，非常下飯。

泰國・寮國
會和其他香草一起拌、炒、燉煮等。當地還有聖羅勒、檸檬羅勒等其他品種。

台灣：三杯雞
以九層塔（羅勒的品種之一）和雞肉拌炒的料理。

42

新鮮鼠尾草
〔學名〕Salvia officinalis

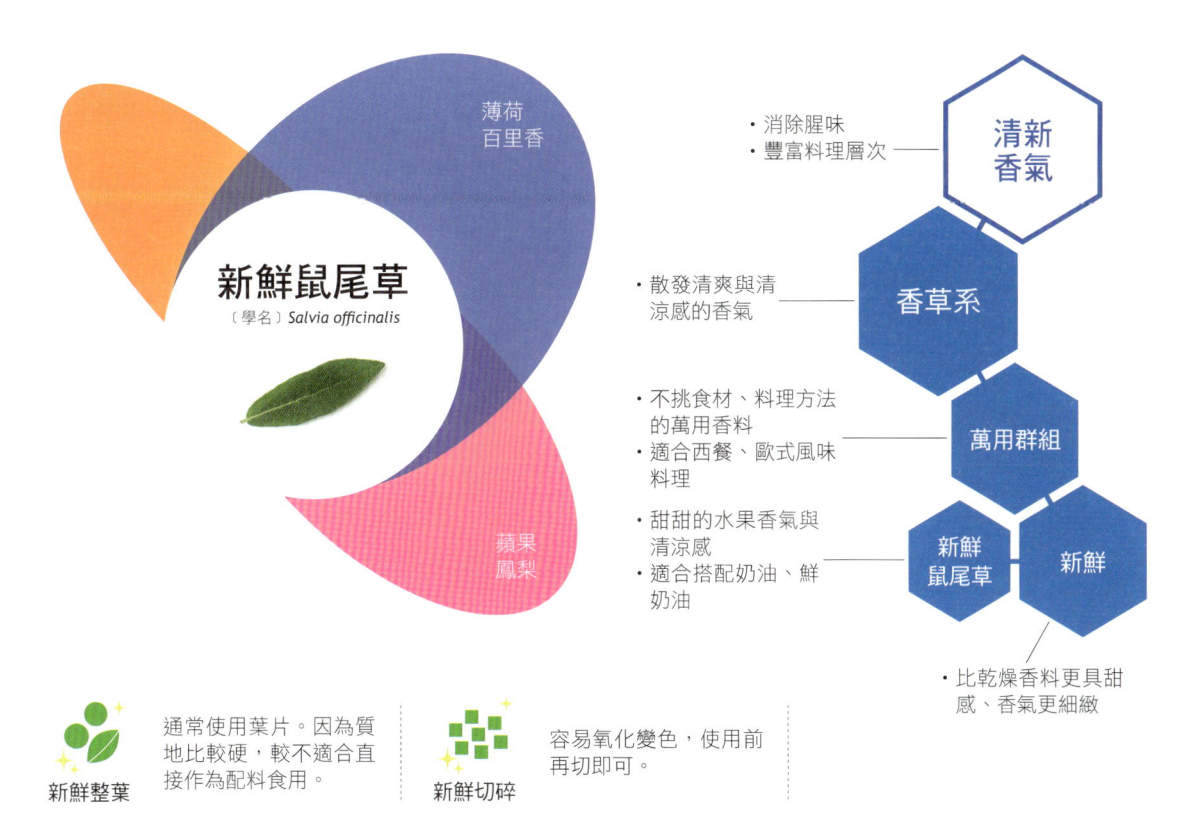

- 薄荷
- 百里香
- 蘋果
- 鳳梨

- 消除腥味
- 豐富料理層次 —— 清新香氣
- 散發清爽與清涼感的香氣 —— 香草系
- 不挑食材、料理方法的萬用香料
- 適合西餐、歐式風味料理 —— 萬用群組
- 甜甜的水果香氣與清涼感
- 適合搭配奶油、鮮奶油 —— 新鮮鼠尾草／新鮮
- 比乾燥香料更具甜感、香氣更細緻

新鮮整葉：通常使用葉片。因為質地比較硬，較不適合直接作為配料食用。

新鮮切碎：容易氧化變色，使用前再切即可。

最佳組合食材、料理、使用時機

鳳梨　白腎豆　豬肉　鮮奶油　奶油　味噌

預先調味
- 烤鳳梨豬肉（醃製調味）

烹調過程 ＼絕配／
- 白醬燉雞肉（一起燉煮）
- 白腎豆鼠尾草奶油醬（以油煉出香氣）
- 鮭魚佐鼠尾草白味噌（拌入白味噌中，抹在鮭魚上煎烤）

最後盛盤
- 無花果烤豬肉佐酥炸鼠尾草（炸過後一起盛盤佐配）

特定地區的使用方法

地中海沿岸北部

義大利：「跳進嘴裡（Saltimbocca）」義式肉卷
將犢牛肉或豬肉，和生火腿、鼠尾草堆疊烤製。

義大利：奶油鼠尾草馬鈴薯餃
搭配馬鈴薯餃的醬汁，但也可用在其他料理。

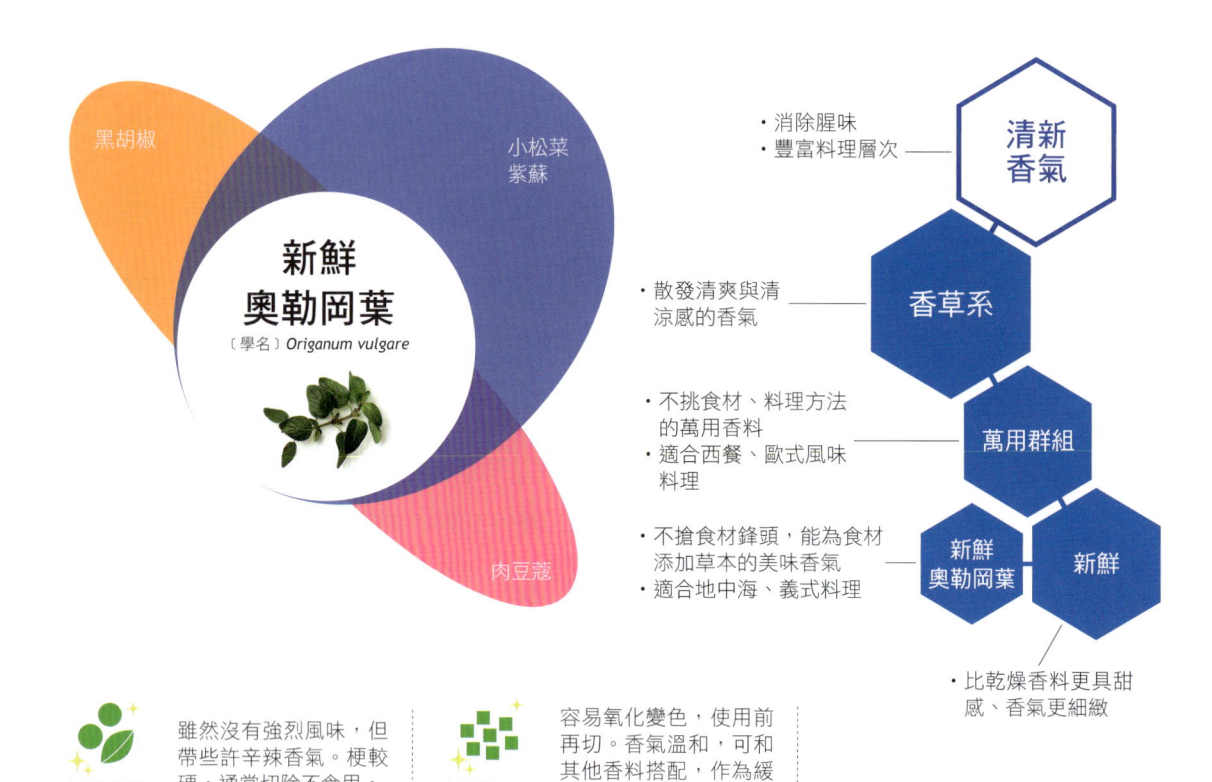

清新香氣／香草系／萬用群組／新鮮／新鮮奧勒岡葉

新鮮奧勒岡葉
〔學名〕Origanum vulgare

- 黑胡椒
- 小松菜、紫蘇
- 肉豆蔻

- 消除腥味
- 豐富料理層次 —— **清新香氣**

- 散發清爽與清涼感的香氣 —— **香草系**

- 不挑食材、料理方法的萬用香料
- 適合西餐、歐式風味料理 —— **萬用群組**

- 不搶食材鋒頭，能為食材添加草本的美味香氣
- 適合地中海、義式料理 —— **新鮮奧勒岡葉**／**新鮮**

- 比乾燥香料更具甜感、香氣更細緻

新鮮整葉：雖然沒有強烈風味，但帶些許辛辣香氣。梗較硬，通常切除不食用。

新鮮切碎：容易氧化變色，使用前再切。香氣溫和，可和其他香料搭配，作為緩和整體氣味之用。

最佳組合食材、料理、使用時機

南瓜　醬油　番茄　沙丁魚　羔羊　牛蒡

\絕配/
預先調味
- 醋漬番茄（連梗一起醃漬）
- 牛蒡什錦炸蔬菜（葉片拌入麵衣中，可多放一點當蔬菜食用）

\絕配/
烹調過程
- 義大利西西里燉菜（連梗一起燉煮）
- 燉番茄沙丁魚（連梗一起燉煮）

最後盛盤
- 烤羔羊（撒在表面）
- 綜合香料沙拉醬（混合百里香、鼠尾草使用，可以讓整體香氣更溫和）

特定地區的使用方法

義大利
搭配番茄義大利麵等番茄料理使用。

義大利：薩爾莫里歐醬（Salmoriglio）
以迷迭香、奧勒岡葉、檸檬、橄欖油混合而成的義式萬用醬汁。

地中海沿岸～西亞地區

希臘：希臘粽（Dolma）
將拌入奧勒岡葉等香料的米飯（部分地區會加入葡萄乾），以醃漬過的葡萄葉包捲起來的一道傳統料理。

希臘
搭配沙拉或起司拼盤等料理食用。

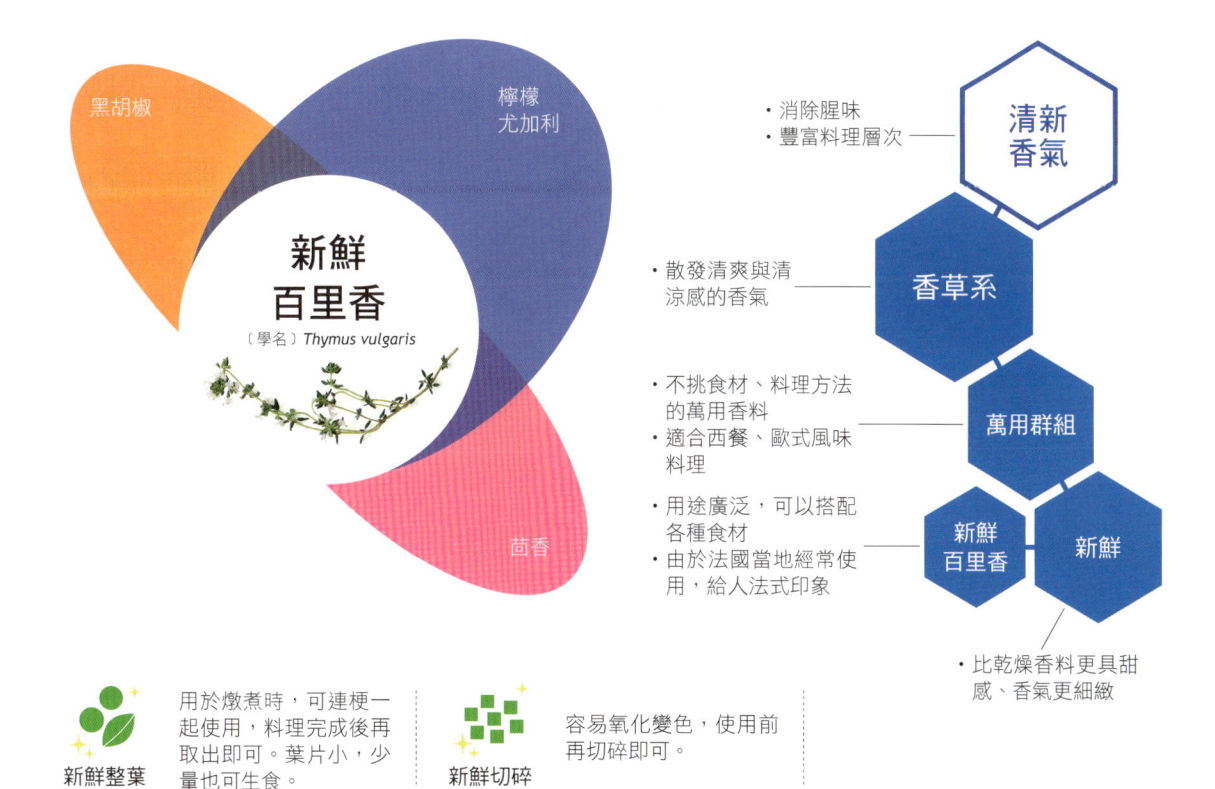

新鮮百里香
〔學名〕*Thymus vulgaris*

- 黑胡椒
- 檸檬尤加利
- 茴香

- 消除腥味
- 豐富料理層次 —— 清新香氣

- 散發清爽與清涼感的香氣 —— 香草系

- 不挑食材、料理方法的萬用香料
- 適合西餐、歐式風味料理
- 用途廣泛，可以搭配各種食材
- 由於法國當地經常使用，給人法式印象 —— 萬用群組

- 新鮮百里香 / 新鮮
- 比乾燥香料更具甜感、香氣更細緻

新鮮整葉：用於燉煮時，可連梗一起使用，料理完成後再取出即可。葉片小，少量也可生食。

新鮮切碎：容易氧化變色，使用前再切碎即可。

最佳組合食材、料理、使用時機

白肉魚　柳橙　小扁豆　鮭魚　豬肉　橄欖　黑醋栗　淡菜　鴨肉

\絕配/
預先調味
- 黃檸檬烤雞（連同梗和檸檬將雞肉醃入味後再烤）
- 酥炸淡菜（拌入麵衣中）

\絕配/
烹調過程
- 炸薯條（加入炸油中）
- 白酒燉雞肉（一起燉煮）
- 煎鴨肉佐黑櫻桃醬（加入醬中同煮）

最後盛盤
- 義式鰤魚卡爾帕喬（撒上葉片點綴）
- 小扁豆沙拉（一起拌入）

特定地區的使用方法

地中海西部

法國：香草束（Bouquet Garni）
將百里香、月桂葉、韭蔥（poireau）用棉繩綁成一束，加入湯和燉煮料理中，最後再整束取出。

南法：香草烤製料理
通常和同群組的香草一起使用，很少單獨使用。

45

清新香氣／香草系／萬用群組／新鮮／新鮮迷迭香

新鮮迷迭香
〔學名〕Rosmarinus officinalis

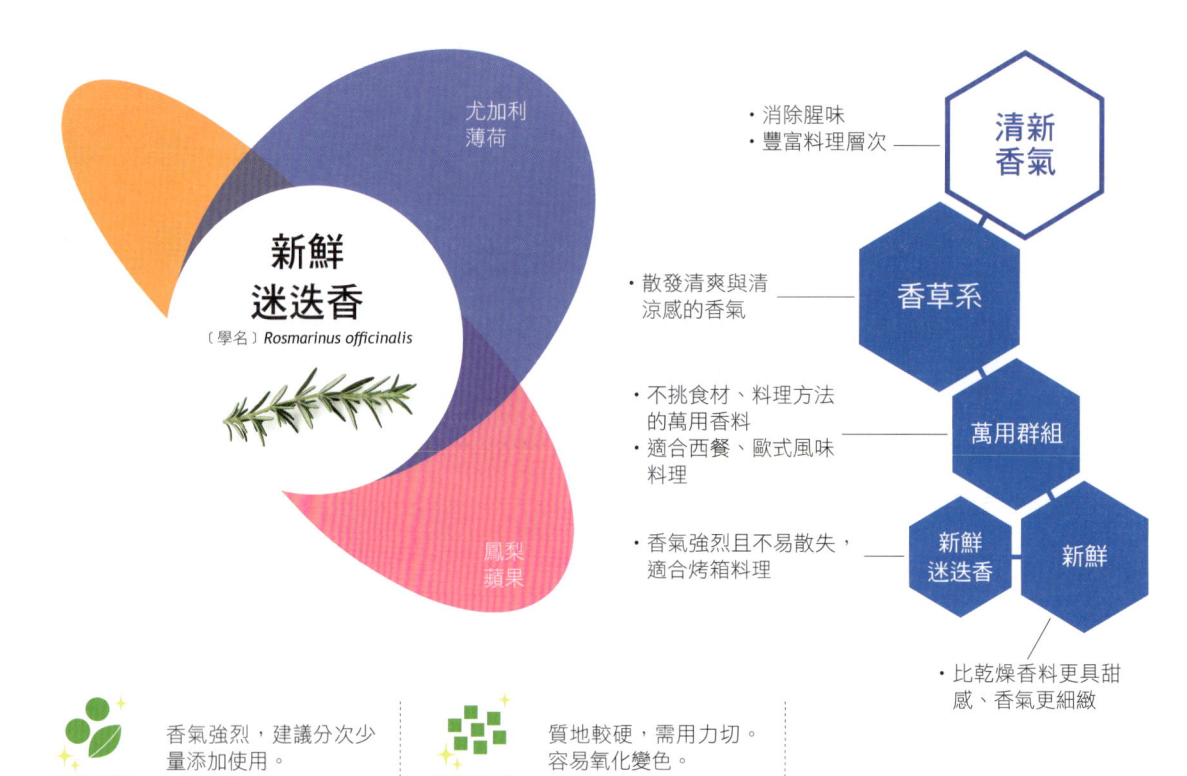

- 尤加利
- 薄荷
- 鳳梨
- 蘋果

- 消除腥味
- 豐富料理層次 —— **清新香氣**
- 散發清爽與清涼感的香氣 —— **香草系**
- 不挑食材、料理方法的萬用香料
- 適合西餐、歐式風味料理 —— **萬用群組**
- 香氣強烈且不易散失，適合烤箱料理 —— **新鮮迷迭香** / **新鮮**
- 比乾燥香料更具甜感、香氣更細緻

新鮮整葉：香氣強烈，建議分次少量添加使用。

新鮮切碎：質地較硬，需用力切。容易氧化變色。

最佳組合食材、料理、使用時機

蘋果　白腎豆　地瓜　馬鈴薯　豬肉　羊肉　肝臟

\絕配／
預先調味
- 水果潘趣酒（加入葉片浸泡）
- 烤羊肉（切碎加入醃料中）

\絕配／
烹調過程
- 柳橙醬烤透抽（連同枝條放入烤箱烤）
- 燉牛肉（整枝入鍋燉煮）
- 馬鈴薯披薩（撒在上方放入烤箱烤）

最後盛盤
- 烤豬肉佐迷迭香沙拉醬（拌入沙拉醬中）

特定地區的使用方法

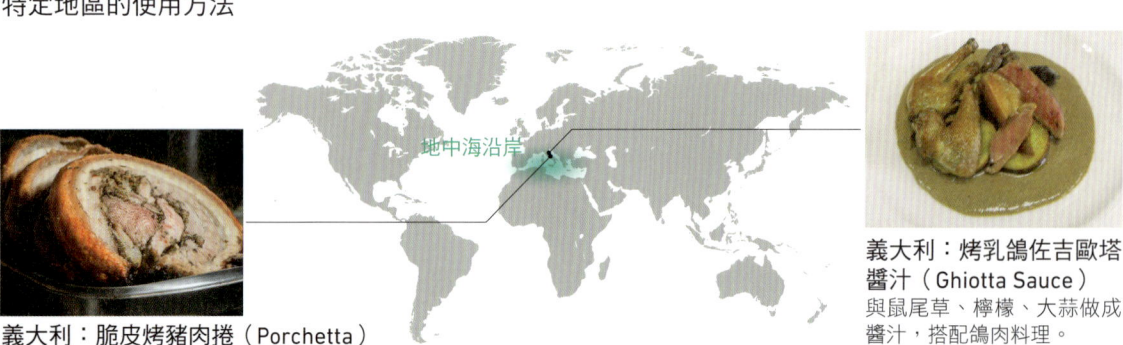

地中海沿岸

義大利：脆皮烤豬肉捲（Porchetta）
將迷迭香、大蒜等混合，抹在帶皮豬五花肉上一起烘烤。

義大利：烤乳鴿佐吉歐塔醬汁（Ghiotta Sauce）
與鼠尾草、檸檬、大蒜做成醬汁，搭配鴿肉料理。

春日馬鬱蘭茴香豆腐泥

馬鬱蘭和茴香是適合在春天生長的香草，和風味溫和的春季食材非常相配。因為香氣清淡，既不會喧賓奪主掩蓋蠶豆的存在感，還能中和蠶豆的豆腥味。

材料〔2～3人份〕
豆腐…1/2塊
白味噌…1大匙
蠶豆…10粒
鹽…1撮
●新鮮馬鬱蘭…5、6枝
●茴香…2枝

作法
❶ 將豆腐以重物壓住後靜置一晚、瀝乾水分，接著放入研磨缽中搗成糊狀，再加入白味噌拌勻。
❷ 蠶豆剝去外殼和薄皮，蒸至呈現鮮綠色，撒上鹽巴。將馬鬱蘭和茴香的梗去除後切成粗末。預留幾片馬鬱蘭葉，用於最後點綴。
❸ 將①和②拌勻，撒上馬鬱蘭葉。

新鮮香草每片葉子的風味差異很大，請務必試味道來調整用量。最後撒上馬鬱蘭葉點綴，讓成品既可愛又美味。

羅勒味噌炒茄子

以羅勒和味噌的組合來營造亞洲風味。如果手邊正好有九層塔（九層塔為羅勒的一種品種），請務必使用看看！

材料〔2～3人份〕
●生薑…1片
茄子…2條
A ┌ 砂糖…1大匙
　│ 紅味噌…2小匙
　│ 濃口醬油…2小匙
　└ 味醂…2小匙
油…3大匙
●新鮮羅勒…約10片
芝麻油…1小匙

作法
❶ 生薑去皮，順著纖維方向切成絲。茄子切1cm厚圓片，泡水。將A拌勻。
❷ 油倒入平底鍋中，開大火。油溫上來後，將擦乾水分的茄子排入鍋中，煎至表面微微上色後翻面繼續煎。
❸ 茄子熟透後加入生薑、撕成3cm大小的羅勒、A，翻炒至收汁，最後淋上芝麻油拌勻。

羅勒或九層塔一旦撕碎或切片就會開始氧化變黑，烹調前再撕或切即可。手撕羅勒可以讓香氣立刻釋放。建議在料理最後階段再加入，稍微加熱一下即起鍋，就能維持鮮綠色。

杜松子檸檬雞
佐酥炸鼠尾草

以具有森林香氣的杜松子和鼠尾草，搭配味道清爽的雞肉，塑造出野味般的濃郁感，再加入清香的檸檬，平衡料理整體的風味。

材料〔3～4人份〕
雞腿肉…2片
● 杜松子…10顆
● 黑胡椒粗粒…1/4小匙
鹽…1小匙
● 檸檬…1/2顆
● 新鮮鼠尾草葉…20片
油炸用油…適量
橄欖油…1大匙

作法
❶ 雞肉去除筋膜，1片切10等分。
❷ 杜松子切碎，和黑胡椒、鹽拌勻後撒在①上，再擠入檸檬汁，刨一點檸檬皮加入後抓勻，靜置30分鐘至一晚皆可。
❸ 將鼠尾草葉低溫油炸後取出，以避免燒焦。
❹ 橄欖油倒入平底鍋，開大火。油溫完全上來後，將②的雞肉皮面朝下放入，底面煎至金黃色後翻面續煎至全熟。盛盤、擺上③。

盛盤時也可以直接擺上新鮮鼠尾草。不過新鮮鼠尾草的氣味較強烈，炸過之後氣味會變得比較溫和，也更容易入口，可以多放一些。

自製舒肥火腿
佐奧勒岡薄荷醬

使用同屬唇形科但香氣相對溫和的奧勒岡葉，作為調和薄荷強烈香氣的緩衝，還能讓火腿吃起來清爽不膩口。

材料〔容易做的份量〕
A ┌ ● 法國綜合香料＊…1撮
　├ 鹽…1大匙
　├ 砂糖…1小匙
　└ 白酒…1大匙
豬梅花肉…400g
B ┌ ● 新鮮奧勒岡葉…7g
　├ ● 新鮮綠薄荷葉…13g
　├ ● 白胡椒…10粒
　├ 鹽…1/2小匙
　├ 味醂…1大匙
　└ 白酒…1大匙

＊法國綜合香料（quatre épices）通常以肉桂、丁香、肉豆蔻再搭配一種辣味香料（胡椒或薑）組成，又稱為法國四香粉。

作法
❶ 將A和300ml水倒入保鮮袋中，待鹽、砂糖溶解後放入火腿，壓出空氣後封口，冷藏一個晚上。接著以66℃低溫烹調約1個小時（請依肉的厚薄度調整時間）。
❷ 將B倒入調理機中打成醬汁。等①稍微冷卻後切片，和醬汁一起盛盤。

雖然直接撒上新鮮奧勒岡葉也可以，不過打成醬汁後的風味更令人驚艷。由於醬汁容易氧化變色，製作好之後請儘快食用。若沒有法國綜合香料，可用肉豆蔻和白胡椒代替。

百里香風味蝦丸湯

百里香的香氣強烈，少量使用就能有效去除海鮮和雞肉腥味。料理最後再次使用百里香來點綴，可補足在烹調過程中散失的香氣。

材料〔3～4人份〕

白蝦…200g
● 洋蔥…1/8顆＋1/2顆
● 新鮮百里香…4、5枝
A ┌ 蛋白…1顆　　　太白粉…1小匙
　├ 鹽…1/4小匙　　白酒…2小匙
　└ 砂糖…1小匙
雞胸肉…1片
鹽…1/3小匙
白酒…2大匙

作法

❶ 蝦子去殼、去腸泥。先留下1枝百里香，待會用於步驟❸；剩下的百里香將葉片都從莖上摘下，挑出嫩葉作為盛盤裝飾用，其餘葉片在步驟❷使用。雞胸肉切成4或5等分。
❷ 蝦子、1/8顆洋蔥、百里香葉和A放入食物調理機中，打成滑順漿狀後倒入碗中。
❸ 鍋中倒入500ml水、雞胸肉、鹽、白酒，開中火，沸騰後撈除浮沫，放入百里香、1/2顆洋蔥，上蓋轉中小火煮20分鐘後濾出湯汁。
❹ 將❸的湯汁倒回鍋中，開中火煮滾。用湯匙將❷的蝦漿整成接近圓球狀，放入鍋中，煮熟後盛盤，擺上百里香嫩葉裝飾。

> 蝦漿中加入百里香打勻，不僅能讓香氣融入蝦漿中，也有消除腥味的效果。整枝百里香加入湯中一起燉煮，完成後也容易取出。如果有百里香花，也很適合作為最後的裝飾配料。

黑胡椒豬五花沙拉佐迷迭香醬

黑胡椒帶有微微辛辣的風味，搭配迷迭香的清新香氣，能夠消除豬肉的腥味，還能豐富沙拉的風味層次。

材料〔3～4人份〕

豬五花…200g
鹽…1/4小匙＋1/2小匙
● 黑胡椒粗粒…1/2小匙
沙拉生菜…1株
● 新鮮迷迭香葉…1g
● 芥末籽…1/2小匙
砂糖…2小匙
醋…1大匙
橄欖油…2大匙＋1大匙

作法

❶ 豬五花切成2cm長的片狀，撒上1/4小匙鹽和黑胡椒。生菜撕成容易入口大小後泡水。
❷ 研磨缽中放入迷迭香葉和1/2小匙鹽，將迷迭香葉磨至細碎，再加入黃芥末籽，磨成糊狀。接著加入砂糖、醋拌勻，拌至砂糖和鹽溶化為止。一邊拌一邊慢慢加入2大匙橄欖油，拌至乳化。
❸ 將生菜水分瀝乾，放入盤中。
❹ 平底鍋中倒入1大匙橄欖油，開大火。待油溫上來後，將豬五花煎至表面金黃熟透，連同油一起盛入❸，並繞圈淋上❷的醬汁。

> 香氣強烈的迷迭香，少量用於沙拉醬中能畫龍點睛，尤其適合有肉類且蔬菜份量多的沙拉。迷迭香葉片的質地稍硬，先切碎再放入缽中會更容易研磨。

香料圖表—清新香氣／香草系／萬用群組／乾燥

- 消除腥味
- 豐富料理層次

清新香氣

香草系
- 散發清爽與清涼感的香氣

萬用群組
- 不挑食材、料理方法的萬用香料
- 適合西餐、歐式風味料理

乾燥
- 氣味比新鮮香料更強烈

清淡 ───→ 濃郁

香料	說明	搭配
乾燥馬鬱蘭	氣味溫和。加入綜合香料中,可以作為平衡整體氣味的香料。	鱈魚／白酒燉煮
乾燥羅勒	簡簡單單就能營造「義式風味」。香氣容易保留且用途廣泛。	茄子／巴薩米克醋
乾燥薰衣草	獨特的香氣能營造南法風情,可作為「意想不到的點綴」。很適合用於麵粉類料理。	柳橙／豬肉
乾燥奧勒岡葉	能輕鬆營造「層次豐富的香氣」。氣味強但不會太突兀,適合用來去除肉類和海鮮的腥味。	番茄／茄子
乾燥鼠尾草	比新鮮狀態的藥香味來得強,氣味相當突出。因為質地較硬,磨成粉末狀會比較好使用。	豬肉／菇類
乾燥百里香	適合需長時間烹調的料理,尤其是西式的燉煮料理,能營造出「法式風情」。	牛蒡／巴薩米克醋
乾燥迷迭香	適合混入粉類食材中使用。因為氣味強烈,也適合作為花草茶中的主要香氣。	薄脆餅乾／藍莓

群組特徵

為具有「香草香氣」、以乾燥狀態使用的群組。這些香料一經乾燥,其中的藥香味、枯葉味、胡椒味等較刺激的風味會變得更強烈,也會失去新鮮狀態時明顯的香甜氣味。

可以將乾燥狀態特有的刺激風味活用在料理中,比起作為上桌前才撒入的配料,更適合在預先調味、烹煮過程中加入。

如同新鮮狀態一樣,具有地中海地區的香料特性。

新鮮的香草如果量過多、無法很快用完,可以乾燥保存。在陰涼處晾乾,仍能保留其顏色和香氣。

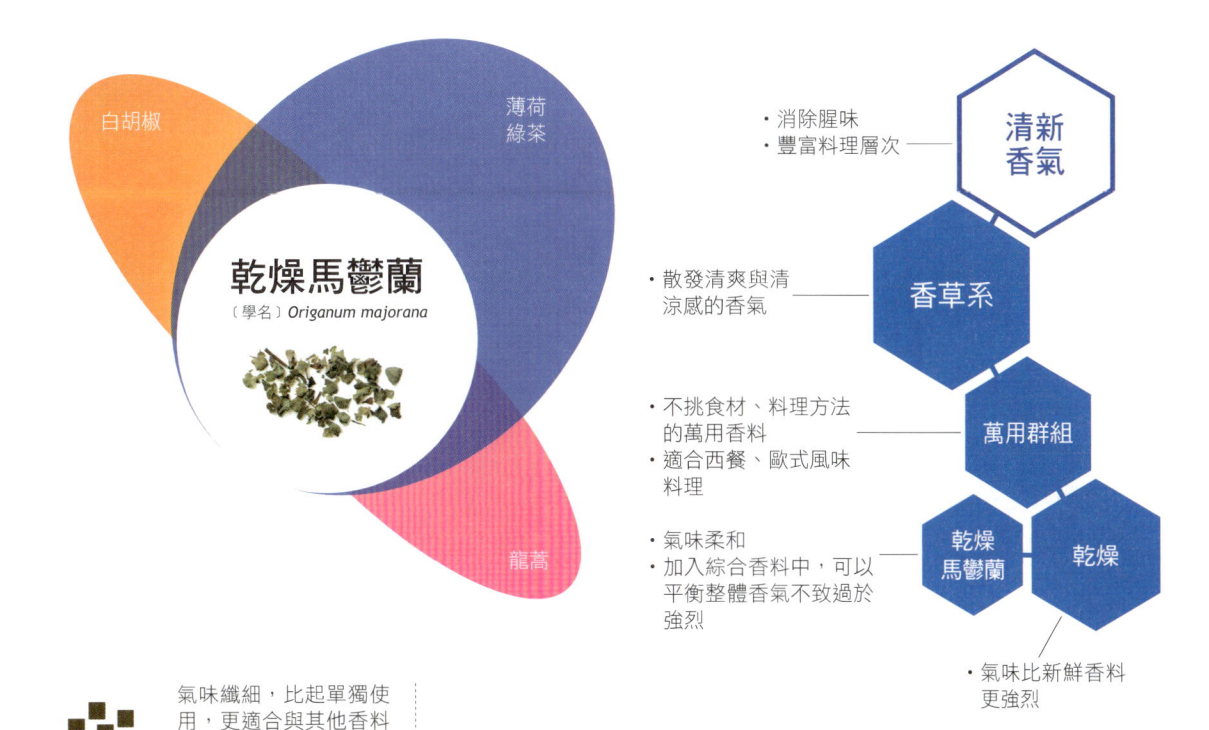

乾燥馬鬱蘭
〔學名〕*Origanum majorana*

- 白胡椒
- 薄荷綠茶
- 龍蒿

- 消除腥味
- 豐富料理層次 ── 清新香氣

- 散發清爽與清涼感的香氣 ── 香草系

- 不挑食材、料理方法的萬用香料
- 適合西餐、歐式風味料理 ── 萬用群組

- 氣味柔和
- 加入綜合香料中，可以平衡整體香氣不致過於強烈 ── 乾燥馬鬱蘭／乾燥

- 氣味比新鮮香料更強烈

乾燥碎葉
氣味纖細，比起單獨使用，更適合與其他香料組合，以調和整體的香氣。以指腹搓揉葉片就會立即釋放香氣。

最佳組合食材、料理、使用時機

鱈魚　白酒燉煮　蕪菁　綠花椰菜　雞胸肉

預先調味
- 酥炸鱈魚（加入麵衣中）
- 歐姆蛋（加入蛋液中）

烹調過程 ＼絕配／
- 肉醬雞肉義大利麵（加入醬汁中煮）
- 白酒燉蘋果雞肉（一起燉煮）

最後盛盤
- 生菜沙拉（加入沙拉醬）
- 馬鈴薯泥（一起拌入）

特定地區的使用方法

地中海沿岸～西亞地區

美國：綜合香草
作為烤肉調味料、草本綜合香料使用。

南法：普羅旺斯綜合香料
常作為伴手禮的綜合香料，香氣使人瞬間置身南法。

51

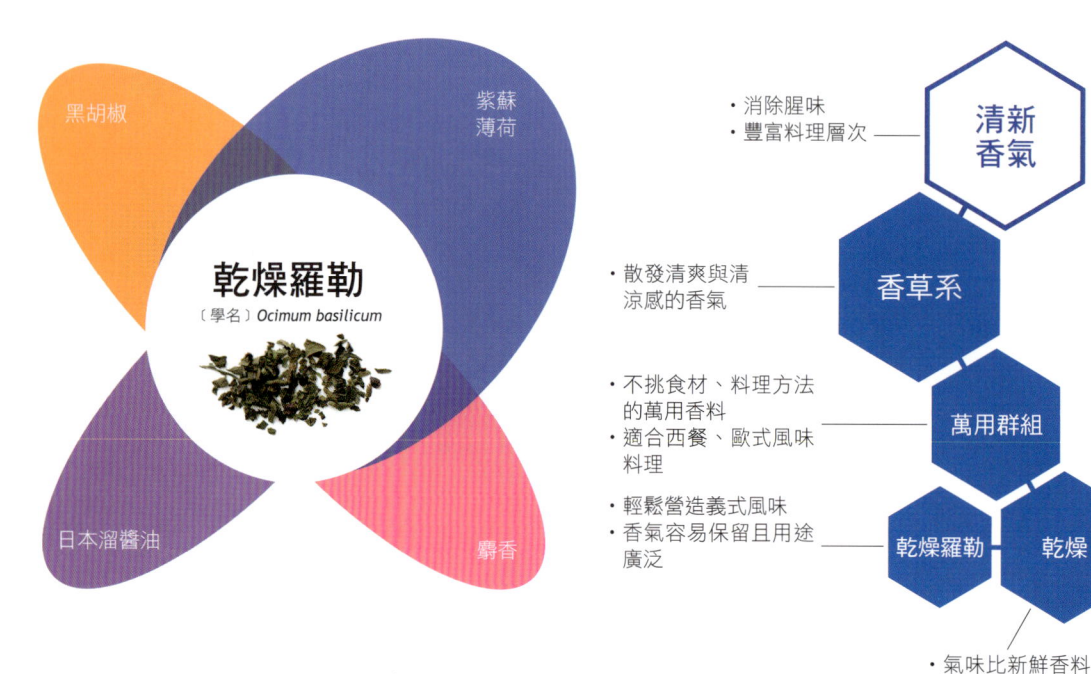

清新香氣／香草系／萬用群組／乾燥／乾燥羅勒

乾燥羅勒
〔學名〕Ocimum basilicum

- 黑胡椒
- 紫蘇薄荷
- 日本溜醬油
- 麝香

- 消除腥味
- 豐富料理層次 ── 清新香氣
- 散發清爽與清涼感的香氣 ── 香草系
- 不挑食材、料理方法的萬用香料
- 適合西餐、歐式風味料理 ── 萬用群組
- 輕鬆營造義式風味
- 香氣容易保留且用途廣泛 ── 乾燥羅勒／乾燥
- 氣味比新鮮香料更強烈

乾燥碎葉
乾燥後，類似紫蘇的氣味會變得比較強烈。質地較柔軟，用指腹搓揉就能釋放香氣，適合用於料理的最後點綴。

最佳組合食材、料理、使用時機

雞肉　豬肉　半硬質起司　醬油　茄子　番茄　沙丁魚　鯖魚　巴薩米克醋

＼絕配／ 預先調味
- 炸雞排（加入麵衣中）
- 醃漬夏季蔬菜（拌入醃漬液中）

＼絕配／ 烹調過程
- 茄汁義大利麵醬（一起燉煮）
- 香烤夏季蔬菜（拌入麵包粉，撒在蔬菜上一起烤）

＼絕配／ 最後盛盤
- 披薩、義大利麵（撒在表面）
- 義式沙拉醬（拌入沙拉醬）

特定地區的使用方法

義大利
傳統上是使用新鮮葉片，但因為乾燥後更方便使用，能夠輕鬆營造「義式風情」，於是被世界各地廣泛使用。

東南亞

美國：美式披薩
混合入綜合香料中，用來營造「義式風味」。

52

乾燥薰衣草
〔學名〕*Lavandula angustifolia*

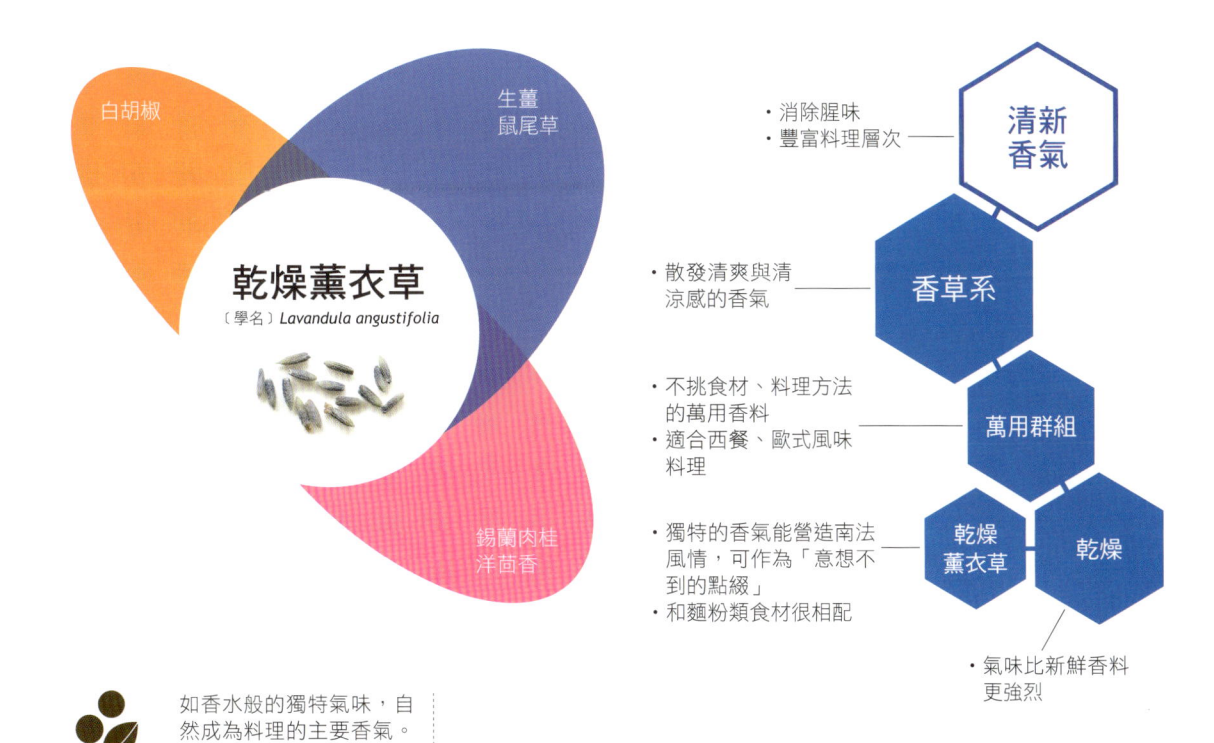

- 白胡椒
- 生薑／鼠尾草
- 錫蘭肉桂／洋茴香

- 消除腥味
- 豐富料理層次 —— 清新香氣

- 散發清爽與清涼感的香氣 —— 香草系

- 不挑食材、料理方法的萬用香料
- 適合西餐、歐式風味料理 —— 萬用群組

- 獨特的香氣能營造南法風情，可作為「意想不到的點綴」
- 和麵粉類食材很相配 —— 乾燥薰衣草／乾燥

- 氣味比新鮮香料更強烈

乾燥整葉：如香水般的獨特氣味，自然成為料理的主要香氣。因加熱會產生苦味，故不適合烹調中使用。

最佳組合食材、料理、使用時機

柳橙　槍烏賊　豬肉　蜂蜜　司康　茄子　羊肉

預先調味
- 漬柳橙（一起醃漬）
- 司康（和在麵團裡）

烹調過程
會產生苦味，不適合加熱烹調

最後盛盤 ＼絕配／
- 烤羊排（撒在表面）
- 焗烤吐司（和白胡椒一起撒在表面）

特定地區的使用方法

雖然使用地區有限，但薰衣草和同群組中的其他香料一樣，應用範圍十分廣泛。

地中海沿岸

南法：普羅旺斯綜合香料
常作為伴手禮的綜合香料，是營造南法風情的必備元素之一。

清新香氣／香草系／萬用群組／乾燥／乾燥奧勒岡葉

乾燥奧勒岡葉
〔學名〕Origanum vulgare

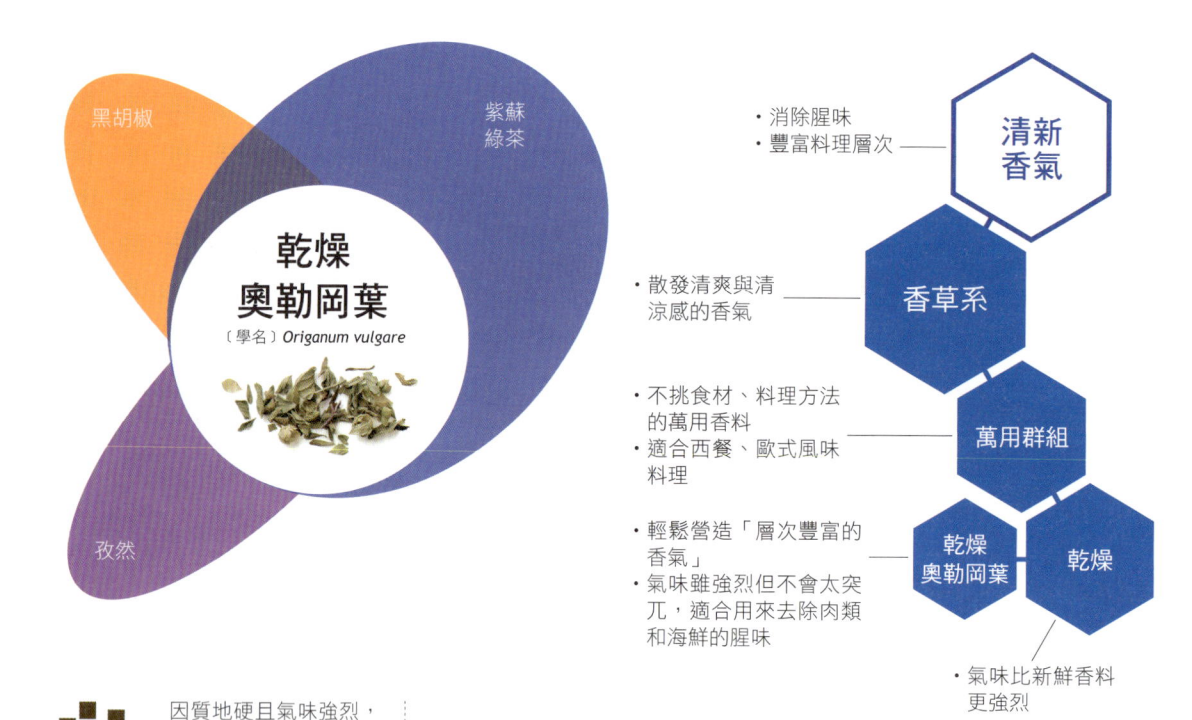

- 黑胡椒
- 紫蘇 綠茶
- 孜然

清新香氣
- 消除腥味
- 豐富料理層次

香草系
- 散發清爽與清涼感的香氣

萬用群組
- 不挑食材、料理方法的萬用香料
- 適合西餐、歐式風味料理

乾燥奧勒岡葉
- 輕鬆營造「層次豐富的香氣」
- 氣味雖強烈但不會太突兀，適合用來去除肉類和海鮮的腥味

乾燥
- 氣味比新鮮香料更強烈

乾燥碎葉：因質地硬且氣味強烈，不適合當作上桌前才加的配料。用指腹搓揉就能立刻釋放香氣。

最佳組合食材、料理、使用時機

| 南瓜 | 章魚 | 番茄 | 茄子 | 橄欖 | 沙丁魚 | 菇類 | 牛蒡 | 鰹魚 |

預先調味 \絕配/
- 烤羊肉串（醃肉時使用）
- 烤彩椒沙丁魚（醃魚時使用）

烹調過程 \絕配/
- 肉醬（一起燉煮）
- 油漬鮪魚（加在油中加熱）

最後盛盤
因氣味強烈、質地硬，不適合作為裝飾配料

特定地區的使用方法

南法
和其他香料一起應用在香草燒烤料理、燉煮料理中。

義大利
經常應用在燉煮番茄醬、披薩等料理。

地中海沿岸西亞地區

南美：烤肉串
在秘魯、玻利維亞等國，作為烤肉串的醃漬料。

南美：陶鍋燉煮料理（Cazuela）
以陶鍋燉煮玉米、肉類時會加入。

土耳其
與被稱為「kekik」的百里香都屬於唇形科香草植物，和鹽膚木、辣椒都是當地餐桌上常見的香料。

土耳其：薩塔綜合香料（Za'atar）
通常和鹽膚木、芝麻、鹽巴等混合而成的綜合香料，有「土耳其五香粉」之稱。直接撒在沙拉或麵包上食用。

乾燥鼠尾草
〔學名〕Salvia officinalis

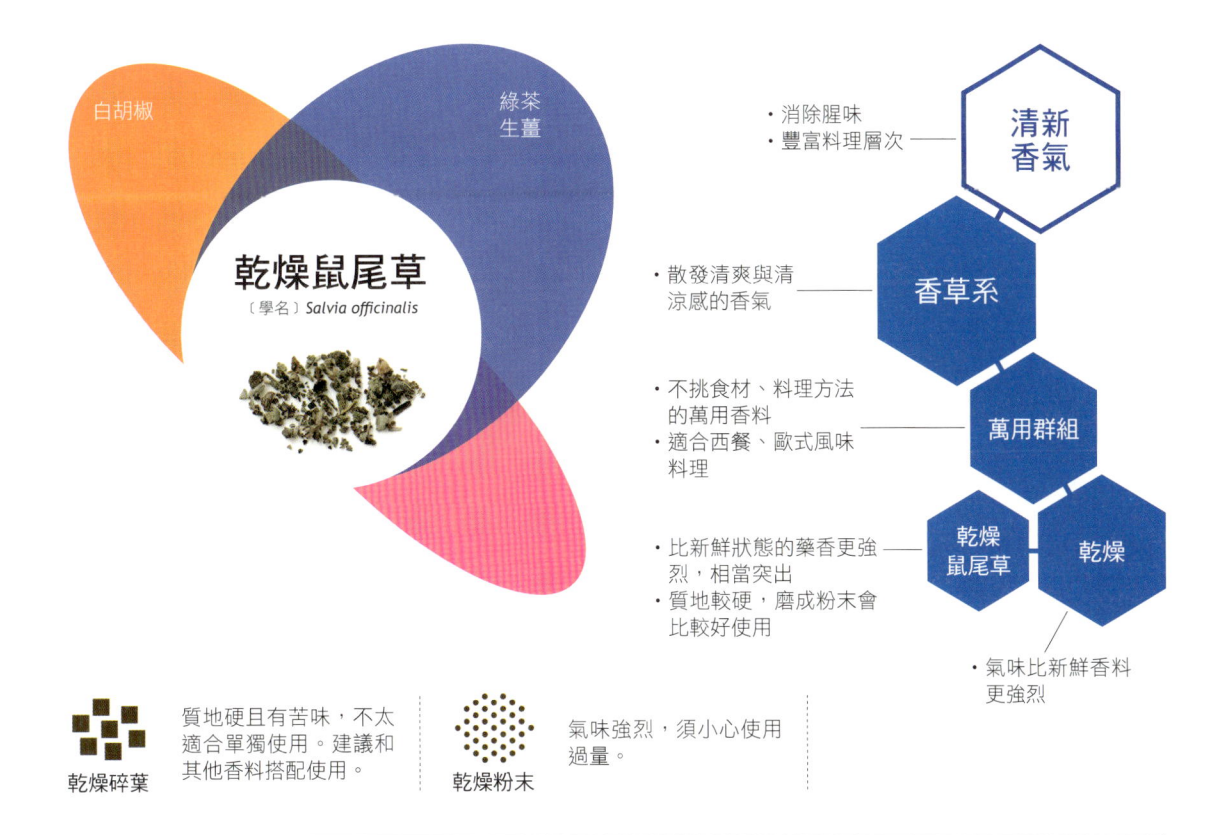

白胡椒

綠茶
生薑

- 消除腥味
- 豐富料理層次 —— 清新香氣

- 散發清爽與清涼感的香氣 —— 香草系

- 不挑食材、料理方法的萬用香料
- 適合西餐、歐式風味料理 —— 萬用群組

- 比新鮮狀態的藥香更強烈，相當突出
- 質地較硬，磨成粉末會比較好使用 —— 乾燥鼠尾草

- 氣味比新鮮香料更強烈 —— 乾燥

乾燥碎葉　質地硬且有苦味，不太適合單獨使用。建議和其他香料搭配使用。

乾燥粉末　氣味強烈，須小心使用過量。

最佳組合食材、料理、使用時機

豬肉　羊肉　菇類　蓮藕　鰻魚

\ 絕配 /

預先調味
- 香腸（拌進絞肉中）
- 烤豬肉（醃肉時使用）

烹調過程
- 金平黑醋炒菇（起鍋前加入）
- 香煎豬五花（起鍋前加入）

最後盛盤
- 白燒鰻魚（撒在表面）
- 香煎蓮藕排（撒在表面）

粉末狀氣味強烈，撒上少量即可

特定地區的使用方法

地中海周邊
廣泛使用在燉煮料理和燒烤。

地中海北部沿岸

美國：香腸
將鼠尾草粉末拌入香腸絞肉中。呈現美國特色風味。

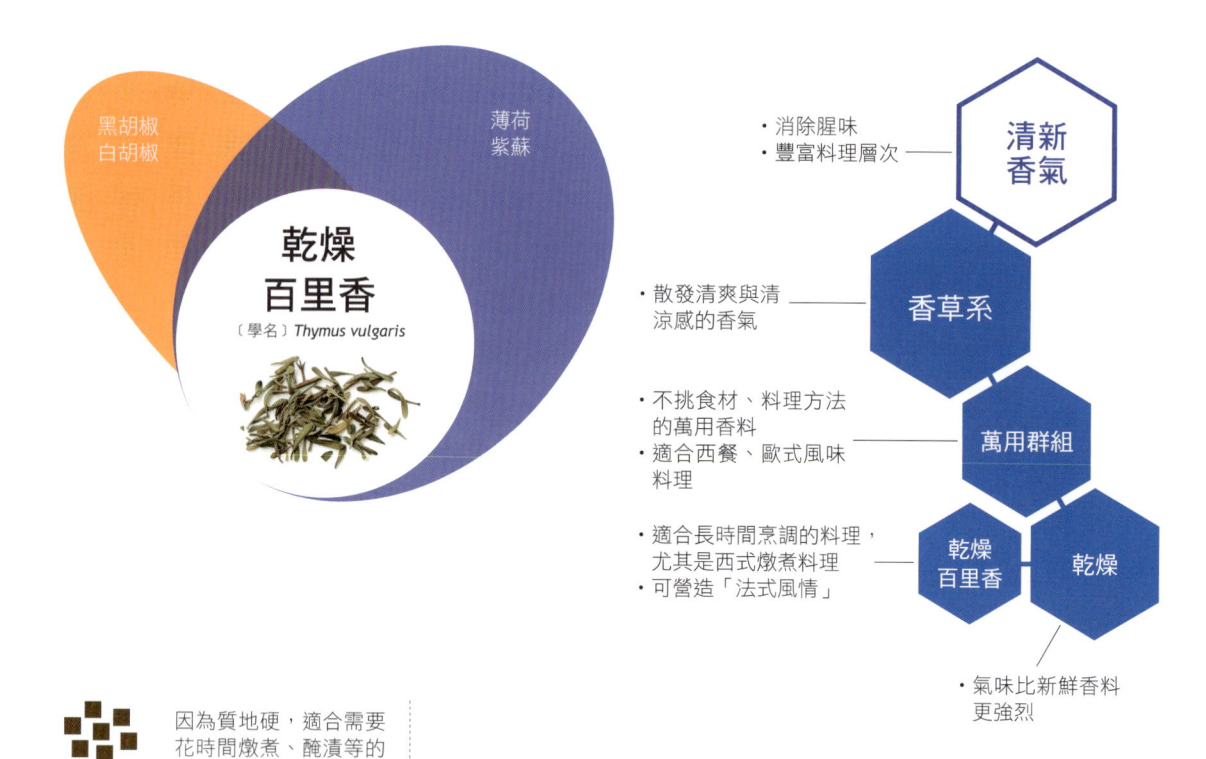

清新香氣／香草系／萬用群組／乾燥／乾燥百里香

乾燥百里香
〔學名〕Thymus vulgaris

- 黑胡椒 白胡椒
- 薄荷 紫蘇

- 消除腥味
- 豐富料理層次 —— 清新香氣

- 散發清爽與清涼感的香氣 —— 香草系

- 不挑食材、料理方法的萬用香料
- 適合西餐、歐式風味料理 —— 萬用群組

- 適合長時間烹調的料理，尤其是西式燉煮料理
- 可營造「法式風情」 —— 乾燥百里香／乾燥

- 氣味比新鮮香料更強烈

乾燥碎葉：因為質地硬，適合需要花時間燉煮、醃漬等的料理。

最佳組合食材、料理、使用時機

沙丁魚　羊肉　牛肉　菇類　牛蒡　紅酒　魷魚乾　巴薩米克醋

\絕配/
預先調味
- 醃漬蕈菇（加入醃漬液中）
- 義式麵包棒（Grissini）（揉入麵團中）

\絕配/
烹調過程
- 白酒燉煮料理（一起燉煮）
- 紅酒燉煮料理（一起燉煮）

根據食材風味的濃郁程度調整用量，就可以搭配任何類型的燉煮料理

最後盛盤
因為質地堅硬，不適合此階段運用

特定地區的使用方法

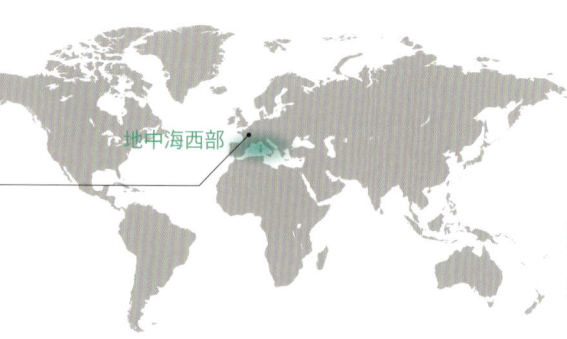

地中海西部

法國：普羅旺斯燉菜
極為重要的廚房香料。和月桂葉一起加入燉菜中，呈現法式風味。

因容易栽培，通常使用新鮮百里香。但在不易栽培的季節，會以乾燥百里香替代。

56

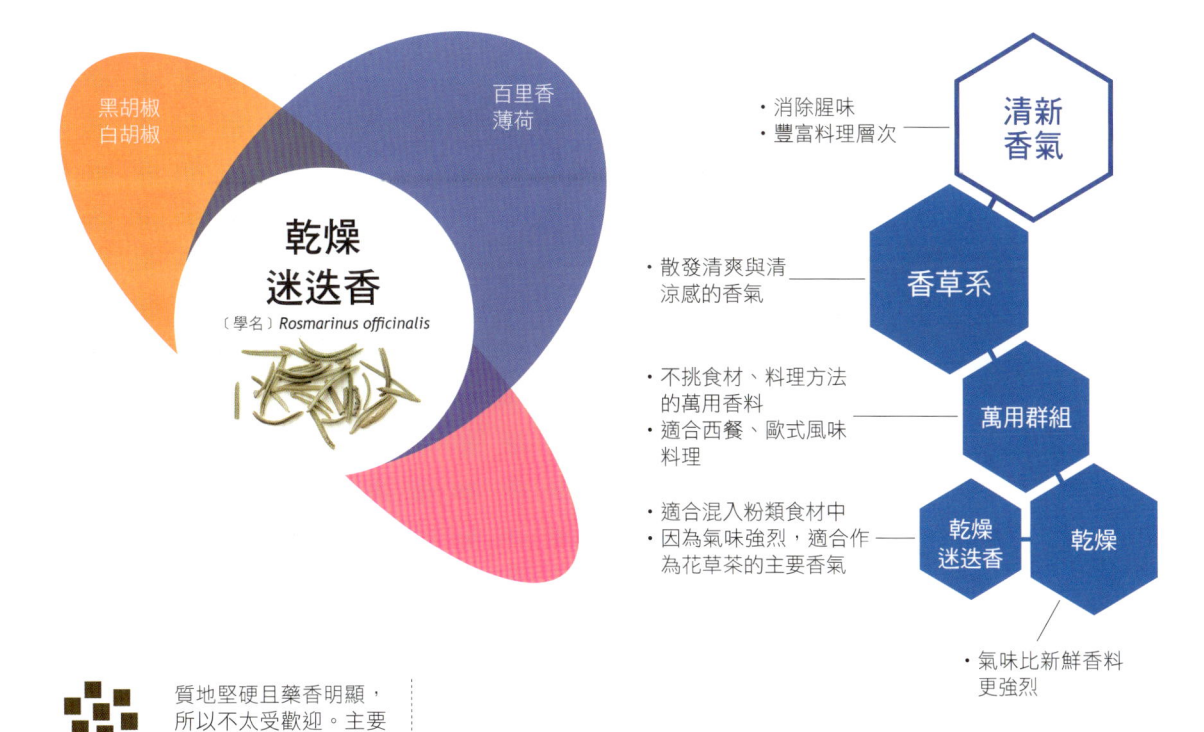

乾燥迷迭香
〔學名〕*Rosmarinus officinalis*

- 黑胡椒／白胡椒
- 百里香／薄荷

- 清新香氣
  - 消除腥味
  - 豐富料理層次
- 香草系
  - 散發清爽與清涼感的香氣
- 萬用群組
  - 不挑食材、料理方法的萬用香料
  - 適合西餐、歐式風味料理
- 乾燥迷迭香
  - 適合混入粉類食材中
  - 因為氣味強烈，適合作為花草茶的主要香氣
- 乾燥
  - 氣味比新鮮香料更強烈

乾燥碎葉：質地堅硬且藥香明顯，所以不太受歡迎。主要用於替代新鮮香料或用來泡茶等用途。

最佳組合食材、料理、使用時機

薄脆餅乾｜羊肉｜牛蒡｜牛肉｜紅酒｜藍莓｜黑醋栗

預先調味
全麥餅乾（揉入麵團中）

烹調過程
排餐佐黑醋栗紅酒醬（加入醬汁中燉煮）

最後盛盤
因為質地堅硬，不適合此階段運用

特定地區的使用方法

義大利：佛卡夏
拌入麵團中一起烤製。常被用來替代新鮮香料。

地中海沿岸

可製成粉末狀的綜合香料加入加工食品中，除此以外較少磨粉。和百里香一樣，新鮮迷迭香因容易栽培而常被使用，不過也經常以乾燥品來替代。

馬鬱蘭薰衣草焗烤麵包

單獨使用馬鬱蘭時香氣較弱，不過如果搭配白胡椒、薰衣草做成綜合香料，可以呈現高雅的法式風味，也能緩衝薰衣草的強烈氣味。

材料〔2～3人份〕
法國長棍麵包片…6片
半硬質起司（如高達或莫札瑞拉等）…100g
● 乾燥馬鬱蘭…1/2小匙
● 白胡椒粗粒…1/2小匙
● 乾燥薰衣草…1/2小匙

作法
❶ 將起司用刨絲器刨成絲。
❷ 在麵包片上鋪上起司，接著用手指一邊搓揉乾燥馬鬱蘭、一邊撒到起司上。再磨上白胡椒、撒上乾燥薰衣草。
❸ 放入烤箱，烤到起司融化即完成。

> 每片長棍麵包各撒約一撮馬鬱蘭和白胡椒。1/2小匙量的薰衣草大約等同5、6粒的量。注意不要烤焦，以免破壞香料的風味。起司融化後就要取出。

中華風羅勒口水雞

中式料理的口水雞搭配羅勒，搖身一變成為無國界料理。在醬料中加入了八角，就能保有中華風的主調。

材料〔2～3人份〕
雞胸肉…1塊（300g）
酒…1大匙
鹽…1/2小匙
小黃瓜…2條
● 青蔥…1/2支
A ┌ ● 八角粉末…1撮
　│ 砂糖…1大匙
　│ 甜麵醬…1/2大匙
　│ 白芝麻醬…1大匙
　└ 濃口醬油…1大匙
● 乾燥羅勒…1小匙

作法
❶ 在雞胸肉較厚處劃刀，與酒、鹽、500ml水一起放入鍋中，開小火加熱。煮滾1分鐘後關火、蓋上鍋蓋，靜置放涼。
❷ 雞肉放涼後以手撕成條狀，雞皮切絲。小黃瓜切絲、蔥切細絲。
❸ 將A拌勻做成醬料。
❹ 按照小黃瓜、雞肉、蔥、醬料的順序盛盤，最後用手指邊搓揉羅勒邊撒上。

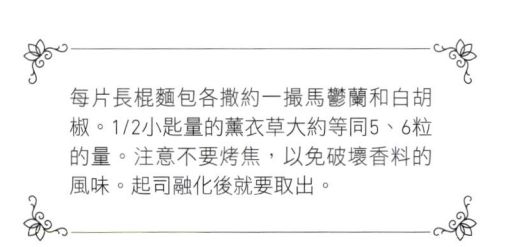

> 鍋子以能剛好放入雞肉的小型鍋為佳。因乾燥羅勒質地略硬，撒的時候要用手指充分搓揉。食用前將醬汁和食材全部拌勻，讓食材吸收水分，會更好入口。

薰衣草烤羊排

薰衣草的獨特風味能掩蔽羔羊特有的腥味。只使用薰衣草時，其香味會立刻撲鼻而來，若搭配上黑胡椒，除了消除腥味之外，還能豐富料理的風味層次。

材料〔3～4人份〕
羔羊排…4支（300g）
鹽…1/2小匙＋1撮
櫛瓜…1條
橄欖油…1大匙
● 乾燥薰衣草…1小匙
● 黑胡椒粒…2小匙

作法
❶ 在羊肉上撒1/2小匙鹽。櫛瓜切成2等分，再縱向十字切開，撒上1撮鹽。
❷ 烤盤抹上橄欖油，再放上①。烤箱開高溫充分預熱後放入羊肉，烤到喜歡的口感。
❸ 在研磨缽中放入薰衣草和黑胡椒，磨碎後撒在烤好的羊排上。

將薰衣草稍微研磨過，可使口感更為細緻，咀嚼時也比較不會有苦味。羊肉一烤完就撒上香料，既能保留新鮮香氣，還能使羊肉的氣味更溫和。

酥炸竹莢魚佐奧勒岡香草醬

在醬油中加入多香果和奧勒岡，增加風味層次同時，也能提升鮮味。

材料〔2～3人份〕
A ┌ ● 乾燥奧勒岡…1小匙
　├ ● 多香果…7粒
　├ ● 黑胡椒粒…10粒
　├ 味醂…1大匙
　└ 酒…1大匙
淡口醬油…2大匙
竹莢魚…3尾
低筋麵粉、蛋、麵包粉…適量
油炸用油…適量

作法
❶ 鍋中倒入A，煮滾後關火，倒入醬油，放涼後過濾。
❷ 竹莢魚去除魚骨、魚鰭，裹上低筋麵粉。用剩的低筋麵粉加入蛋和水，拌勻成麵糊。再把竹莢魚裹上麵糊、撒上麵包粉。
❸ 以180℃的油溫炸至金黃後取出，盛盤。搭配步驟①的醬食用。

為保有醬油的香氣，製作醬料時請在關火後再倒入醬油。剩餘的醬油可拿來淋在煎蛋或涼拌菜上食用。因醬油易氧化，請盡快使用完畢。

烤舞菇佐鼠尾草鹽

乾燥鼠尾草有著森林般的芳香，與舞菇的香氣非常契合。這道料理的步驟很簡單，不妨試試看吧。

❦ 材料〔2～3人份〕
舞菇…2朵
●乾燥鼠尾草…1小匙
鹽…1小匙

❦ 作法
❶將鼠尾草和鹽一起放入研磨缽中，磨成粉狀，製成鼠尾草鹽。
❷將舞菇撕成容易入口的大小，放在烤網炙烤一下。
❸將①撒在②上面即可。

> 記得去除鼠尾草較硬、難研磨的部分。鼠尾草研磨後可以做成香氣迷人的鼠尾草鹽，若沒有時間，也可以使用現成的粉末。炙烤舞菇的重點在根部，將根部烤得微焦會更香更可口。

香醋百里香炒金平牛蒡

乾燥百里香的風味濃郁，和牛蒡、蓮藕等根莖類蔬菜非常合拍。再加入與這兩者都很相配的巴薩米克醋，就成了一道佳餚。

❦ 材料〔2～3人份〕
●大蒜…1/2瓣
牛蒡…1條
橄欖油…1大匙
鹽…1撮
　┌●乾燥百里香…1撮
　│ 砂糖…1大匙
A│
　│ 淡口醬油…2小匙
　└ 巴薩米克醋…1大匙

❦ 作法
❶大蒜拍扁。牛蒡先削皮，切成粗絲狀後泡水，避免牛蒡變黑。
❷平底鍋中倒入橄欖油、放入大蒜，開大火。油溫上來後，放入瀝乾的牛蒡絲、鹽，快速拌炒至熟後，倒入A拌煮。

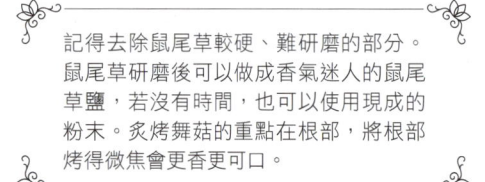

> 乾燥百里香質地較硬，和有水分的調味料一起炒會軟化、變得好入口。百里香加上巴薩米克醋的風味組合，也很適合搭配蓮藕和菇類。

紅酒燉牛肉搭迷迭香脆片

迷迭香的濃郁香氣能夠消除燉肉的膩口感。丁香和多香果與牛肉和紅酒都很相配,還能去除肉類的腥味。加入月桂葉則能增添湯汁的風味層次。

材料〔4～5人份〕

牛肉塊（腿、肩等）…600g
鹽…1/2小匙＋1.5小匙＋1撮
● 多香果粉…1撮
● 丁香粉…1撮
● 大蒜…2瓣

● 洋蔥…2顆
白蘑菇…約30個
紅酒…750ml
砂糖…3大匙＋1.5小匙
番茄糊（6倍濃縮）…2大匙

● 月桂葉…1片
高筋麵粉…100g
● 乾燥迷迭香…1/2小匙
奶油…30g
低筋麵粉…2大匙

作法

❶ 牛肉切一口大小，用1/2小匙鹽、多香果粉、丁香粉先醃過。大蒜拍扁。洋蔥切月牙形。白蘑菇洗去髒污。

❷ 在鍋中倒入500ml水、紅酒、牛肉，開中火加熱。煮滾後撈去浮沫，接著加入洋蔥、白蘑菇，再次煮滾後撈去浮沫。加入1.5小匙鹽、3大匙砂糖、番茄糊、月桂葉，蓋上鍋蓋，轉小火燉煮1.5小時。為了避免燒焦，請不時地攪拌。

❸ 在碗中放入高筋麵粉、1撮鹽、1.5小匙砂糖、迷迭香，拌勻。倒入100ml溫水，輕輕揉捏成團，再連同碗一起放入保鮮袋後密封，靜置約30分鐘。

❹ 將❸的麵團擀成1mm厚的麵皮，切成容易入口大小後排列在烤盤上，放入已預熱到180℃的烤箱中烤15分鐘，烤到整個呈現金黃色為止。

❺ 平底鍋中加入奶油，開小火。奶油融化到一半時加入低筋麵粉，用木鏟邊拌邊煮，待煮到沒有麵粉的生味時，再一點一點加入❷的湯汁調整稠度，等變得接近液體狀時，倒入❷的鍋中攪拌均勻。盛盤，旁邊放上❹，搭配著一起吃。

需要花點時間將牛肉燉煮至軟嫩。麵團要擀得夠薄，才會烤得酥脆。因為會將脆片掰開吃，所以形狀不一致也沒關係。

香料圖表──清新香氣／香草系／燉煮群組

- 消除腥味
- 豐富料理層次

清新香氣

香草系 ── 散發清爽與清涼感的香氣

- 適合燉煮、長時間醃漬的料理

燉煮群組

清淡 → 濃郁

印度月桂葉：用於印度料理中。氣味類似月桂葉，帶有微微肉桂香氣。
- 豆類
- 南瓜

月桂葉：帶著清香，風味層次卻很豐富的萬用香料。重點在於還能去除魚、肉的腥味。
- 白酒燉煮
- 紅酒燉煮

西芹籽：能夠為料理增添多重風味。特別適合用在燉肉、濃湯等需要長時間烹調的料理。
- 牛肉
- 多蜜醬

群組特徵

這一群組的香料，特別適合加入湯品、咖哩等燉煮料理。如同「熬昆布湯」一般，每種香料都可以整個加入一起燉煮，其中印度月桂葉、月桂葉都是在料理完成後再取出；西芹籽則是顆粒很小，不容易挑出，使用時要注意用量。

月桂葉和西芹籽容易營造「西餐」、「歐風餐飲」這樣的地區特性，想要使料理氣象一新時，可以利用這兩種香料來展現。

印度月桂葉
〔學名〕Cinnamomum tamala

綠茶
月桂葉
菸草
錫蘭肉桂

- 消除腥味
- 豐富料理層次 —— **清新香氣**
- 散發清爽與清涼感的香氣 —— **香草系**
- 適合燉煮、長時間醃漬的料理 —— **燉煮群組**
- 經常用於印度料理
- 氣味類似月桂葉，帶有微微肉桂香氣 —— **印度月桂葉**

乾燥整葉：和其他香料一起炒香之後，再用於燉煮咖哩或作為綜合香料的材料。

最佳組合食材、料理、使用時機

米飯　南瓜　豆類

預先調味
適合作為綜合香料的材料，單獨使用時很難展現特色

烹調過程（絕配）
- 印度咖哩（和其他香料一起炒香後再加入燉煮）
- 葛拉姆馬薩拉（和其他香料一起磨成粉末狀，用於咖哩等料理）

最後盛盤
由於質地堅硬、體積也偏大，不適合作為配料點綴

特定地區的使用方法

亞洲南部

印度：葛拉姆馬薩拉（Garam Masala）
印度月桂葉是北印度家常綜合香料的要素之一。

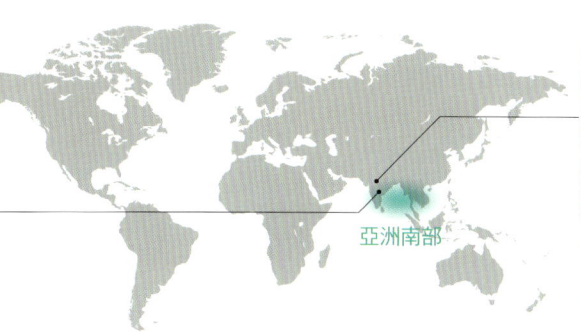

印度：黑米布丁（Chak Hao Kheer）
以印度東北部曼尼普爾邦（Manipur）所產黑米製成的米布丁，使用印度月桂葉和小豆蔻作為香料。

63

清新香氣／香草系／燉煮群組／月桂葉

月桂葉
〔學名〕Laurus nobilis

尤加利薄荷

肉桂

- 消除腥味
- 豐富料理層次 ── 清新香氣

- 散發清爽與清涼感的香氣 ── 香草系

- 適合燉煮、長時間醃漬的料理 ── 燉煮群組

- 帶著清香，風味層次卻很豐富的萬用香料
- 能去除魚類、肉類腥味 ── 月桂葉

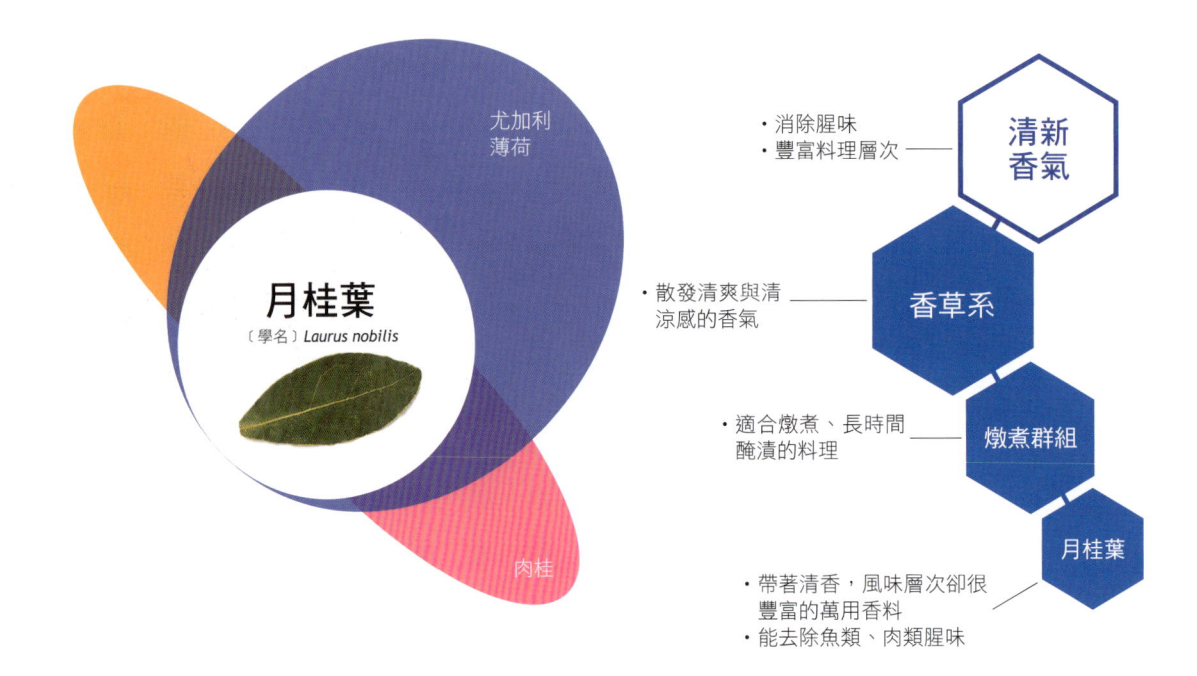

乾燥整葉
一般使用整片葉子。久煮會帶苦，烹調時須在香氣釋放後即取出。

最佳組合食材、料理、使用時機

白酒燉煮 ｜ 雞肉 ｜ 豬肉 ｜ 番茄 ｜ 鯖魚 ｜ 羊肉 ｜ 鰹魚 ｜ 牛肉 ｜ 紅酒燉煮

＼絕配／
預先調味
- 泡菜（加入醃漬液中）
- 自製火腿（加入滷水中煮出香氣）

＼絕配／
烹調過程
- 豬肉醬（混入豬絞肉中烤）
- 燉牛肉（一起燉煮）
- 白酒燉雞（一起燉煮）

最後盛盤
氣味強烈且質地硬、體積大，不適合作為配料點綴

特定地區的使用方法

義大利：烤肉串（Spiedini）
將月桂葉夾在肉與肉之間，一起烤出香氣。

地中海東部

法國：肉醬（Pâté）
將月桂葉混入碎肉中一起烤製而成，可去除肉腥味。

摩洛哥：塔吉鍋（Tajin）
以尖蓋陶鍋加入香料（包含月桂葉）、肉類、蔬菜燉煮的料理方式。不僅在歐洲，世界各地的燉煮料理都經常使用月桂葉。

法國：醋漬鯖魚
月桂葉常用於低溫烤製的醃漬料理中。

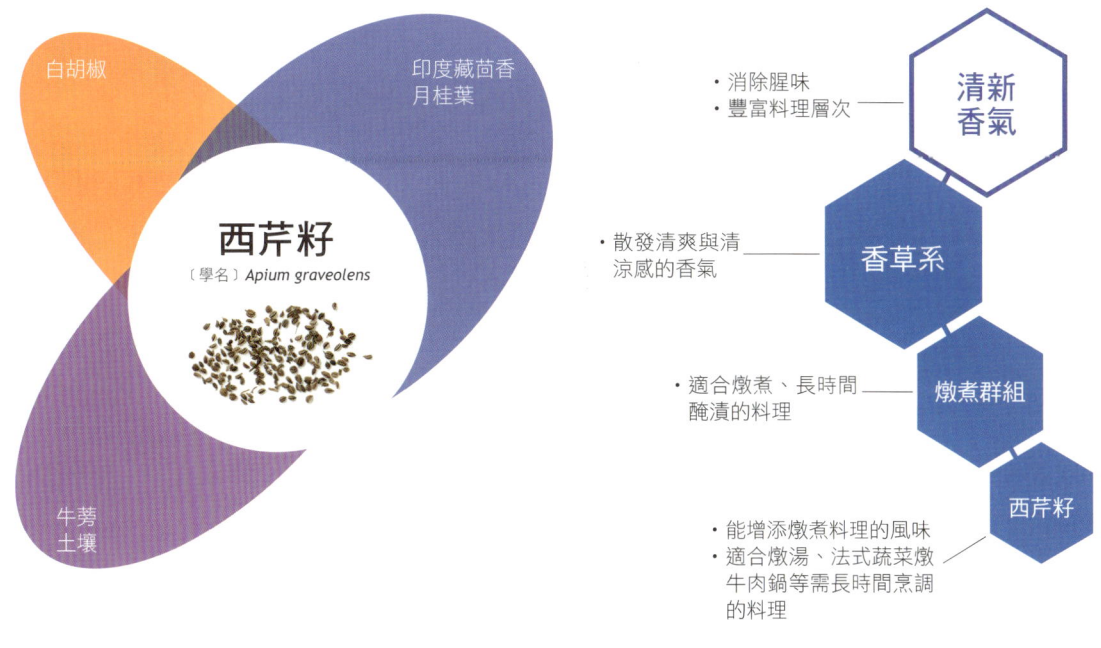

西芹籽
〔學名〕*Apium graveolens*

- 白胡椒
- 印度藏茴香
- 月桂葉
- 牛蒡
- 土壤

- 消除腥味
- 豐富料理層次 —— **清新香氣**
- 散發清爽與清涼感的香氣 —— **香草系**
- 適合燉煮、長時間醃漬的料理 —— **燉煮群組**
- 能增添燉煮料理的風味
- 適合燉湯、法式蔬菜燉牛肉鍋等需長時間烹調的料理 —— **西芹籽**

乾燥種子：質地硬且氣味強烈，最多使用一耳勺的量（約0.013g）。

乾燥粉末：因為質地較硬，預先調味時，使用粉末狀的會比較方便。

最佳組合食材、料理、使用時機

牛蒡　牛肉　紅味噌　多蜜醬

預先調味
- 牛蒡泡菜（加入醃漬液中）
- 西芹籽風味烤餅（拌入麵團中）
- 牛肉漢堡排（拌入絞肉中）

\絕配/
烹調過程
- 燉牛肉（一起燉煮）
- 自製伍斯特醬（一起熬煮）

最後盛盤
- 烤牛肉佐西芹籽香草鹽（和鹽拌勻沾著吃）
- 炸牛蒡（撒在表面）

特定地區的使用方法

歐洲～印度（原產地不明）

美國：血腥瑪莉
西芹籽香草鹽常用於番茄基底的雞尾酒中。

義大利：西西里燉菜（Caponata）
西芹是此料理不可或缺的風味。不過，相較於西芹籽，更常使用西芹本身。

清新香氣／香草系／燉煮群組／西芹籽

65

印度風燜蔬菜

把三、四種蔬菜搭配印度月桂葉、以油溫潤過的香料，簡單燜煮一下就成了印度風料理。

🌿 材料〔3～4人份〕

櫛瓜⋯2條
洋蔥⋯1/4顆
番茄⋯1/2顆
馬鈴薯⋯2個
油⋯2大匙

A ┌ 🔵黑種草⋯1/4小匙
　├ 🟡孜然⋯1/2小匙
　└ 🟠白芥末⋯1/2小匙

鹽⋯1/3小匙
酒⋯2大匙
🔵印度月桂葉⋯2片

🌿 作法

❶ 櫛瓜先縱切對半，再切成1cm寬的半月形。洋蔥和番茄切2cm塊狀。馬鈴薯削皮、去芽後切成1.5cm塊狀，泡水。

❷ 平底鍋中加入油和A，開中火加熱至香料在鍋底彈跳時，加入①的蔬菜和鹽略微攪拌。接著加入酒、印度月桂葉，轉小火，蓋上鍋蓋。

❸ 為避免燒焦，記得不時攪拌，煮的15分鐘直到馬鈴薯熟透。

櫛瓜、洋蔥、番茄切成相同大小，馬鈴薯則切稍微小一點，加熱後整體熟度會比較平均。將印度月桂葉輕輕撕碎再放入鍋中，香氣更容易釋放。煮的時候，若感覺快燒焦，可以適度加一點水。

月桂葉燉豬肉

將月桂葉一起放入鍋中燉煮，月桂葉的香氣就會完全包覆食材。不僅有消除腥味效果，更能豐富料理層次。

材料〔3～4人份〕

豬肉（肩肉、大里肌等）…300g
鹽…1/3小匙＋1/2小匙
馬鈴薯…3顆
橄欖油…2小匙
白酒…2大匙
●月桂葉…5片

作法

❶豬肉按人數切塊，抹上1/3小匙鹽。馬鈴薯洗淨後帶皮切半，再淋上橄欖油、抹上1/2小匙鹽。
❷豬肉和馬鈴薯放入耐烤的小鍋中，加入白酒與月桂葉，蓋上鍋蓋，放進預熱180℃的烤箱中烤1小時至肉軟嫩、馬鈴薯熟透。

月桂葉會讓料理帶有辛香，若以新鮮迷迭香取代，則會有甜甜的香氣。

西芹籽漬牛蒡小黃瓜

在醃漬物中加入香料，就能增添風味，成為令人胃口大開的下酒菜。西芹籽的土壤氣味和米糠、牛蒡非常契合。

材料〔容易做的份量〕

牛蒡…1條
小黃瓜…1條
A ┌ 米糠…300g
  │ ●西芹籽…1/2小匙
  │ ●紅辣椒（切圓片）…3片
  │ 鹽…1大匙
  │ 淡口醬油…1大匙
  │ 酒…2大匙
  └ 味醂…2大匙

作法

❶牛蒡刨去外皮，切成能裝進保存容器的長度；比較粗的部分則縱切對半。小黃瓜也切成同樣長度。
❷煮一鍋滾水，快速汆燙牛蒡，瀝掉水分。
❸將A和約130ml水加入碗中拌勻後，取1/3左右的量鋪抹在保存容器內，放入牛蒡和小黃瓜，再蓋上剩餘的量，壓實以排出空氣。
❹常溫（夏天時放在陰涼處）靜置1天，若還沒入味，就放入冰箱冷藏數日待其入味。

牛蒡勿汆燙過久。製作米糠床要適度調整水量，讓軟硬度像黏土般。常溫存放會產生酸味也容易發霉，請不時攪拌，醃漬至個人喜好的味道後，即可放冰箱冷藏。

香料圖表──清新香氣／香草系／佐料群組

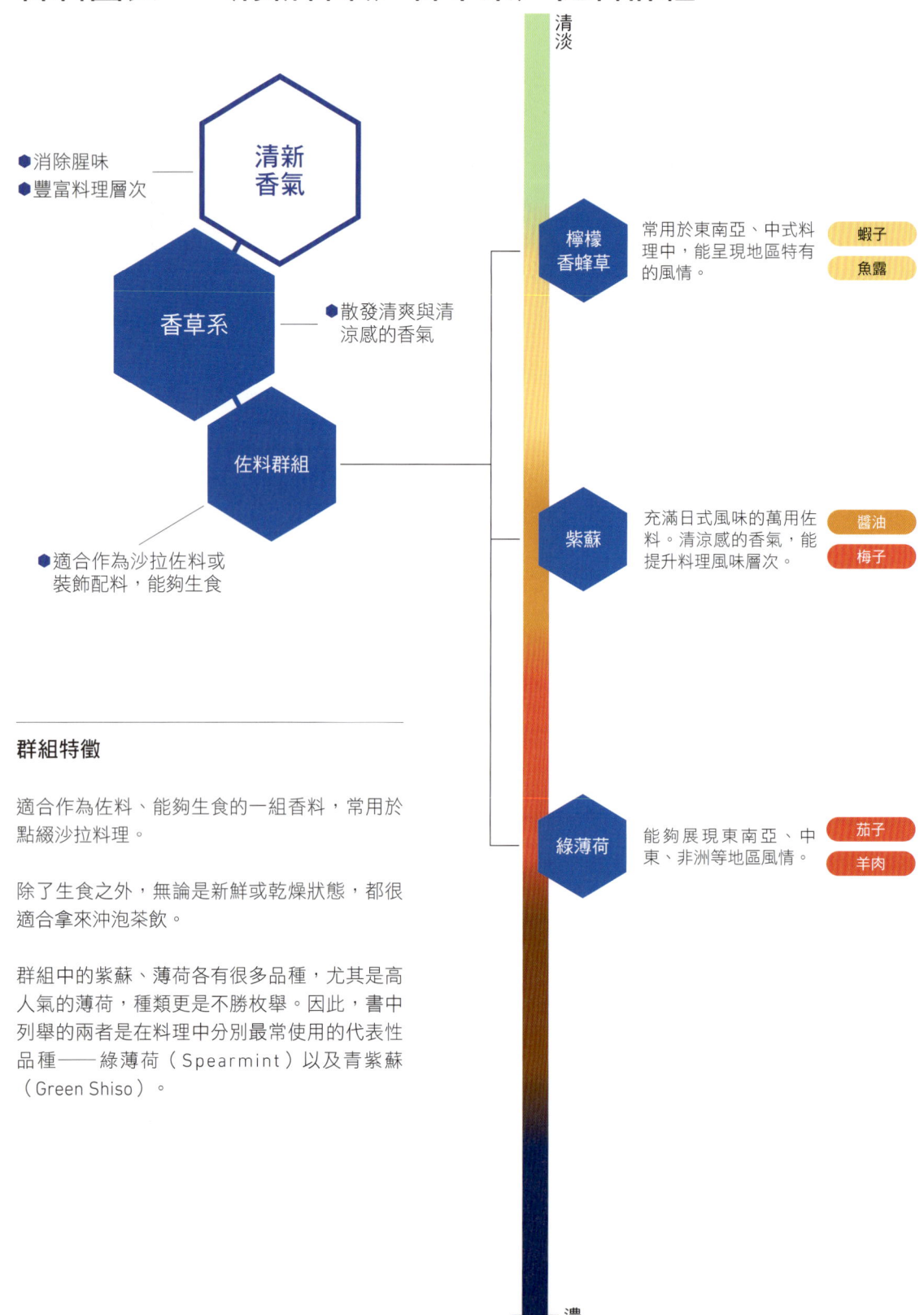

- 消除腥味
- 豐富料理層次

清新香氣

香草系 ── 散發清爽與清涼感的香氣

佐料群組

- 適合作為沙拉佐料或裝飾配料，能夠生食

清淡 → 濃郁

香料	說明	搭配
檸檬香蜂草	常用於東南亞、中式料理中，能呈現地區特有的風情。	蝦子 / 魚露
紫蘇	充滿日式風味的萬用佐料。清涼感的香氣，能提升料理風味層次。	醬油 / 梅子
綠薄荷	能夠展現東南亞、中東、非洲等地區風情。	茄子 / 羊肉

群組特徵

適合作為佐料、能夠生食的一組香料，常用於點綴沙拉料理。

除了生食之外，無論是新鮮或乾燥狀態，都很適合拿來沖泡茶飲。

群組中的紫蘇、薄荷各有很多品種，尤其是高人氣的薄荷，種類更是不勝枚舉。因此，書中列舉的兩者是在料理中分別最常使用的代表性品種──綠薄荷（Spearmint）以及青紫蘇（Green Shiso）。

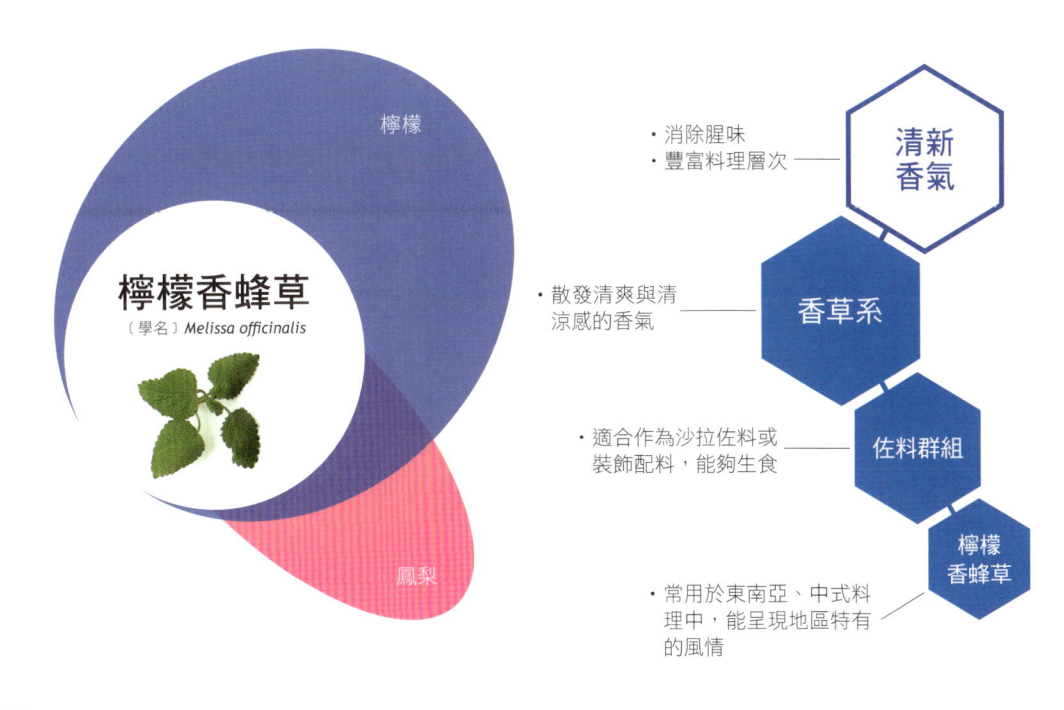

檸檬香蜂草
〔學名〕*Melissa officinalis*

- 檸檬
- 鳳梨

- 消除腥味
- 豐富料理層次 ── 清新香氣
- 散發清爽與清涼感的香氣 ── 香草系
- 適合作為沙拉佐料或裝飾配料，能夠生食 ── 佐料群組
- 常用於東南亞、中式料理中，能呈現地區特有的風情 ── 檸檬香蜂草

新鮮整葉：帶有清甜柔和的檸檬香氣。因為加熱後香氣會散失，適合生食使用。

最佳組合食材、料理、使用時機

檸檬　蝦子　雞胸肉　魚露

預先調味
因香氣容易散失，不適合用來醃漬

烹調過程
- 水果茶（和其他食材一起以熱水沖泡）

煎炒或燉煮等加熱方式都會讓香氣散失，不適合使用

最後盛盤 \絕配/
- 乾燒蝦仁（當作佐料）
- 生春捲（和其他食材一起包裹食用）
- 河粉（當作佐料）

特定地區的使用方法

歐洲：茶飲
檸檬香蜂草的氣味溫和、具鎮靜效果，廣受喜愛。

寮國：臘普沙拉（Laap）
以炒絞肉或魚肉搭配新鮮香草製成的沙拉。除了檸檬香蜂草，也會加入相近品種的香料。

越南：河粉
混合許多相近品種的香料來增添香氣。

南歐

清新香氣／香草系／佐料群組／檸檬香蜂草

69

清新香氣／香草系／佐料群組／紫蘇

山椒

羅勒
檸檬香蜂草

紫蘇
〔學名〕Perilla frutescens

- 消除腥味
- 豐富料理層次 ── 清新香氣

- 散發清爽與清涼感的香氣 ── 香草系

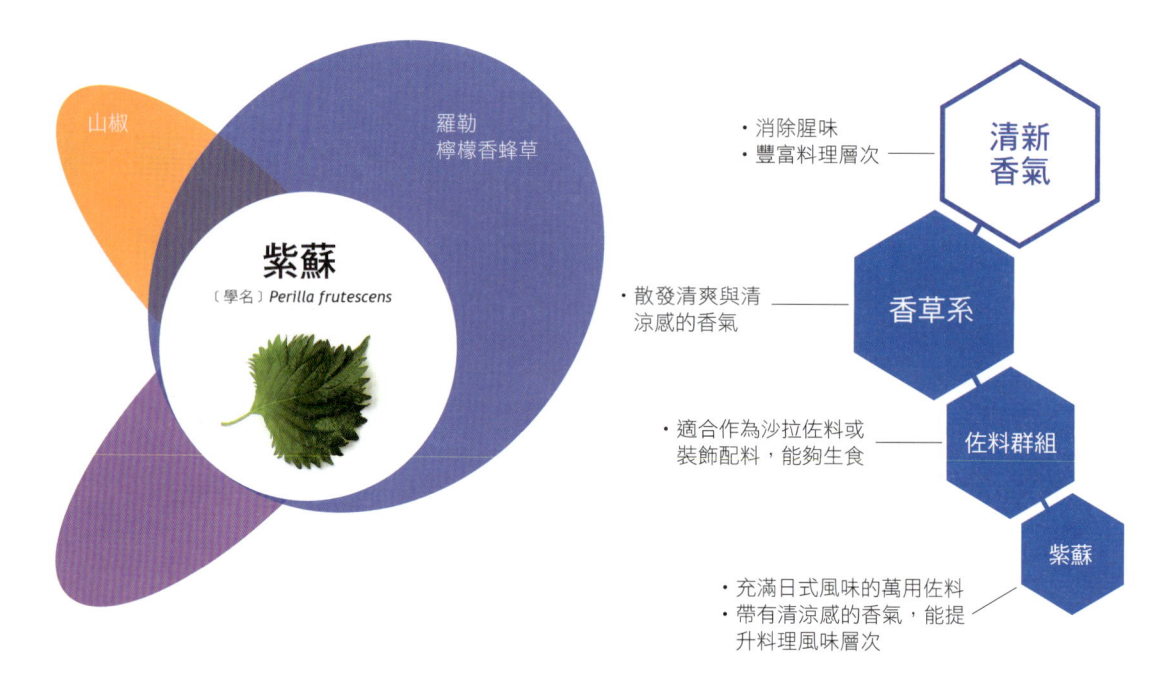

- 適合作為沙拉佐料或裝飾配料，能夠生食 ── 佐料群組

- 充滿日式風味的萬用佐料
- 帶有清涼感的香氣，能提升料理風味層次 ── 紫蘇

新鮮整葉　容易取得、葉片柔軟易食用。

新鮮切碎　因容易氧化變色，建議使用前再切碎。

最佳組合食材、料理、使用時機

豆腐　日本料理　魷魚　醬油　茄子　竹莢魚　鰹魚　梅子

\絕配/
預先調味
- 醃紫蘇梅乾（一起醃漬）＊使用紅紫蘇
- 紫蘇醃黃瓜（一起醃漬）

\絕配/
烹調過程
- 炸魷魚紫蘇丸（用調理機一起打成糊狀後捏成團再油炸）
- 鹽炒魷魚（切3～4cm長的粗絲，熄火後加入）

\絕配/
最後盛盤
- 生拌竹莢魚泥（和生魚片一起剁碎）
- 紫蘇素麵（切細當作佐料）

特定地區的使用方法

中國

日本：生魚片旁的配菜
生魚片擺盤時為增添色彩而用。也可一起食用。

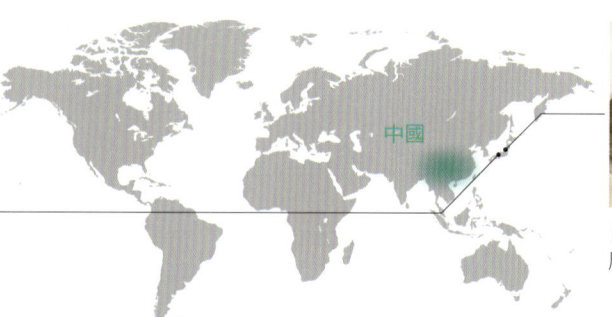

日本：青紫蘇沙拉醬
廣受喜愛的沙拉醬口味。

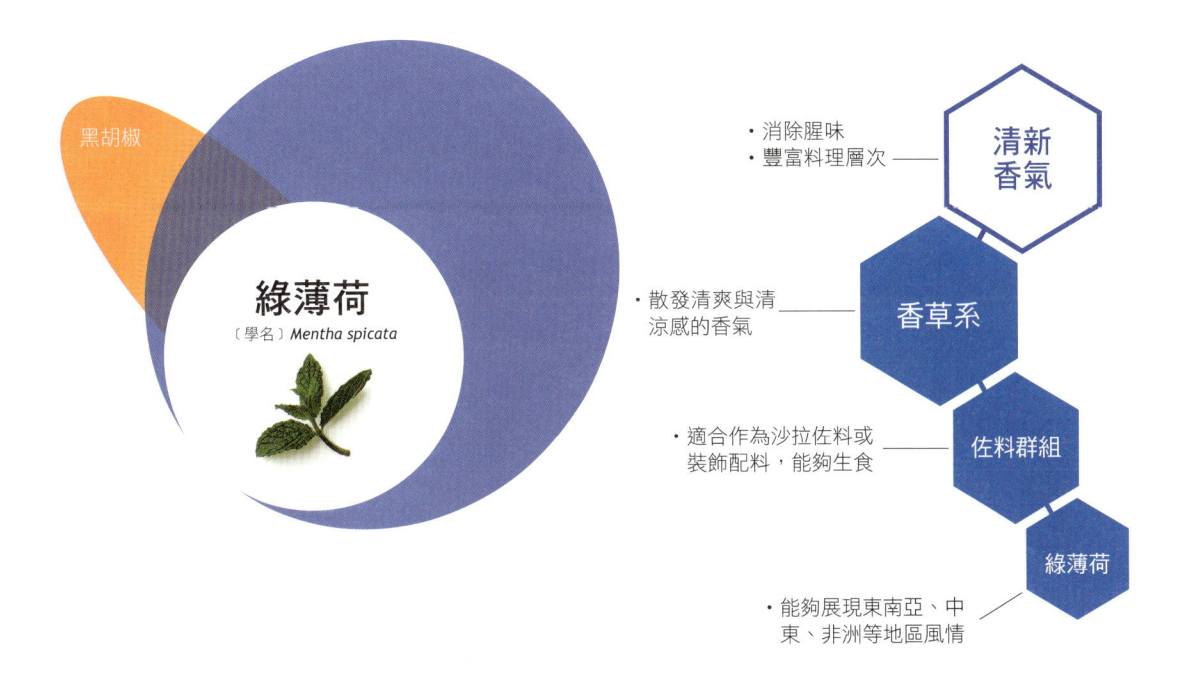

綠薄荷
〔學名〕Mentha spicata

黑胡椒

- 消除腥味
- 豐富料理層次 —— 清新香氣
- 散發清爽與清涼感的香氣 —— 香草系
- 適合作為沙拉佐料或裝飾配料，能夠生食 —— 佐料群組
- 能夠展現東南亞、中東、非洲等地區風情 —— 綠薄荷

新鮮整葉：很適合當作魚料理、肉料理的佐料，能使口內芳香清新。

新鮮切碎：因為容易氧化變色，使用前再和其他食材一起切碎即可。

乾燥碎葉：可作為新鮮薄荷的替代品，氣味強烈，但缺少新鮮狀態的清甜香味。

最佳組合食材、料理、使用時機

李子　西瓜　茄子　紫高麗菜　羊肉　藍莓

預先調味 \絕配/
- 烤羊肉串（拌進醬料中）
- 水果潘趣酒（泡進糖漿中）
- 醋漬紫高麗菜（一起醃漬）

烹調過程
- 黑醋栗果醬（一起熬煮）

最後盛盤 \絕配/
- 糖醋豬肉（當作佐料）
- 異國風沙拉（拌入生菜中）
- 厚炸豆腐田樂（當作佐料）

特定地區的使用方法

古巴：莫希托雞尾酒（Mojito）
使用綠薄荷或當地薄荷、蘋果薄荷調製而成的雞尾酒，世界馳名。

伊朗、喬治亞
綠薄荷混合其他香料、肉類製成丸狀，做成肉丸料理。

寮國
和番茄、大蒜一起作為佐料使用。

泰國：臘普沙拉（Laap）
加入許多香草的沙拉。綠薄荷更是不可少。

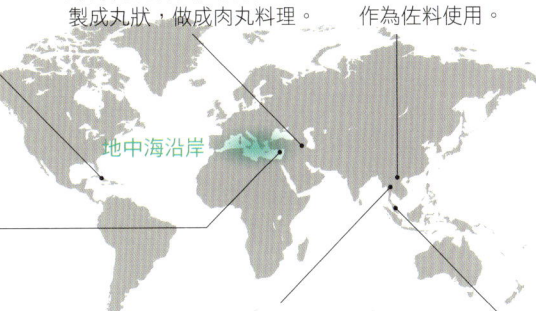

賽普勒斯：哈羅米起司（Halloumi）
一種添加了薄荷葉的起司。

馬來西亞：藍花飯（Nasi Kerabu）
為一種香草飯，其中綠薄荷是必備材料。

地中海沿岸

＊在綜合香料中，綠薄荷的味道相對不明顯，僅是呈現清涼感的香氣。有時也會直接使用整片乾燥薄荷葉。

肉味噌檸檬香蜂草沙拉

甜鹹交織的肉味噌與發酵調味料的香氣，搭配檸檬香蜂草清新的柑橘香，就是一道誘人的亞洲風美食。

材料（3～4人份）

萵苣⋯1/2顆
● 檸檬香蜂草⋯1把
● 大蒜⋯1/2瓣
● 生薑⋯1/2片
油⋯1大匙
蝦醬＊⋯1/2小匙

豬絞肉⋯300g
● 辣椒（切圓片）⋯3片
砂糖⋯2大匙
燒酎⋯1大匙
濃口醬油⋯1大匙

＊此處的蝦醬（Ngapi）特指東南亞料理使用的蝦醬。

作法

❶ 萵苣手撕成容易入口大小後泡水。檸檬香蜂草也一起泡水。大蒜縱切對半後順著纖維切絲。生薑同樣順著纖維切絲。

❷ 平底鍋中倒入油、大蒜、生薑、蝦醬，開大火加熱，將平底鍋稍微傾斜以免蝦醬燒焦，讓它在油中化開，香氣出來後，再加入豬肉、辣椒拌炒。炒到豬肉呈金黃色時，加入砂糖、燒酎、醬油，煮到收汁。

❸ 將瀝掉水分的萵苣排入盤中，上面再放上❷，並撒上瀝掉水分的檸檬香蜂草。

這道沙拉中的檸檬香蜂草，就像沙拉醬的角色一樣，可以依照個人喜好調整用量。用燒酎取代一般料理酒，更能呈現亞洲南國風情。

香煎豬排佐紫蘇奶油醬

常見於歐洲的鼠尾草奶油醬的創意版本。紫蘇能消除豬肉腥味，表現和洋融合的風味。為了凸顯紫蘇的鮮豔色澤，選擇較不醒目的白胡椒來搭配。

❦ 材料〔3～4人份〕
豬梅花肉…300g
鹽…1/3小匙＋1小撮
⬢ 白胡椒粗粒…1/4小匙
● 青紫蘇…10片
橄欖油…1大匙
白酒…2大匙
無鹽奶油…20g

❦ 作法
❶豬肉切5mm厚，撒上1/3小匙鹽、白胡椒醃過。青紫蘇切成約5mm大小的碎末。
❷平底鍋中倒入橄欖油，開中火加熱。油溫上來後將豬肉排入鍋中，約煎到6、7分熟後翻面續煎，直到豬肉全熟後盛盤。
❸將白酒、奶油加入同一個平底鍋中，放入1小撮鹽，邊搖晃鍋子邊使奶油融化。接著加入青紫蘇，待變色後立刻淋到豬肉上。

適合生食的青紫蘇，在稍微加熱後風味會變得柔和，如果喜歡紫蘇香氣，可多放一些。但若過度加熱會失去風味，請快速加熱後立刻起鍋。

甜醬油薄荷唐揚豬

綠薄荷能消除炸物的油膩感，使風味變得清爽。五香粉能帶出豬肉油脂的甜味，同時也能蓋過腥味。這道亞洲風味就以五香粉搭配薄荷香氣來呈現。

❦ 材料〔3～4人份〕
豬腿肉…300g
● 綠薄荷…1小把
A ⎡ ● 五香粉…1小撮
　⎢ 濃口醬油…1小匙
　⎣ 酒…2小匙
太白粉…4大匙
油炸用油…適量

B ⎡ 砂糖…2大匙
　⎢ 太白粉…1小匙
　⎢ 濃口醬油…1大匙
　⎢ 味醂…1大匙
　⎣ 酒…1大匙

❦ 作法
❶豬肉切成一口大小（約3cm）的塊狀，加入A抓醃，靜置10分鐘後再加入2大匙太白粉，繼續靜置10分鐘，接著再加入2大匙太白粉和1小匙水拌勻。將綠薄荷泡水。
❷用160℃的油溫炸豬肉，炸熟後取出，接著將油溫提高到180℃，放入豬肉再炸一次，炸到金黃即完成。
❸平底鍋中倒入B，開中火加熱，邊攪拌邊煮至濃稠後，放入❷裹勻。盛盤，撒上瀝掉水分的綠薄荷。

用於料理時，建議使用清涼感較溫和的綠薄荷。薄荷經過加熱後香氣反而會降低，因此直接搭配唐揚豬一起吃，更能保留清爽解膩的作用。

香料圖表──清新香氣／綠色系

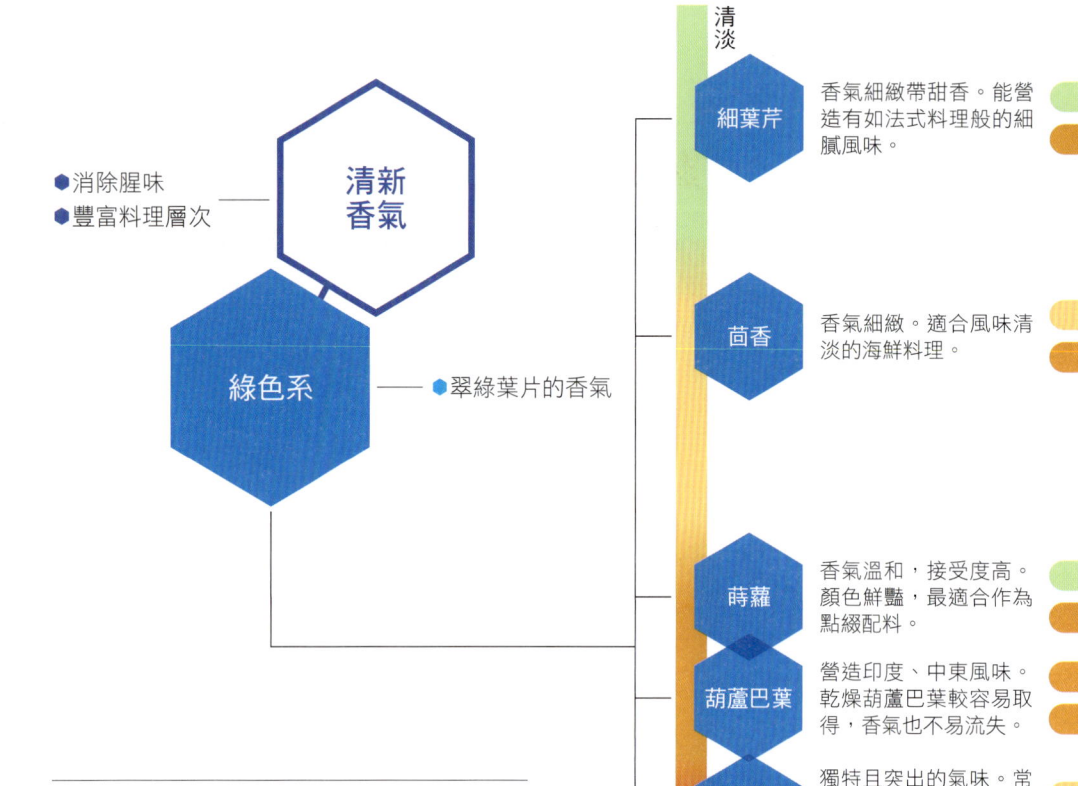

- 消除腥味
- 豐富料理層次

清新香氣

綠色系 ── ● 翠綠葉片的香氣

清淡 → 濃郁

細葉芹：香氣細緻帶甜香。能營造有如法式料理般的細膩風味。（蛋、魚卵）

茴香：香氣細緻。適合風味清淡的海鮮料理。（蝦子、鮭魚）

蒔蘿：香氣溫和，接受度高。顏色鮮豔，最適合作為點綴配料。（優格、鮭魚）

葫蘆巴葉：營造印度、中東風味。乾燥葫蘆巴葉較容易取得，香氣也不易流失。（堅果、奶油）

芫荽：獨特且突出的氣味。常用於營造特定區域如中東、東南亞、摩洛哥等地區的風味。（魚露、椰奶）

巴西里：香氣溫和，也不易展現地域性，相當適合用來配色或作為佐料。（牛肉、田螺）

群組特徵

此群組的香料較無特殊氣味，適合在料理上桌前加入以增添風味，或者作為裝飾配料使用。

雖然市面上也有以乾燥狀態販售者，但其香氣容易散失，不容易達到和新鮮的同樣效果。

若是當作裝飾配料，建議以新鮮的為佳。不過像是很難取得的葫蘆巴葉、不容易存放的芫荽等，則會使用乾燥的來替代。乾燥的葉片較硬，建議酌量添加以免影響口感，不過若是加入燉煮料理中，由於葉片會吸收水分變得柔軟，比較不必擔心這個問題。

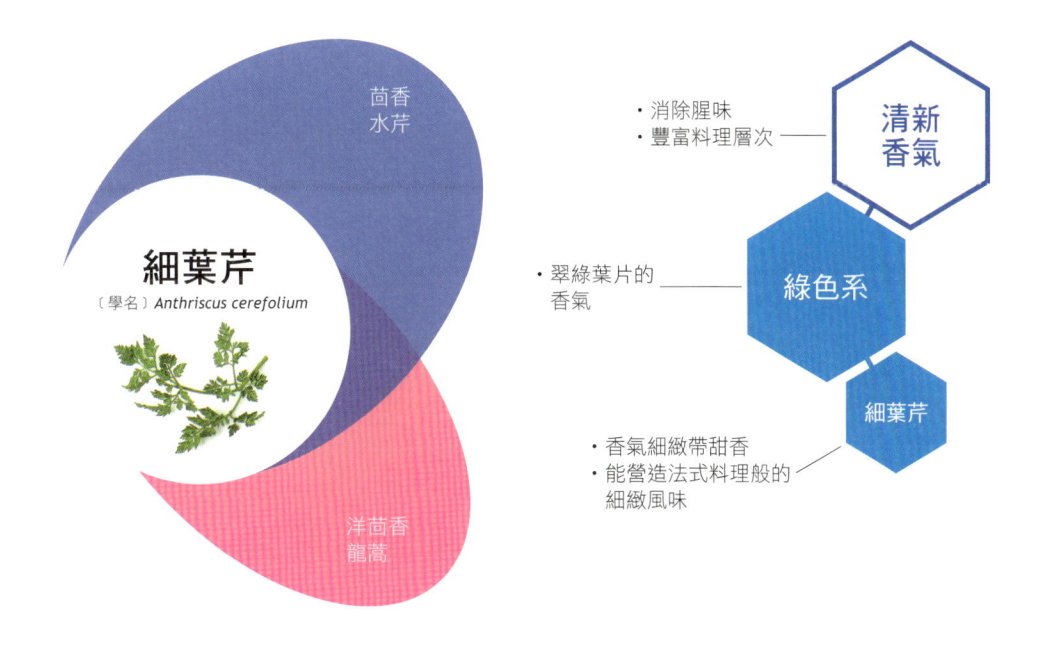

細葉芹
〔學名〕*Anthriscus cerefolium*

- 茴香
- 水芹
- 洋茴香
- 龍蒿

- 消除腥味
- 豐富料理層次 → **清新香氣**
- 翠綠葉片的香氣 → 綠色系
- 香氣細緻帶甜香
- 能營造法式料理般的細緻風味 → 細葉芹

新鮮整葉：看起來小巧可愛，是佐料、裝飾配料不可或缺的重要角色。

新鮮切碎：香氣細緻，建議使用前再切碎。

最佳組合食材、料理、使用時機

麝香葡萄　雞蛋　干貝　甜蝦　魚卵

預先調味
- 海鮮的前置處理（汆燙甲殼類或貝類時加入水中）
- 歐姆蛋（拌入蛋液中）

烹調過程
香氣纖細易流失，不適合加熱

最後盛盤 ＼絕配／
- 鮭魚卵冷盤（撒在表面）
- 蛋沙拉（一起拌入）
- 義式甜蝦卡爾帕喬（撒在表面）

特定地區的使用方法

法國：肉凍（Aspic）
細葉芹經常用於肉凍等冷盤料理。

日本：蛋糕裝飾配料
其清淡的香氣不會喧賓奪主，可作為鮮奶油蛋糕的裝飾點綴。

俄羅斯南部～歐洲東南部

亞塞拜然：優格香草湯（Dovga）
以原味優酪和香草製成的湯品。混合細葉芹和其他香草使用。

清新香氣／綠色系／細葉芹

75

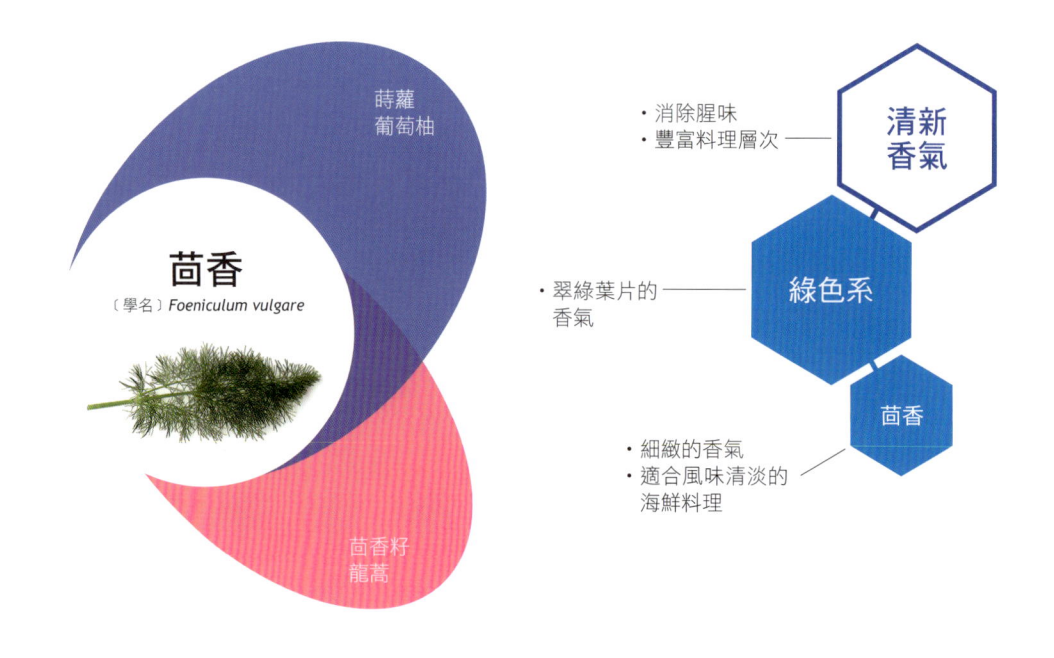

清新香氣／綠色系／茴香

茴香
〔學名〕*Foeniculum vulgare*

- 蒔蘿
- 葡萄柚
- 茴香籽
- 龍蒿

- 消除腥味
- 豐富料理層次 —— 清新香氣
- 翠綠葉片的香氣 —— 綠色系
- 細緻的香氣
- 適合風味清淡的海鮮料理 —— 茴香

新鮮整株　不容易摘取部分使用，所以通常為整株，是醃漬料理等的重要香料。

新鮮切碎　葉片細小、容易乾燥，建議使用前再切碎。

最佳組合食材、料理、使用時機

黃瓜　櫛瓜　雞蛋　蝦子　雞肉　胡蘿蔔　鮭魚　槍烏賊　花蛤

\絕配/
預先調味
- 醋漬白蘆筍（加入醃漬液中）
- 炸爐魚（拌入麵衣中）

烹調過程
香氣纖細易散失，不適合加熱

\絕配/
最後盛盤
- 沙拉（拌入生菜中）
- 義式比目魚卡爾帕喬（撒在表面）
- 炸鱈魚佐香草美乃滋（拌入美乃滋中）

特定地區的使用方法

義大利：柳橙茴香沙拉
使用的是佛羅倫斯茴香，特色是有肥大的白色球莖，在當地多作為蔬菜而非香料使用。

南歐地區

＊茴香是在世界各地常見的調味料，和鮭魚、貝類最為契合。

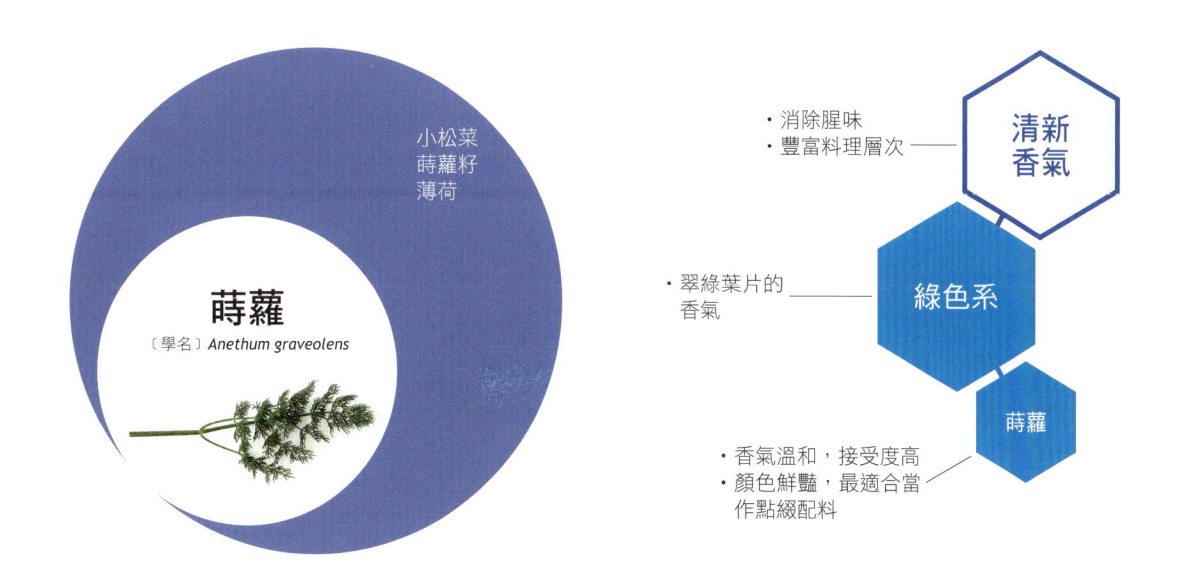

蒔蘿
〔學名〕Anethum graveolens

小松菜
蒔蘿籽
薄荷

清新香氣
- 消除腥味
- 豐富料理層次

綠色系
- 翠綠葉片的香氣

蒔蘿
- 香氣溫和，接受度高
- 顏色鮮豔，最適合當作點綴配料

新鮮整株：纖細且容易變質，不易保存，建議現做現吃。

新鮮切碎：容易變質，使用前再切碎即可。

最佳組合食材、料理、使用時機

檸檬　小黃瓜　櫛瓜　白帶魚　優格　鮭魚　鱈魚　鮮奶油　奶油乳酪

\絕配/
預先調味
- 醋漬鮭魚（一起醃漬）
- 土耳其烤雞肉串（醃肉時撒上）

烹調過程
香氣纖細易散失，不適合加熱

\絕配/
最後盛盤
- 蛤蜊巧達濃湯（撒在表面）
- 義式鮭魚卡爾帕喬（撒在表面）
- 優格沙拉醬（一起拌入）

特定地區的使用方法

俄羅斯：俄式薄餅（Blini）
常和魚子醬、鮭魚搭配食用。

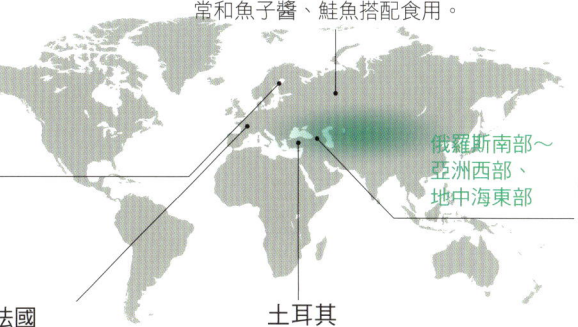

俄羅斯南部～亞洲西部、地中海東部

保加利亞：優格冷湯（Tarator）
以小黃瓜、優格、蒔蘿製成的冷湯。

丹麥：開放式三明治
蒔蘿為經典的開放式三明治配料，也時常混入內餡中使用。

法國
常和鮭魚搭配。用於醃漬或作為裝飾配料。

土耳其
通常和薄荷、義大利巴西里一起作為佐料使用。

清新香氣／綠色系／蒔蘿

77

葫蘆巴葉
〔學名〕Trigonella foenum-graecum

- 綠茶
- 茴香
- 孜然 葫蘆巴
- 楓糖漿 龍蒿

清新香氣
- 消除腥味
- 豐富料理層次

綠色系
- 翠綠葉片的香氣

葫蘆巴葉
- 營造印度、中東風味
- 乾燥的較容易取得，香氣也較不易散失

新鮮整葉：香氣溫和，易食用。切碎後的使用方式同乾燥碎葉的用法。也可以像使用蔬菜般運用。

乾燥碎葉：乾燥的葫蘆巴葉在印度被稱為「Kasuri Methi」。有著和其種子接近的甘苦香氣，但葉子的味道較為柔和。作為裝飾或增添風味的配料時，需少量使用。

最佳組合食材、料理、使用時機

雞肉　堅果　奶油　菠菜

預先調味
- 咖哩雞（醃雞肉時使用）

烹調過程 ＼絕配／
- 扁豆咖哩（爆香後和其他香料一起研磨再加入咖哩中）
- 炙烤鮭魚佐白醬（白醬快完成時加入）
- 焦糖豬肉（焦糖醬快完成時加入）

最後盛盤 ＼絕配／
- 咖哩（撒在表面）
- 蛋沙拉（一起拌入）

因是乾燥碎葉狀態，用量要注意

特定地區的使用方法

亞洲西部～歐洲東南部

伊朗：查科比利燉雞（Chakhokhbili）
大量使用香草的湯品，和龍蒿、芫荽等其他香草一起燉煮而成。

印度：葫蘆巴咖哩雞（Methi Murgh）
使用新鮮葫蘆巴葉一起烹煮的北印度咖哩雞。

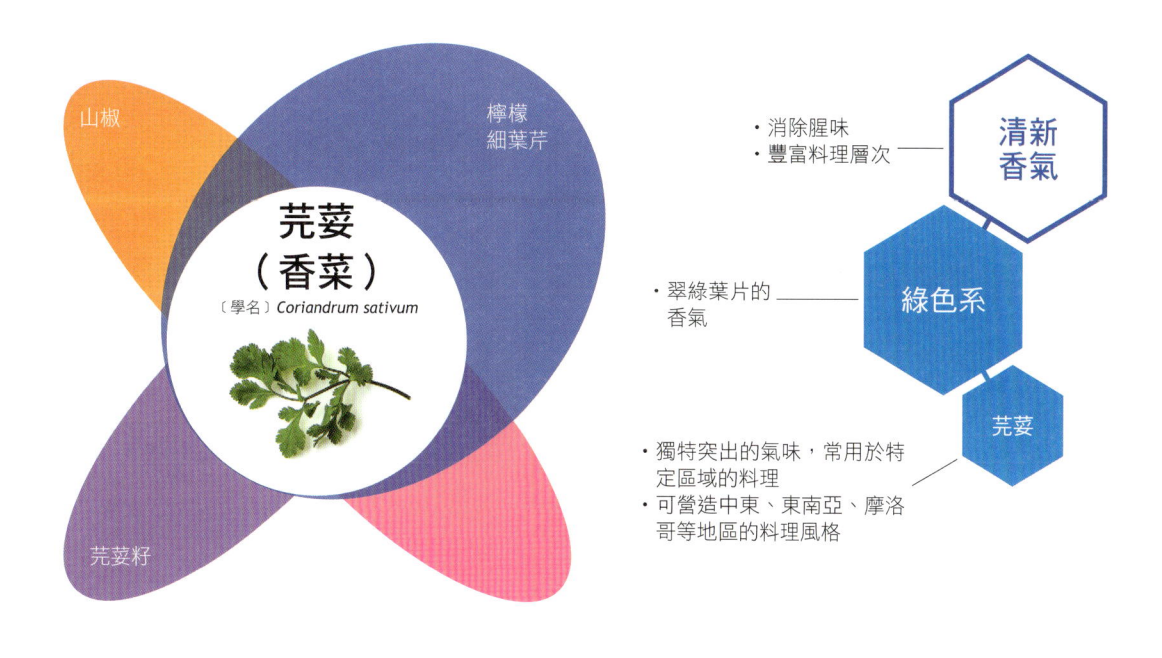

芫荽（香菜）
〔學名〕*Coriandrum sativum*

- 山椒
- 檸檬／細葉芹
- 芫荽籽

清新香氣
- 消除腥味
- 豐富料理層次

綠色系
- 翠綠葉片的香氣

芫荽
- 獨特突出的氣味，常用於特定區域的料理
- 可營造中東、東南亞、摩洛哥等地區的料理風格

新鮮整葉：香氣強度會因採摘季節和土壤而有所不同。容易變質，需盡早用完。

新鮮切碎：容易從切口開始腐壞，使用前再切即可。

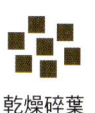

乾燥碎葉：市面上有販售，但氣味不明顯。建議僅在無法取得新鮮芫荽時，作為替代品使用。

最佳組合食材、料理、使用時機

小黃瓜　蝦子　雞肉　魚露　蛤蜊　豬肉　椰奶　番茄　牡蠣

預先調味
- 異國風烤蝦（醃蝦子時使用）
- 雞肉丸（加入雞肉餡中）

烹調過程 ＼絕配／
- 冬蔭功湯（連同莖、根，整株一起燉煮）
- 泰式咖哩（和其他香料一起搗碎後製成咖哩醬）

最後盛盤 ＼絕配／
- 涼拌小黃瓜（一起拌入）
- 炸牡蠣（當作佐料）

特定地區的使用方法

泰國：泰式醬料（Nam Jim）
其中有作為海南雞飯沾醬的知名醬料，芫荽是必備角色。在越南也廣泛使用。

墨西哥：檸汁醃海鮮（Ceviche）
海鮮涼拌菜。芫荽在當地就如同日本的蔥一般，成為各種料理的佐料或配料。

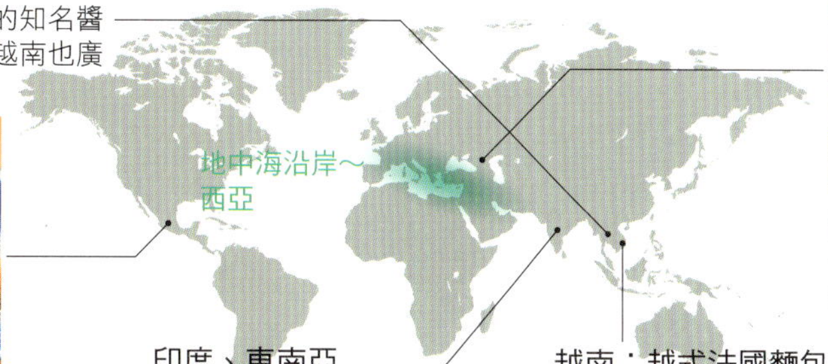

地中海沿岸～西亞

印度、東南亞
可當作咖哩的配料，或是在炒菜時作為蔬菜加入料理中，用途多元。

越南：越式法國麵包（Banh mi）
加在越南法國麵包的調味醬料中。也經常作為當地其他料理的配料。

喬治亞：卡爾喬（Kharcho）
一種加入芫荽和其他香草與蔬菜的牛肉燉煮料理。

79

巴西里
〔學名〕*Petroselinum crispum*

西洋菜

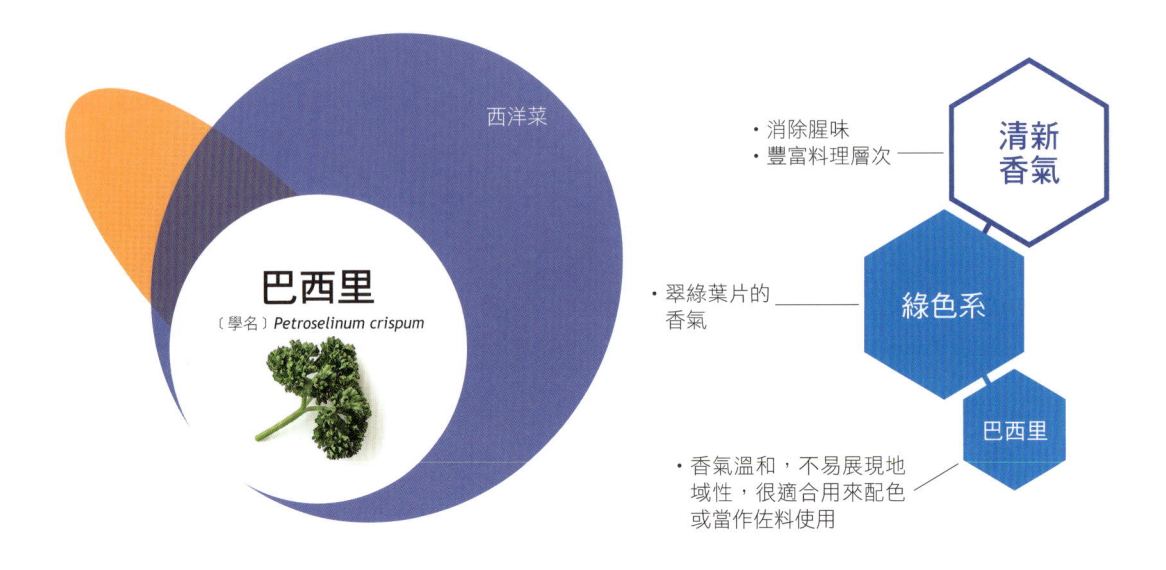

- 消除腥味
- 豐富料理層次 ── 清新香氣
- 翠綠葉片的香氣 ── 綠色系
- 香氣溫和，不易展現地域性，很適合用來配色或當作佐料使用 ── 巴西里

新鮮整片
依據葉子是否捲曲，分為皺葉與平葉（義大利巴西里），後者香氣較溫和、接受度更高。

新鮮切碎
和其他香草相較之下，比較不易氧化變色，容易運用。

乾燥碎葉
由於香氣很淡，多半作為顏色點綴使用。

最佳組合食材、料理、使用時機

干貝　雞肉　杏仁　番茄　沙丁魚　鯛魚　牛肉　田螺

預先調味
- 酥炸干貝（拌入麵衣中）
- 酥烤鯛魚（拌入有麵包粉的麵衣中）

烹調過程
- 法式蒜香奶油蛤蜊（拌入奶油中）
- 巴西里奶油香煎牛排（拌入奶油中）

最後盛盤 ＼絕配／
- 切絲高麗菜＆巴西里（和高麗菜絲拌在一起）
- 塔布勒沙拉（和豆類、庫斯庫斯拌在一起）

特定地區的使用方法

義大利：濃郁碎醬（Picada）
由巴西里和其他香草、堅果等製成的醬料。可以作為配菜或調味使用。

阿根廷：阿根廷青醬（Chimichurri）
含有巴西里的醬料，為當地烤肉時的靈魂沾醬。

地中海東部

土耳其：塔布勒（Tabbouleh）
巴西里和庫斯庫斯、番茄、小黃瓜等拌在一起的沙拉。巴西里也可以和蒔蘿、薄荷一起擺在料理旁，作為佐料並點綴顏色。

法國：烤奶油田螺
原本是田螺料理使用的香料奶油，但也可搭配其他食材。另有一種變化版的巴西里奶油（Maître d'hôtel butter）。

明太子細葉芹馬鈴薯泥

綿密的薯泥配上風味細緻的細葉芹。加上少許肉豆蔻，甜甜的香氣能夠蓋過馬鈴薯特有的土味，和細葉芹的甜香呼應。

材料〔2～3人份〕
- 茗荷…1個
- 明太子…1條
- 細葉芹…1撮
- 馬鈴薯…2顆
- A
  - 鮮奶油…5大匙
  - 肉豆蔻粉…少許
  - 鹽…1撮
  - 砂糖…1小匙
  - 牛奶…5大匙
- 橄欖油…1大匙

作法
❶ 茗荷切圓片後泡水。明太子去膜弄散。細葉芹泡水。
❷ 馬鈴薯洗淨帶皮蒸熟，蒸好後趁熱去皮、搗成泥，再加入A混拌至滑順，鋪在盤底。
❸ 在馬鈴薯泥上分散放上明太子、茗荷，淋上橄欖油，最後再以細葉芹點綴。

這是一道口感綿密、香氣溫和的料理。如果想讓馬鈴薯泥和明太子一起入口時的口感更一致，可以調整牛奶及鮮奶油的量，讓馬鈴薯泥更滑順。

雞尾酒杯茴香胭脂蝦

茴香的甜香能襯托胭脂蝦的鮮甜。直接使用生洋蔥，讓辛辣的風味抑制蝦子的生味。

材料〔2～3人份〕
- 胭脂蝦（生食用）…10尾
- 洋蔥…1/10顆
- 茗荷…1個
- 彩椒…1/16顆
- 茴香…2枝
- 鹽…1/4小匙
- 檸檬汁…1/4顆的量

作法
❶ 胭脂蝦去頭、去殼、去腸泥後，切成1cm小塊。洋蔥、茗荷切成2～3mm小丁後泡水。彩椒也切成2～3mm的小丁狀。茴香去梗後切成5mm長段。
❷ 在碗中放入胭脂蝦、瀝乾的洋蔥和茗荷、彩椒、茴香、鹽，擠入檸檬汁，拌勻後即可食用。

這道菜很適合冰冰涼涼吃。因為蝦子表面的蛋白質接觸檸檬的酸之後會逐漸變硬，因此不宜久放。如果多加一些蔬菜和香草的量，就是一盤美味沙拉。

小黃瓜蒔蘿拌鰹魚鬆

日常熟悉的小黃瓜配上新鮮蒔蘿,再加入展現日式風味的鰹魚鬆,簡單又美味。

材料〔2〜3人份〕
小黃瓜…1條
●蒔蘿…4、5枝
鰹魚鬆…5g
濃口醬油…2小匙

作法
❶小黃瓜切1〜2mm厚的圓片,蒔蘿切掉硬梗,再切1cm小段,一起放入碗中。
❷撒上鰹魚鬆,再淋上醬油,拌勻即完成。

品質佳的鰹魚鬆和醬油具有明顯的鮮味,能夠與小黃瓜的生味取得完成平衡。特別推薦使用濃郁的濃口醬油。

葫蘆巴風味馬鈴薯燉雞

使用和風醬油的溫暖料理,以葫蘆巴的甜香與薑黃的色彩增添新意。

材料〔3〜4人份〕
雞腿肉…1片
馬鈴薯…2顆
●洋蔥…1/2顆
●芥子油…2大匙
●乾燥葫蘆巴葉…1大匙
●薑黃粉…1/2小匙

A ┌ 鹽…1/2小匙
  │ 砂糖…1小匙
  │ 淡口醬油…1小匙
  └ 酒…2大匙

作法
❶雞腿肉去筋膜,切成一口大小。馬鈴薯去皮,切一口大小後泡水。洋蔥順著纖維方向切成薄片。
❷鍋中倒入芥子油,開中火加熱。油溫稍微上來後加入乾燥葫蘆巴、薑黃、洋蔥,快速翻炒後立刻加入A和200ml水,拌勻。
❸放入雞腿肉和馬鈴薯,煮滾後轉小火,蓋上落蓋(或用烘焙紙、鋁箔紙取代),煮20分鐘左右直到馬鈴薯變軟。

這道菜很適合芥子油的香氣,使用一般料理油也可以。乾燥葫蘆巴葉和薑黃都很容易焦,要盡快在燒焦前加入含水食材,或是先暫時關火降溫。馬鈴薯煮得稍微軟爛會更美味。

炸魷魚佐芫荽

葛拉姆馬薩拉香料粉（Garam Masala）和芫荽的強烈香氣，配上魷魚的礦物風味，不僅十分平衡，還能讓魷魚鮮而不腥。

材料〔2～3人份〕
魷魚…2尾
鹽…1/4小匙
●葛拉姆馬薩拉香料粉…1撮
酒…1小匙
●芫荽…5、6枝
●檸檬…1/2顆
低筋麵粉、蛋、麵包粉…適量
油炸用油…適量

作法
❶魷魚洗淨，身體部分切1cm寬的圓片，觸腳切成容易入口大小，以鹽、葛拉姆馬薩拉香料粉、酒拌勻醃製。芫荽切掉硬梗，檸檬切成半月形。
❷將魷魚均勻地裹上低筋麵粉，剩下的低筋麵粉則和蛋混合做成麵糊。接著再將魷魚裹一層麵糊，撒上麵包粉。以中溫的油溫炸至酥脆。
❸將炸好的魷魚和芫荽、檸檬一起盛盤。

有些市售葛拉姆馬薩拉香料粉和咖哩粉的風味相近，可自行再添加丁香、小豆蔻來增加香氣，會和魷魚更對味。魷魚可以替換成牡蠣，也很好吃。

烤羊肉塔布勒沙拉

義大利巴西里的強烈香氣能中和羊肉的濃郁風味，讓料理不容易膩口。羊肉以孜然和芫荽籽先醃過，不僅能消除腥味，也能展現地方料理風情。

材料〔2～3人份〕
羊肉…300g
●義大利巴西里…約10枝
●洋蔥…1/4顆
藜麥…2大匙
●孜然…1小匙
●芫荽籽…1小匙
●韓國辣椒粉＊…1/2小匙
●大蒜…1/4瓣
鹽…1/2＋1/4小匙
●檸檬汁…1/4顆的量
橄欖油…1大匙
＊韓國辣椒粉是以辛辣味較柔和的紅辣椒製成。

作法
❶羊肉去筋後切2～3cm塊狀。義大利巴西里切掉硬梗。洋蔥切2～3mm厚的薄片後泡水。
❷將藜麥和100ml水加入鍋中，開中火加熱。煮滾後蓋上鍋蓋，轉小火煮3分鐘。關火後燜10分鐘，倒入濾網過濾，稍微放涼。
❸用研磨缽將孜然、芫荽籽搗成粗粒。接著和韓國辣椒粉、蒜泥和1/2小匙鹽一起拌勻，抹在羊肉上，以烤肉串串起。
❹用烤箱或燒烤盤將羊肉烤至全熟。
❺在碗中放入義大利巴西里、瀝掉水分的洋蔥、藜麥、1/4小匙鹽、檸檬汁拌勻。最後淋上橄欖油，和烤羊肉一起盛盤。

初春的義大利巴西里口感又嫩又好吃。孜然和芫荽籽搗碎後香氣更足，如果是使用粉末狀的，只要加入各1/4小匙的量即可。

香料圖表──清新香氣／森林系／種子群組

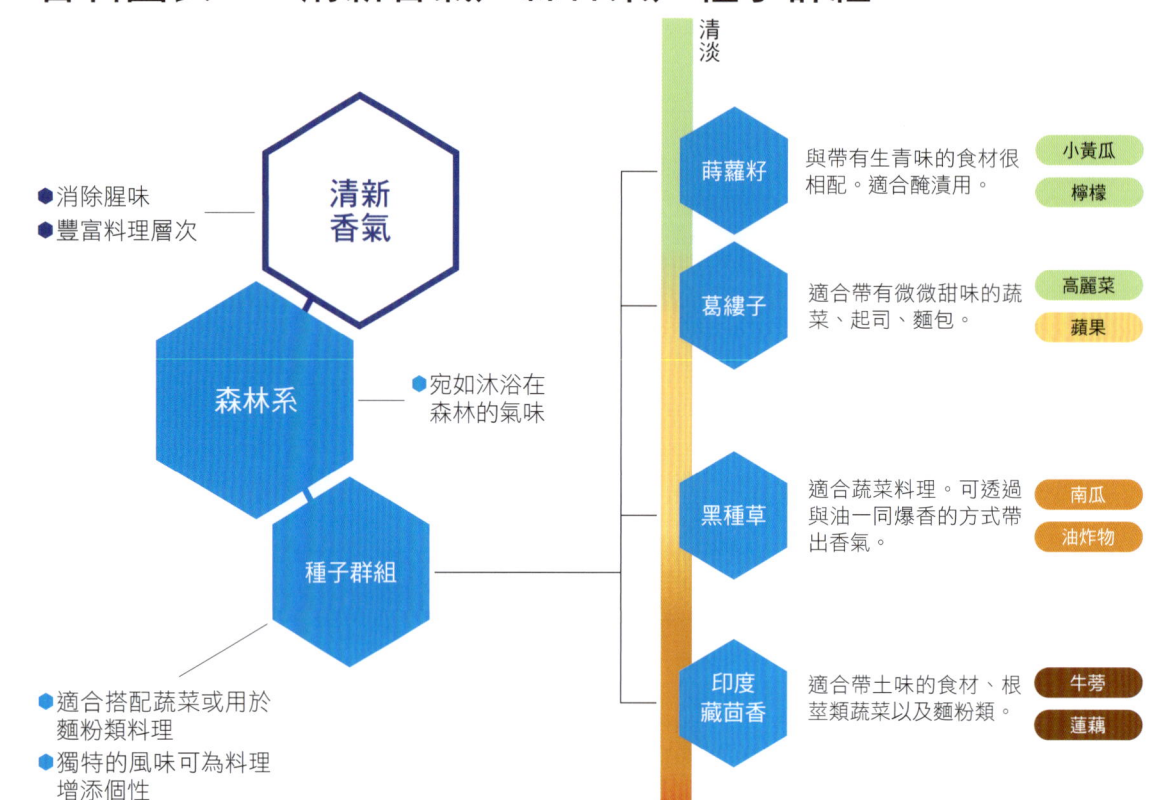

- 消除腥味
- 豐富料理層次

清新香氣

森林系 ● 宛如沐浴在森林的氣味

種子群組

- 適合搭配蔬菜或用於麵粉類料理
- 獨特的風味可為料理增添個性

清淡 → 濃郁

香料	說明	搭配食材
蒔蘿籽	與帶有生青味的食材很相配。適合醃漬用。	小黃瓜、檸檬
葛縷子	適合帶有微微甜味的蔬菜、起司、麵包。	高麗菜、蘋果
黑種草	適合蔬菜料理。可透過與油一同爆香的方式帶出香氣。	南瓜、油炸物
印度藏茴香	適合帶土味的食材、根莖類蔬菜以及麵粉類。	牛蒡、蓮藕

群組特徵

這是一組帶有森林芳香與清涼感，且通常是運用種子部位的香料。特別適合用於蔬菜料理，或是以麵粉類製成的麵包、麵餅等料理。此外，其獨特的風味，還能作為綜合香料或調味料的點綴。

其中葛縷子、黑種草、印度藏茴香常用於麵團中，獨特的清涼感能為樸素的滋味畫龍點睛。不過這幾種香料都有強烈的特色香氣，要注意使用量。

蒔蘿籽主要用於醃漬小黃瓜等醃菜，相較之下，用途較不廣泛。

蒔蘿籽
〔學名〕Anethum graveolens

黑胡椒

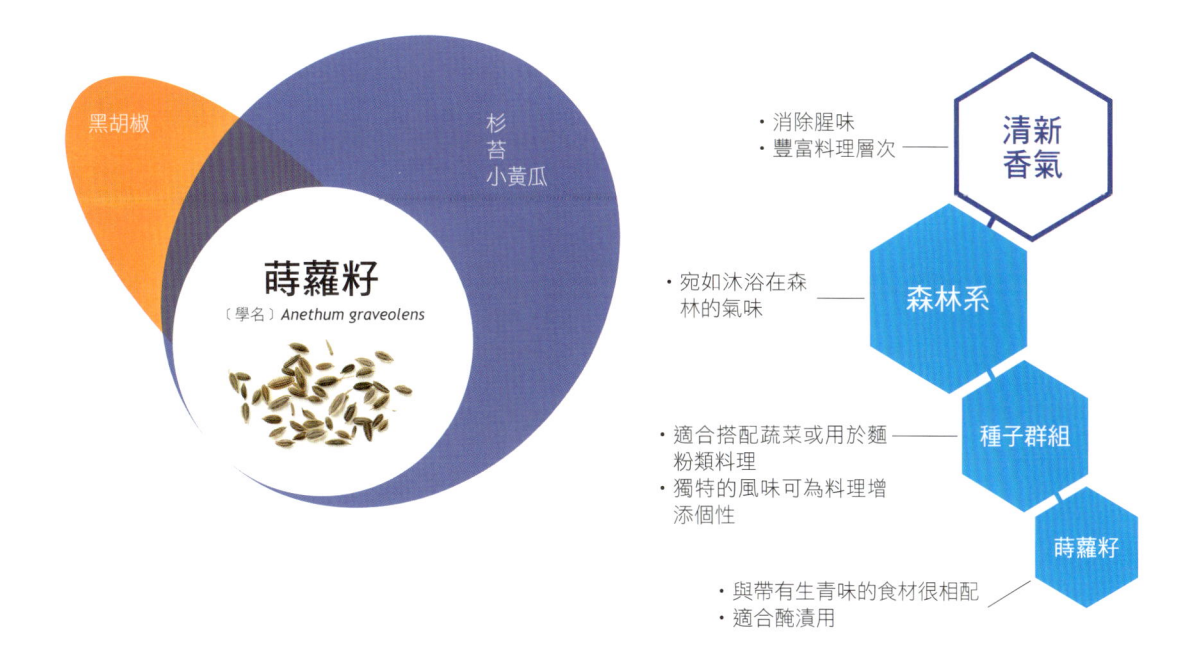

杉苔
小黃瓜

- 消除腥味
- 豐富料理層次 —— 清新香氣

- 宛如沐浴在森林的氣味 —— 森林系

- 適合搭配蔬菜或用於麵粉類料理
- 獨特的風味可為料理增添個性 —— 種子群組

- 與帶有生青味的食材很相配
- 適合醃漬用 —— 蒔蘿籽

乾燥種子：加熱後質地仍堅硬，不宜直接食用。

乾燥粉末：不易研磨成粉末，粗研磨顆粒適合醃漬用。

最佳組合食材、料理、使用時機

檸檬　小黃瓜　薄荷　槍烏賊

\絕配/
預先調味
- 醃漬小黃瓜（加入醃漬液中）
- 炙烤檸檬槍烏賊（醃槍烏賊時使用）

烹調過程
通常與其他香料組合成綜合香料使用，但加熱後香氣容易散失，因此不建議用在此階段。

最後盛盤
蒔蘿風味沙拉醬（一起拌入）

特定地區的使用方法

美國：蒔蘿漬酸黃瓜（Dill Pickles）
漢堡和熱狗中所夾的酸黃瓜，在醃漬時其實添加了蒔蘿籽。

俄羅斯南部
亞洲西部
地中海東部

俄羅斯～北歐：蒔蘿醋（Dill Vinegar）
將蒔蘿籽浸泡在醋中，用來提升魚肉料理的風味。

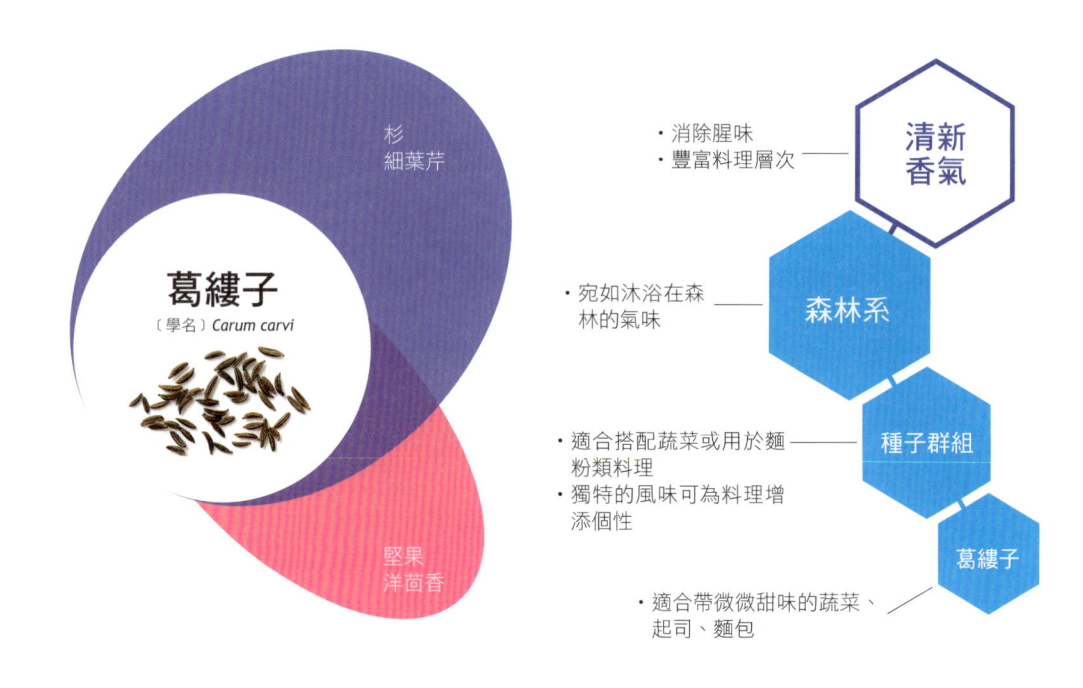

清新香氣／森林系／種子群組／葛縷子

葛縷子
〔學名〕Carum carvi

杉
細葉芹

堅果
洋茴香

- 消除腥味
- 豐富料理層次 —— 清新香氣

- 宛如沐浴在森林的氣味 —— 森林系

- 適合搭配蔬菜或用於麵粉類料理
- 獨特的風味可為料理增添個性 —— 種子群組

- 適合帶微微甜味的蔬菜、起司、麵包 —— 葛縷子

乾燥種子　帶有堅果般的甜味與清涼感。顆粒較小，雖是種子但容易食用。

最佳組合食材、料理、使用時機

高麗菜　蘋果　杏仁　胡蘿蔔　麵包　半硬質起司

\絕配／

預先調味
- 胡蘿蔔蛋糕（加入麵糊裡）
- 醃胡蘿蔔（加入醃漬液中）

烹調過程
- 蘋果果醬（一起熬煮）
- 焗烤吐司（和起司一起烤）
- 德式酸菜燉肉（一起燉煮）

最後盛盤
- 沙拉（炒過後撒在沙拉上）
- 奶油炒飯（炒過後拌入飯中）

特定地區的使用方法

英國
加入磅蛋糕等烘焙點心的麵糊中。

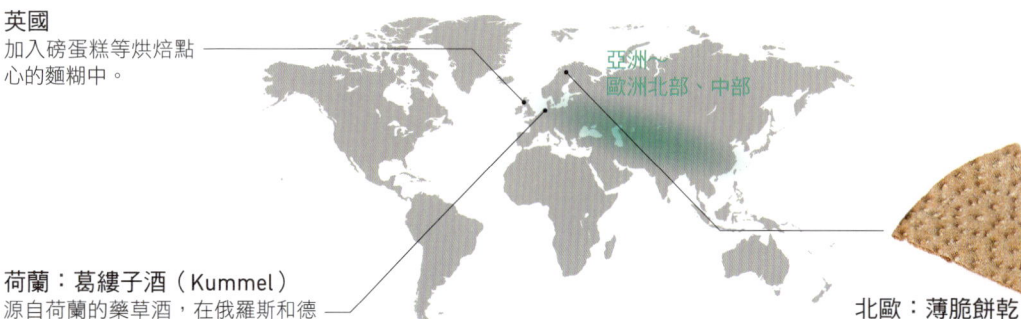

亞洲
歐洲北部、中部

荷蘭：葛縷子酒（Kummel）
源自荷蘭的藥草酒，在俄羅斯和德國等地也有製作。

北歐：薄脆餅乾
揉進黑麥麵團中。

86

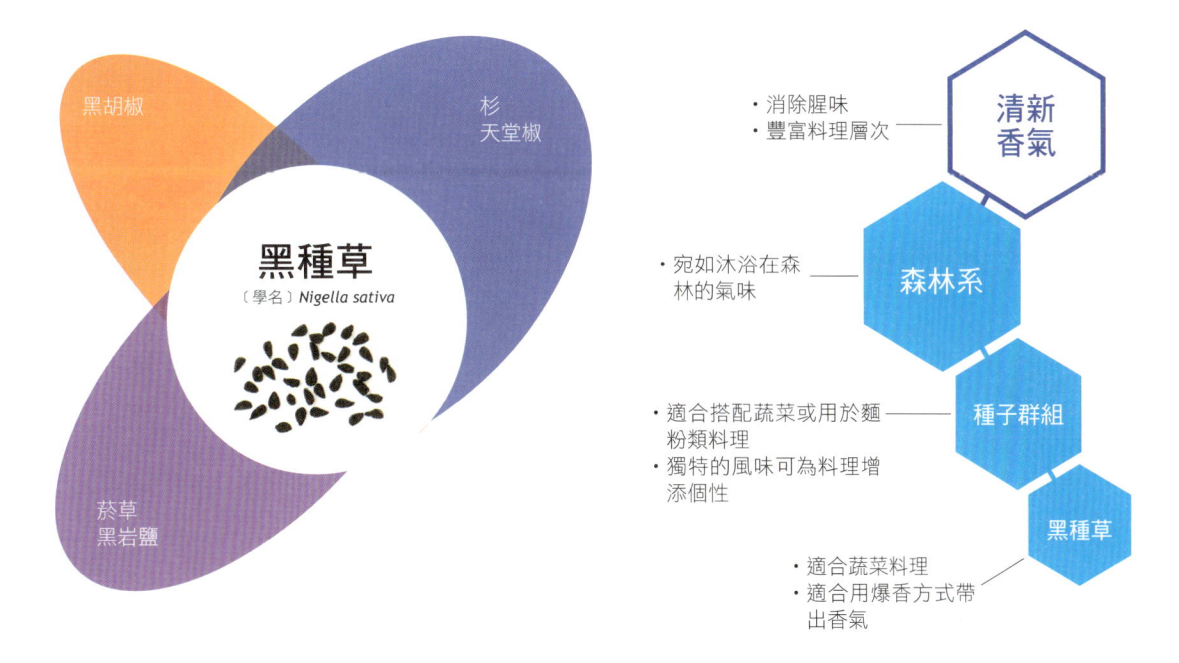

黑種草
〔學名〕Nigella sativa

- 黑胡椒
- 杉、天堂椒
- 菸草、黑岩鹽

- 消除腥味
- 豐富料理層次 —— 清新香氣
- 宛如沐浴在森林的氣味 —— 森林系
- 適合搭配蔬菜或用於麵粉類料理
- 獨特的風味可為料理增添個性 —— 種子群組
- 適合蔬菜料理
- 適合用爆香方式帶出香氣 —— 黑種草

乾燥種子：乾燥的黑種草籽有著清涼的森林香氣，爆香後會增添芝麻般的香氣。

最佳組合食材、料理、使用時機

花椰菜　南瓜　麵包　炸物　蓮藕　芋頭　菠菜

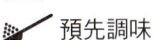

／絕配／ 預先調味
- 麵包（揉進麵團中）
- 炸蔬菜（拌進麵衣中）
- 南瓜可樂餅（和南瓜泥拌勻）

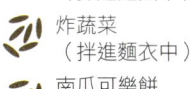

／絕配／ 烹調過程
- 豆子燉煮（爆香後一起燉煮）
- 白酒燉花椰菜（一起燉煮）

／絕配／ 最後盛盤
- 咖哩（淋上煉出的香料油）
- 芋頭醬油沙拉（拌入煉出的香料油）

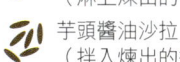

特定地區的使用方法

歐洲南部、亞洲西部

土耳其：麵包
揉進麵團中。

印度：炒花椰菜
在印度，常將黑種草加入炒菜、炸物、豆類咖哩等料理中。

清新香氣／森林系／種子群組／黑種草

清新香氣／森林系／種子群組／印度藏茴香

印度藏茴香
〔學名〕*Trachyspermum ammi*

- 褐芥末
- 西芹籽杉
- 菸草孜然

- 消除腥味
- 豐富料理層次 ── 清新香氣

- 宛如沐浴在森林的氣味 ── 森林系

- 適合搭配蔬菜或用於麵粉類料理
- 獨特的風味可為料理增添個性 ── 種子群組

- 適合帶土味的食材、根莖類蔬菜以及麵粉類 ── 印度藏茴香

乾燥種子：帶清涼感，香氣豐富，能減輕澱粉類料理的厚重感。

乾燥粉末：因為質地堅硬，通常研磨成粗顆粒使用，多用於醃製。研磨後要立刻使用。

最佳組合食材、料理、使用時機

胡蘿蔔　南瓜　豆類　麵包　牛蒡　蓮藕　芝麻葉

\絕配/

預先調味
- 全麥皮塔餅（揉進麵團中）
- 泰式烤肉（用於醃肉）
- 烤蔬菜（用於醃蔬菜）

烹調過程
- 炒牛蒡（爆香後一起炒）
- 豆子燉煮（一起燉煮）

最後盛盤
- 芝麻葉披薩（撒在表面）
- 白蘿蔔沙拉（拌入沙拉醬中）

特定地區的使用方法

印度：酥脆炸蔬菜（Pakora）
印度的一種油炸小吃，會將藏茴香加入炸物的麵糊中。藏茴香在當地的應用廣泛，包含各種豆類、蔬菜、油炸料理。

印度南部

印度：麵包
揉進麵團中。

88

高麗菜泡菜

即使只使用高麗菜一種蔬菜,和蒔蘿籽簡單搭在一起,就能怎麼吃也吃不膩。蒔蘿籽的香氣與高麗菜的生青味能夠巧妙搭配。

材料〔容易做的份量〕

高麗菜…1/2顆
鹽…1/4小匙
● 蒔蘿籽…1/2小匙
A ┌ 鹽…1/4小匙
  │ 砂糖…2小匙
  └ 醋…1大匙

作法

❶ 剝去高麗菜最外層的硬葉,將葉片手撕成一口大小,菜芯切細。撒鹽後靜置10分鐘。
❷ 蒔蘿籽放入研磨缽中,稍微磨到仍帶有顆粒的半碎狀態後,和A一起放入碗中,拌至鹽和糖溶解,做成醃漬液。
❸ 將瀝掉水分的高麗菜和醃漬液一起放入保鮮袋,壓出空氣後封口,放入冰箱冷藏1小時後即可食用。

> 蒔蘿籽經過研磨,因為結構被破壞,更容易釋放風味。高麗菜先撒鹽去除水分,比較容易入味。可以用同樣方式製作小黃瓜泡菜、白菜泡菜等。

葛縷子風味蘋果醬

蘋果酸酸甜甜的風味和葛縷子的堅果風味,非常相襯。

材料〔容易做的份量〕

蘋果…2顆
砂糖…8大匙
蘭姆酒…1小匙
● 葛縷子…1/4小匙

作法

❶ 蘋果削皮去核,切成一口大小。
❷ 鍋中放入蘋果、砂糖、蘭姆酒、葛縷子和1大匙水,開中火加熱、蓋上鍋蓋。不時攪拌以避免燒焦,煮20分鐘左右至蘋果變軟。
❸ 用耐熱刮刀直接將鍋中的蘋果壓碎,再倒入果醬容器中保存。

> 蘋果切大塊後先煮軟再壓碎,口感會比一開始就切細碎來得好。煮的過程中如果覺得快燒焦了,可以加入一點水。

炒羅望子油豆腐

用孜然和黑種草兩種香料，組合成簡易的印度香料。不直接使用醋，而是以羅望子來添加酸味，最後加入洋蔥和芫荽，滿滿印度風味的一道。

材料〔3～4人份〕

油豆腐…3塊
● 芫荽…2、3枝
● 洋蔥…1/8顆
油…2大匙
● 孜然…1/2小匙
● 黑種草…1/2小匙

A
　● 韓國粗辣椒粉…1/2小匙
　● 羅望子汁…1小匙
　　砂糖…1大匙
　　濃口醬油…2小匙
　● 魚露…1小匙

作法

❶ 油豆腐切成一口大小。芫荽切2～3cm段，洋蔥對半切後，再順著纖維方向切成4～5mm厚的薄片。
❷ 平底鍋中倒入油、孜然、黑種草，開小火加熱。當香料周圍的油開始冒泡時加入油豆腐，稍微拌炒一下。
❸ 加入2大匙水和A，炒到收汁後關火，最後加入芫荽和洋蔥快速拌勻。

＊羅望子汁的作法（容易做的份量）
在碗中放入50g羅望子果肉（已去殼）和5大匙飲用水，搓揉羅望子直到變軟，用篩網擠壓，並過濾掉種子和纖維，即為羅望子汁。

> 注意不要讓孜然和黑種草加熱到焦掉，要在變色前加入油豆腐，而且稍微炒一下就要再加入有水分的食材。芫荽、洋蔥則是因為要保留原本的辛辣香氣，所以不需炒過，最後才加入。

印度藏茴香皮塔餅包烤蔬菜

印度藏茴香為風味素樸的皮塔餅帶來一股清香，紅椒粉則賦予了中東風情。

材料〔2～3人份〕

A
　　高筋麵粉…200g
　　全麥麵粉…50g
　　即溶酵母粉…1g
　● 印度藏茴香…1撮
　　鹽…3g
　　砂糖…13g

炙烤蔬菜（此處使用茄子和牛蒡）…適量
鹽…適量
優格…3大匙
● 紅椒粉…1/4小匙

作法

❶ 首先製作皮塔餅。將A加入碗中拌勻，接著加入150ml水揉成麵團，靜置在45℃環境約1.5小時，待麵團體積發酵膨脹至2倍大。
❷ 將麵團分成3等分，先揉成圓形再擀平成直徑20cm的圓餅狀。平底鍋開中火加熱，放入麵團，待麵團中的氣泡膨脹至2～3cm大再翻面，烙至氣泡破開。將皮塔餅用布包裹起來保持濕潤。
❸ 皮塔餅對半切，中間剖開，夾入已用鹽調味的炙烤蔬菜，並抹上優格、撒上紅椒粉。

> 皮塔餅要是無法烙到膨起，也可以改成像捲餅一樣將食材捲起吃，或者放入烤箱烤硬再敲碎，像餅乾一樣搭著吃。

Column 04 | 堅果和乾貨是香料嗎？

一般不會將堅果和乾貨視為香料使用，但在世界料理或是綜合香料中，會將兩者視為香料使用。只要掌握它們的特性，也能當作香料般運用自如。以下介紹其中代表性的堅果和乾貨。

芝麻
據說原產於非洲。自古以來，在世界各地便經常搭配香料一起使用。日本的七味辣椒粉、埃及的杜卡（Dukkah）、土耳其的薩塔（Za'atar）等綜合香料中都有其身影。芝麻有著類似堅果的香甜氣味，能讓綜合香料整體的風味更溫和。

小蝦（櫻花蝦、磷蝦等）
在日本常作為香鬆成分使用，在東南亞則作為香料醬汁的材料之一。比海藻類的香氣溫和，充分乾燥的小蝦也容易研磨成粉末使用，和帶有異國風的香料特別對味。

海苔・其他海藻
在日本，除了添加在七味辣椒粉中，也會作為佐料撒在大阪燒和炒麵上；在法國北部則會拌入奶油中使用。海苔具有特殊的香氣和鮮味，由於風味突出，用在綜合香料中時，要注意用量以及和其他香料間的平衡。

馬爾地夫魚乾・其他魚乾
在斯里蘭卡咖哩中，會使用將鰹魚曬乾製成的馬爾地夫魚乾，這種魚乾比日本的柴魚片更具煙燻香氣。而在塞內加爾等非洲國家中，會將烏魚或海鰻等製成魚乾，搭配香料入菜。在日本則是會將小型鯷魚或各類小型魚製成魚乾，再磨成粉末，與香料混合後使用。

罌粟籽（罌粟的種子）
日本過去的正宗七味辣椒粉材料中包含了罌粟籽（據各國國情，成分有所不同，例如進口至台灣的七味辣椒粉不含罌粟籽）。在北歐和歐洲則用在麵包和糕點中。特色是風味清淡，咀嚼時能帶來一些口感。

米粉（磨成粉狀的米）
在寮國和泰國，會在臘普（Laap）等涼拌菜中加入炒過的米粉。具有不同於芝麻、堅果類的獨特口感。

榛果
榛果是埃及綜合香料杜卡（Dukkah）的主要材料，特色是口感柔軟，風味容易為大眾接受。

花生
在西非地區，花生醬經常出現在料理中，有著奶油般柔軟濃郁的風味。在泰國則會加入瑪莎曼咖哩中，或是作為配料使用。

此外，其他香料如杏仁在摩洛哥、歐洲是以新鮮整顆或乾燥的形式用於燉煮料理中；核桃在伊朗周邊地區，常製作成醬狀，用於燉煮料理。也有許多地區時常在料理中添加果乾。如果執著於「香料」一詞，容易將範圍侷限得太小，但若以「乾貨」來統稱，則都是同類。不必受限於固有觀念，請自由運用想像力，讓料理擁有更多可能性。

香料圖表──清新香氣／森林系／杜松子群組

清新香氣
- 消除腥味
- 豐富料理層次

森林系
- 宛如沐浴在森林的氣味

杜松子群組
- 適合肉類料理（尤其是野味）

清淡 ─────→ 濃郁

杜松子：適合野味及風味強烈的肉料理。

- 檸檬
- 鴨肉

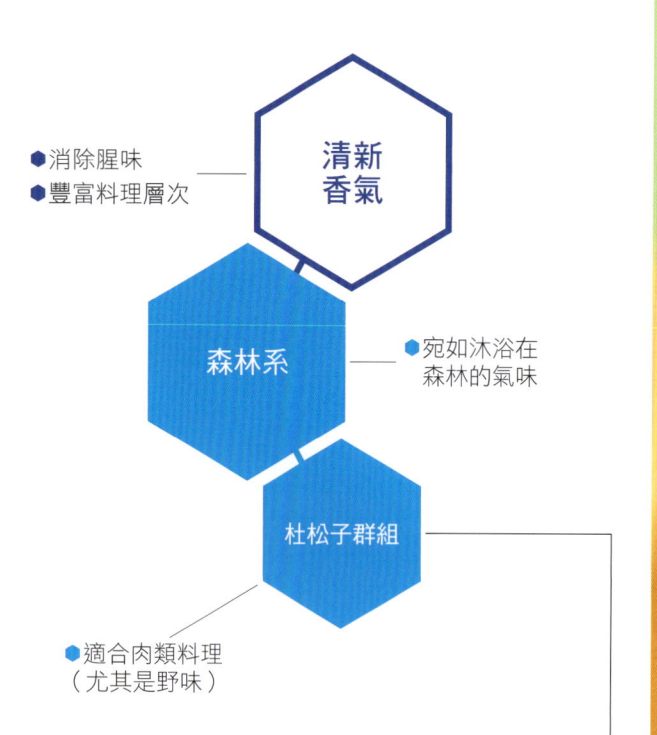

群組特徵

帶有森林芳香的清涼感香料，比起搭配蔬菜或製成麵團，更適合用於肉類料理。

和種子群組的香料差別在於，杜松子呈現半乾燥狀態時，相對比較柔軟，可以用刀切成碎末狀使用。

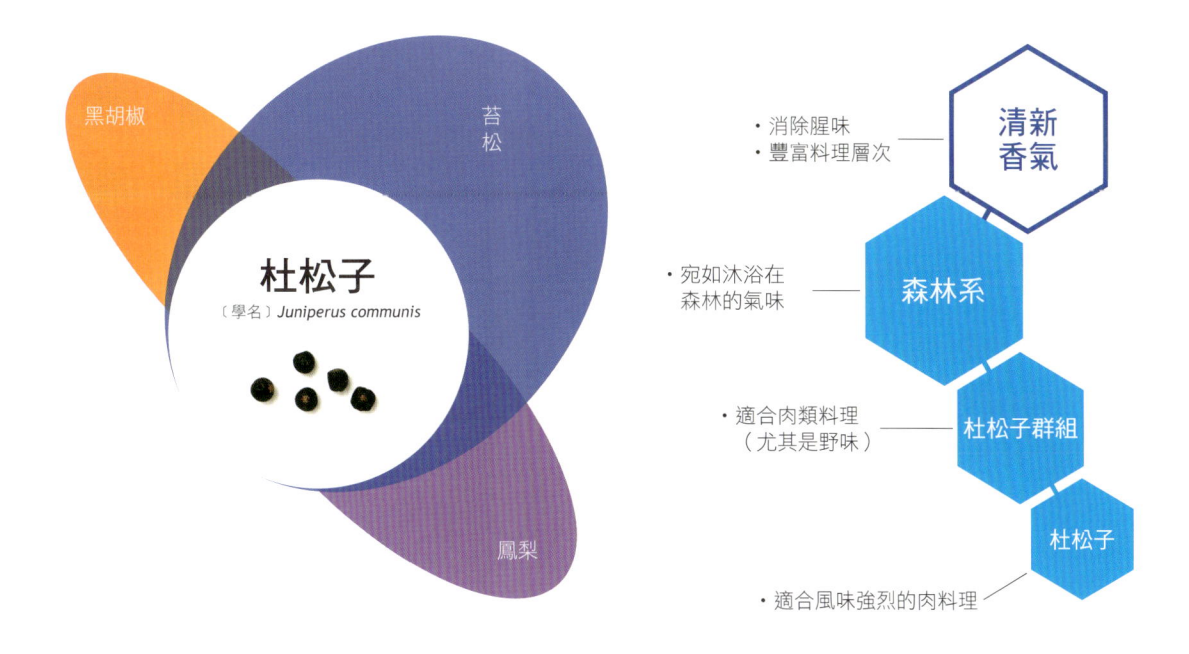

杜松子
〔學名〕*Juniperus communis*

- 黑胡椒
- 苔松
- 鳳梨

- 消除腥味
- 豐富料理層次 ── **清新香氣**
- 宛如沐浴在森林的氣味 ── 森林系
- 適合肉類料理（尤其是野味）── 杜松子群組
- 適合風味強烈的肉料理 ── 杜松子

乾燥整粒：要花點時間，香氣才會釋放出來。呈現半乾燥狀態，微酸。

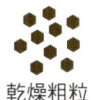

乾燥粗粒：烹調時間較短時，可以用刀先切碎再磨成粗粒使用。

最佳組合食材、料理、使用時機

| 檸檬 | 雞肉 | 白酒 | 豬肉 | 菇類 | 藍莓 | 黑醋栗 | 鴨肉 | 鹿肉 |

預先調味
\絕配/
- 桑格利亞水果酒（和其他材料一起浸漬）
- 炙烤鴨肉（醃製鴨肉時加入）

烹調過程
\絕配/
- 白酒燉豬肉（一起燉煮）
- 鴨肉佐黑醋栗醬（加入醬中一起燉煮）
- 塞內加爾馬鈴薯（一起炒）

最後盛盤
- 炙烤鹿肉（撒在表面）
因氣味強烈，少量使用即可

特定地區的使用方法

挪威：挪威傳統起司（Gamalost）
一種藍紋起司，部分作法會在浸泡過杜松子萃取液的葉片上熟成。

瑞典：燉鹿肉
杜松子是野味料理中的要角。

芬蘭：卡累利阿燉肉（Karelian Meat Stew）
芬蘭卡累利阿人的傳統菜餚，為一道加入蔬菜、肉類、多香果與杜松子的燉煮料理。

原產地不明

清新香氣／森林系／杜松子群組／杜松子

93

紅酒燉杜松子鴨胸

杜松子的清香能抑制鴨肉的腥味，同時突顯野味的鮮美。

材料〔3～4人份〕

鴨胸肉…400g
A
- 杜松子（切碎末）…1/2小匙
- 鹽…1/2小匙

蘑菇…1盒
鴻禧菇…1盒
B
- 杜松子（切碎末）…1/4小匙
- 鹽…1/2小匙
- 蜂蜜…1大匙
- 紅酒…3大匙

作法

❶用叉子在鴨皮上戳數個小洞，撒上A，稍微靜置一下。蘑菇切薄片，鴻禧菇切去根部後剝散。

❷平底鍋開大火加熱，待溫度上來後，將鴨胸皮面朝下放入鍋中煎，煎到金黃色時翻面續煎，待兩面都呈金黃色時關火。鴨皮面朝下，蓋上鍋蓋稍微冷卻。重複多次前述程序，直至鴨肉全熟。放涼後切塊，盛盤。

❸將B加入同一個平底鍋中，開大火。煮滾後加入蘑菇、鴻禧菇，煮到略稠時即可淋在鴨肉上。

杜松子很適合用來醃製肉類，在❶中，稍微靜置能使杜松子的風味更進入鴨肉裡。煎肉的火候可依個人喜好調整。鴨胸起鍋後立刻切開會流失肉汁，請等稍微放涼再切。

Column 05 | 香料小史

與人類共同走過漫長歷史的香料，究竟是如何發展而來的？

西元前3000年左右，古埃及時代建造金字塔的工人會獲發大蒜和洋蔥，因為兩者被視為能滋養、強身健體的食材。此外，肉桂、孜然、洋茴香在當時則是用於木乃伊的防腐。

古代，香料的用途包含作為藥物、保存食物，以及用於巫術當中。不過，在西元前1700年的巴比倫王朝，其所遺留的黏土版已刻寫了使用孜然、芫荽籽的料理食譜。類似的例子在亞洲也能略窺一二，古印度在西元前3000年左右，出現了使用胡椒、丁香的料理；西元前1000年左右的中國，則有使用肉桂、薑調味的肉乾。另一方面，西元前1500年左右的美洲大陸，就已經開始「栽培」辣椒了。

❦ ❦ ❦

不久，隨著文明發展，各地建立起帝國，宮廷料理文化也向前邁進了大步。從陸上絲路、海路交易而來的遠方昂貴香料，成為展現財富的象徵。

古波斯帝國的居魯士二世的晚餐中，使用了孜然、蒔蘿、西芹、芥末、酸豆等，希臘也受其影響，開始在料理中使用香料。之後羅馬帝國受到影響並繼承發展，出現「醫食同源」的香料使用方式，料理也越趨豪華與複雜，使用了胡椒、孜然、葛縷子、肉桂、芫荽籽、小豆蔻等各種香料，據說皇室庭院裡還種植了迷迭香、巴西里等。

印度也同樣重視醫食同源的概念，在孔雀王朝時代，會在肉裡添加香料和調味料，也會在加了砂糖的甜點中，添加香料或花朵來增添香氣。在西元3世紀，現代印度料理的雛型便已產生。

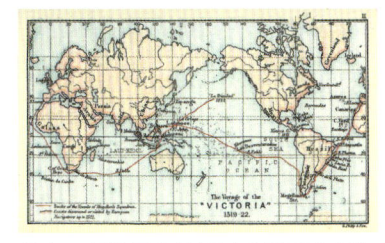

❦ ❦ ❦

到了中世紀，波斯發展出更多樣化的香料使用方法，並隨著伊斯蘭文化傳播到世界各地。

其中，馬格里布地區（非洲西北部）的原住民柏柏人貢獻極大，他們繼承波斯飲食文化的同時，也將薑黃、肉桂、生薑等風味溫和的香料，搭配小豆蔻、孜然等味道較重的香料，發展出一套精緻、複雜且獨特的使用方法。

伊斯蘭的影響也擴及到印度。其特徵之一是使用小豆蔻、丁香、玫瑰等。著名的香料料理——印度香飯（Biryani）正源自此時。

在這之後繁盛起來的鄂圖曼帝國，雖然也持續受到波斯飲食文化影響，但這時料理中的香料風味較過去柔和。

另一方面，基督教的飲食文化中，以麵包和紅酒為中心，其香料的使用方法則從羅馬帝國延續至拜占庭帝國，典型例子包含加入麵包屑增稠並用肉桂和丁香調味的醬料、添加香料的熱紅酒、以及用香料和蜂蜜調味的點心等。發達的飲食文化也漸漸進入庶民階層，容易栽種的百里香與迷迭香等香草，與當地食材結合，延伸出多元的料理。

❦ ❦ ❦

後來，在西方各國擴大帝國版圖的欲望，與對香料狂熱的交互作用下，各國卯足全力，開闢通往亞洲與美洲香料產地的進口路線。於是，開啟了大航海時代的序幕。

在1510年，葡萄牙掌控了印度的果阿，以及丁香、肉豆蔻的貿易中繼站麻六甲、澳門、西非海灣等地，在掌控香料運輸路線的同時，也將基督教飲食文化擴展至這些地區。

16世紀初，西班牙控制了美洲大部分地區，使得辣椒、可可豆得以傳播至全世界。尤其辣椒以其獨特的辣味，為世界飲食文化帶來了巨變。

在此之後，荷蘭加入了西葡兩大強國的殖民地爭奪戰，接著英國也參與其中，使情勢變得更加複雜。到了17世紀，英國、荷蘭、法國等歐洲諸國，各自成立享有亞洲地區貿易獨佔權的東印度公司。香料貿易逐漸往殖民地化發展，最後，印度的領土大多成了英國的殖民地，亞洲其他地區也多半淪為歐洲國家的殖民地。

❦ ❦ ❦

由於貿易路線的拓展與殖民地化，各地飲食文化相互交融，進而發展出更為複雜的料理。香料也成為了展現「地方（異國）風情」或「家鄉味」的手段之一。

到了現代，因資訊全球化，世界各地的香料料理不僅廣為人知，更藉由料理人的雙手不斷開展出新的世界。

香料圖表──清新香氣／生薑系／生薑群組

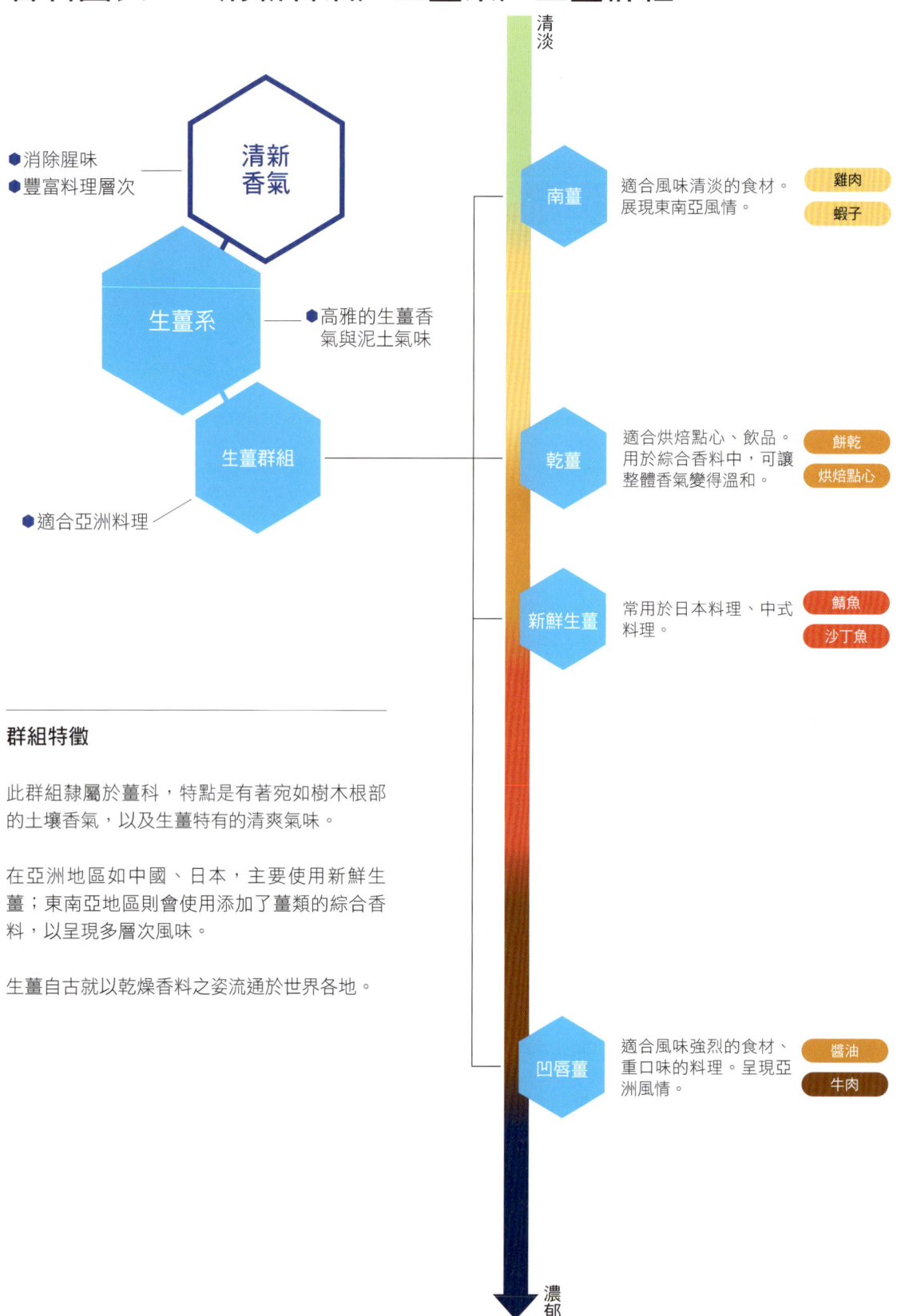

- 消除腥味
- 豐富料理層次

清新香氣

生薑系 ── ● 高雅的生薑香氣與泥土氣味

生薑群組

● 適合亞洲料理

清淡 ↑

南薑：適合風味清淡的食材。展現東南亞風情。
- 雞肉
- 蝦子

乾薑：適合烘焙點心、飲品。用於綜合香料中，可讓整體香氣變得溫和。
- 餅乾
- 烘焙點心

新鮮生薑：常用於日本料理、中式料理。
- 鯖魚
- 沙丁魚

凹唇薑：適合風味強烈的食材、重口味的料理。呈現亞洲風情。
- 醬油
- 牛肉

↓ 濃郁

群組特徵

此群組隸屬於薑科，特點是有著宛如樹木根部的土壤香氣，以及生薑特有的清爽氣味。

在亞洲地區如中國、日本，主要使用新鮮生薑；東南亞地區則會使用添加了薑類的綜合香料，以呈現多層次風味。

生薑自古就以乾燥香料之姿流通於世界各地。

南薑
〔學名〕*Alpinia galanga*

- 白胡椒
- 白芥末
- 茗荷
- 樟腦
- 檸檬香茅
- 竹筍

清新香氣
- 消除腥味
- 豐富料理層次

生薑系
- 高雅的生薑香氣與泥土氣味

生薑群組
- 適合亞洲料理

南薑
- 適合風味清淡的食材
- 呈現東南亞風情

新鮮整塊：優雅細緻的氣味。購買時選擇尚未變褐色、又白又漂亮的。

新鮮切碎：和生薑的用法相同，切末後用在炒菜等料理。

新鮮研磨：用研磨缽搗碎，或是用磨泥器磨成泥使用。

最佳組合食材、料理、使用時機

竹筍　鯛魚　蝦子　雞肉　香蕉　芒果　魷魚

\絕配/ 預先調味
- 東南亞風味泡菜（切片後一起醃漬）
- 清蒸魚（預先調味時撒上）

\絕配/ 烹調過程
- 冬陰功湯（切片後一起熬煮）
- 炒蝦（爆香後再一起炒）

\絕配/ 最後盛盤
- 泰式生魚片（切絲後撒在表面）
- 鮮蝦芒果沙拉（拌入沙拉醬中）

特定地區的使用方法

泰國：綠咖哩
綠咖哩醬的必備材料。用研磨缽搗碎後使用。

印尼：仁當（Rendang）
當地的燉牛肉料理。使用包含南薑等多種新鮮香料。

爪哇島

印尼：峇里島香料雞（Ayam Bumbu Bali）
薑類品種豐富，這道料理中使用了多種薑類香料。

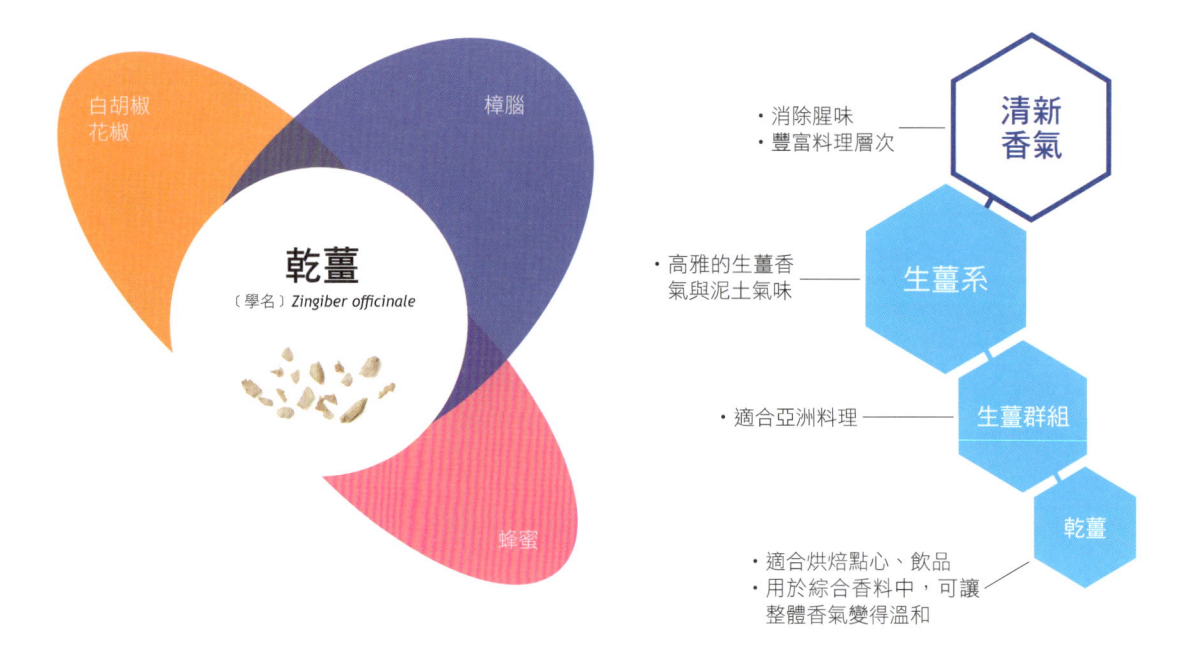

乾薑
〔學名〕Zingiber officinale

- 白胡椒
- 花椒
- 樟腦
- 蜂蜜

清新香氣
- 消除腥味
- 豐富料理層次

生薑系
- 高雅的生薑香氣與泥土氣味

生薑群組
- 適合亞洲料理

乾薑
- 適合烘焙點心、飲品
- 用於綜合香料中,可讓整體香氣變得溫和

乾燥整片：切片或切塊使用。用於浸泡在飲品中時,切塊較適合。

乾燥粉末：適合用於烘焙點心。纖維較多。

最佳組合食材、料理、使用時機

牛奶　餅乾　烘焙點心

\絕配/

預先調味
- 桑格麗亞水果酒（浸泡於酒液中）
- 磅蛋糕（拌進麵糊中）

烹調過程
- 薑味牛奶冰淇淋（熬煮出薑味）
- 薑汁（熬煮出薑味）

最後盛盤
易出現粉末感,此階段不宜使用

特定地區的使用方法

瑞典：薑餅（Pepparkakor）
加了生薑等香料的餅乾。聖誕節慶必備的傳統餅乾。

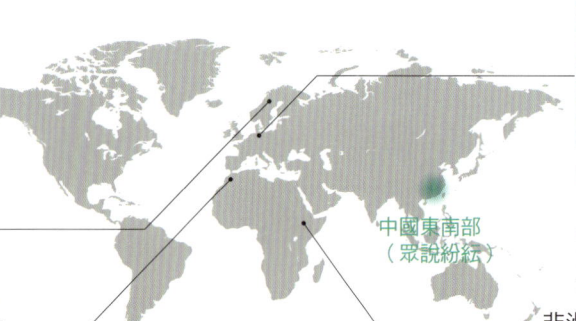

摩洛哥：庫斯庫斯（Couscous）
多半添加於綜合香料中。

中國東南部（眾說紛紜）

歐洲：薑餅蛋糕（Gingerbread Cake）
最早可追溯到古希臘時期的甜點。歐洲人移民至美洲後也傳播至當地。

非洲東部
當地料理風味較單純,多使用含生薑的衣索比亞綜合香料（Berbere）,或將生薑、辣椒一起運用。

98

新鮮生薑
〔學名〕*Zingiber officinale*

白胡椒
山椒

檸檬香茅

木桶

- 消除腥味
- 豐富料理層次 —— 清新香氣

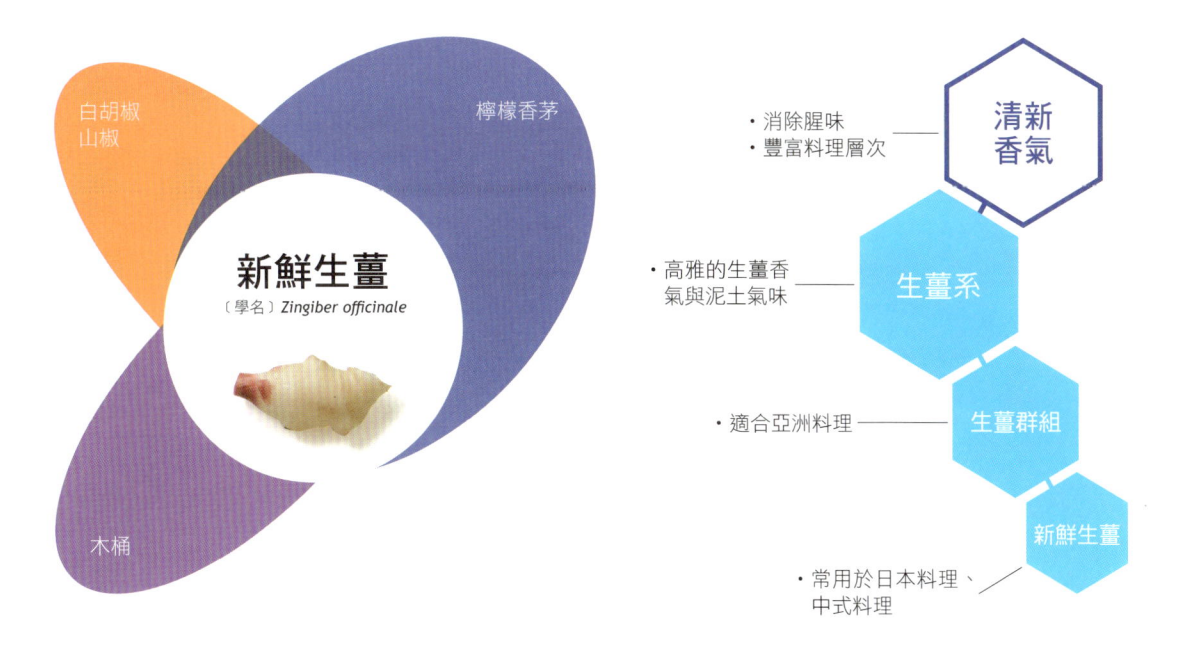

- 高雅的生薑香氣與泥土氣味 —— 生薑系

- 適合亞洲料理 —— 生薑群組

- 常用於日本料理、中式料理 —— 新鮮生薑

新鮮整塊：新鮮嫩薑適合風味清爽的料理；新鮮老薑則和重口味料理較合拍。

新鮮切碎：適合拌、炒料理。薑絲比薑末的氣味柔和。

新鮮研磨：薑泥會帶有苦味，建議一邊試味道、一邊確認是否擰除薑汁。

最佳組合食材、料理、使用時機

豆腐　雞肉　豬肉　番茄　鯖魚　沙丁魚　牛蒡　牛肉

\絕配/ 預先調味
- 醋漬高麗菜（切絲後一起醃漬）
- 沙丁魚丸（揉進魚漿中）

烹調過程
- 鯖魚味噌煮（切片後一起燉煮）
- 鯛魚飯（切絲後和飯一起煮）
- 薑燒豬肉（和醬汁一起煮）

\絕配/ 最後盛盤
- 鰹魚生春捲佐芒果生薑醬（切絲後拌入醬汁中）
- 天婦羅（加入沾醬中）

特定地區的使用方法

中國：青椒炒肉絲
薑切片後和蔥段等配料一起爆香再炒，是中式料理常用的技法之一。

中國東南部（眾說紛紜）

中國：油淋清蒸魚
將切絲的生薑放在食材上，再淋上熱油。常用於魚料理等。

日本：生魚片（刺身）
作為烤魚、生魚片等的佐料，也會用在牛肉半敲燒（Beef Tataki）等料理。

99

凹唇薑

〔學名〕*Boesebergia rotunda*

- 白胡椒 花椒
- 生薑
- 牛蒡

- 消除腥味
- 豐富料理層次

→ **清新香氣**

- 高雅的生薑香氣與泥土氣味

→ **生薑系**

- 適合亞洲料理

→ **生薑群組**

- 適合風味強烈的食材、重口味料理
- 呈現亞洲風情

→ **凹唇薑**

新鮮整塊：儘可能選擇沒有外傷、凹陷、皺褶者。

新鮮切碎：單獨使用時，氣味會太過強烈，通常會和大蒜等其他東南亞香料混合使用。

新鮮研磨：磨成泥狀使用。

最佳組合食材、料理、使用時機

醬油　鯖魚　牛蒡　牛肉　肝臟

\絕配/
預先調味
- 炸魚（醃魚時撒上）
- 沙嗲（醃肉時撒上）

\絕配/
烹調過程
- 滷雞肝（切片後一起滷）
- 牛肉佃煮（切絲後一起燉煮）

最後盛盤
- 燒肉醬（拌入醬汁中）

特定地區的使用方法

泰國：紅咖哩
用於紅咖哩、瑪莎曼咖哩等味道濃郁的咖哩中，與其他香料一起搗成醬使用。

東南亞（確切原產地不明）

印尼：蔬菜湯（Sayur Bayam）
以蔬菜煮成的清淡湯品。使用凹唇薑製作高湯。

南薑醋蝦仁香蕉沙拉

南薑能使沙拉品嚐起來更加爽口，再搭配大蒜、檸檬香茅，塑造濃濃的東南亞料理風味。

材料〔2～3人份〕

白蝦…250g
鹽…1/4小匙
酒…2小匙
泰國青檸葉…2片
香蕉…2根

A
- 南薑…2片
- 檸檬香茅…1/2枝
- 大蒜…1/2瓣
- 砂糖…1大匙
- 魚露…1小匙
- 醋…2大匙

作法

① 白蝦去殼和腸泥，用鹽、酒抓醃。南薑削皮後和大蒜、檸檬香茅一起切末。泰國青檸葉切成極細的絲狀。

② 煮一鍋滾水，開大火，加入蝦子煮2～3分鐘至變色，撈起後放涼。

③ 碗中放入剝皮並切成1cm寬圓片的香蕉、A，一起拌勻，再加入蝦子拌勻。盛盤後撒上泰國青檸葉。

這是乍看之下似乎沒有香料蹤影，香氣卻非常豐富的一道菜，相當有魅力。不將泰國青檸葉拌入醬料中，而是在最後撒上以增添色彩。

薑香橙汁雞肉

充滿香氣的橙汁醬汁,加入生薑增添無國界風味。最後撒上顏色不搶眼的白胡椒來豐富料理層次。

材料〔3〜4人份〕

雞胸肉…2片
鹽…1/2小匙
酒…2小匙
🔹柳橙…1顆
🔹生薑…2片

A {
鹽…1/2小匙
砂糖…1.5大匙
太白粉…1/2小匙
醋…1小匙
}

油…1大匙
🔸白胡椒粗粒…1撮

作法

❶ 雞胸肉去皮,斜切成一口大小,加入1/2小匙鹽、酒抓醃。
❷ 柳橙皮磨碎、果肉榨汁,放入碗中。生薑削皮後順著纖維方向切絲,和A放入同一個碗中拌勻。
❸ 平底鍋中倒入油,開大火,放入雞肉,煎出焦色前翻面,約8分熟時取出備用。
❹ 將②加入剛剛煎雞肉的平底鍋中,煮滾後放回雞肉翻炒,醬汁均勻包覆後盛盤,撒上白胡椒粗粒。

切雞肉時,順著雞肉纖維方向切,纖維間的水分就不易流失,能保持肉質的多汁。煮到雞肉剛剛好熟,也能使肉質濕潤不柴、更美味。

薑香山椒柳橙磅蛋糕

在這款山椒和柳橙的和洋組合蛋糕中，利用生薑負責了關鍵的調和作用，不僅能襯托出山椒的香氣，還能柔化柳橙的強烈風味。

材料〔16cm蛋糕模1個〕

奶油…50g
● 糖漬橙皮…50g
蘭姆酒…1大匙
砂糖…90g＋60g
油…30g
蛋…1顆
低筋麵粉…90g
杏仁粉…20g
● 乾薑粉…1小匙
● 山椒粉…1/2小匙

作法

❶ 將奶油放在室溫下軟化。糖漬橙皮切丁，浸泡在蘭姆酒中。烤箱先預熱到220℃，在磅蛋糕模具中鋪上一張烘焙紙。

❷ 將奶油、油、90g砂糖加入碗中，用打蛋器打到呈現淡白色。再加入蛋，打到均勻。

❸ 將一半量的低筋麵粉和杏仁粉、乾薑粉篩入碗中，再加入一半泡酒的橙皮，拌勻。再篩入剩下的粉類、剩下半份的蘭姆酒橙皮，攪拌均勻到完全沒有粉粒後，倒入模具中。

❹ 先用220℃烤10分鐘，再降溫到160℃烤30分鐘，蛋糕烤好後取出放在網架上。

❺ 在小鍋中加入60g砂糖和2大匙水，攪拌至砂糖完全溶解。先留下1小匙糖水，其餘糖水塗抹在蛋糕表面。剩下的糖水和山椒粉混合，塗抹在蛋糕表面的裂縫處。待稍微放涼後蓋上保鮮膜，放入冰箱靜置一晚。

> 山椒的纖細香氣容易因加熱而散失，所以待蛋糕烤好後再使用。局部塗抹山椒糖水可以營造風味的層次感。靜置一晚則能使山椒的香氣更加融入蛋糕中。

薑味醬燉牛肉

風味近似牛蒡的凹唇薑，和牛肉相當契合。不僅能消除肉腥味，同時呈現東南亞料理特色。加入泰國羅勒，其獨特的香氣能與凹唇薑特有的氣味產生平衡。

材料〔4～5人份〕

牛腿肉…500g
鹽…1/2小匙
● 凹唇薑…10塊（手指狀的部位）＊
酒…2大匙
A ┌ 砂糖…1大匙
　├ 濃口醬油…2大匙
　└ 魚露…2大匙
● 泰國羅勒葉…20片

＊凹唇薑，別稱為手指薑，凹唇薑的塊莖會長出數個像「手指頭」的分支。

作法

❶ 牛肉切一口大小，撒上鹽。凹唇薑只需去除表皮髒污的部分，即可連皮一起順著纖維方向切薄片。

❷ 鍋中倒入500ml水、牛肉、酒，開大火加熱，沸騰後撈掉浮沫，轉小火、蓋上鍋蓋，燉煮1.5小時左右，煮到牛肉變軟。

❸ 將A、凹唇薑加入❷中，煮到收汁。當湯汁剩一半的時候，加入泰國羅勒稍微拌一下。

> 為了突顯凹唇薑的風味，刻意不加入其他香料。如果沒有泰國羅勒，也可用一般羅勒或青紫蘇代替。

103

香料圖表──清新香氣／生薑系／豆蔻群組

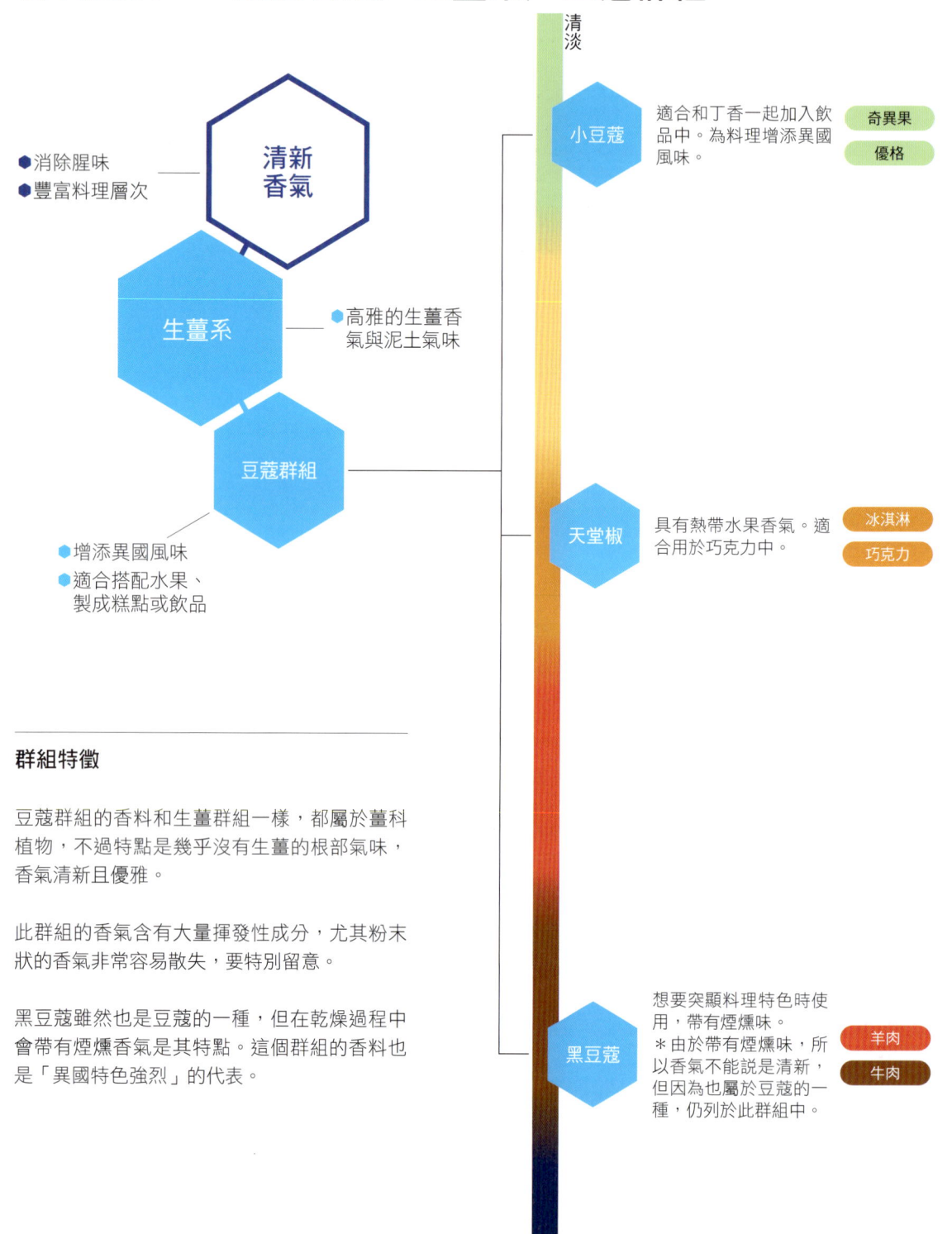

清淡

清新香氣

- 消除腥味
- 豐富料理層次

生薑系
- 高雅的生薑香氣與泥土氣味

豆蔻群組
- 增添異國風味
- 適合搭配水果、製成糕點或飲品

小豆蔻：適合和丁香一起加入飲品中。為料理增添異國風味。
- 奇異果
- 優格

天堂椒：具有熱帶水果香氣。適合用於巧克力中。
- 冰淇淋
- 巧克力

黑豆蔻：想要突顯料理特色時使用，帶有煙燻味。
＊由於帶有煙燻味，所以香氣不能說是清新，但因為也屬於豆蔻的一種，仍列於此群組中。
- 羊肉
- 牛肉

濃郁

群組特徵

豆蔻群組的香料和生薑群組一樣，都屬於薑科植物，不過特點是幾乎沒有生薑的根部氣味，香氣清新且優雅。

此群組的香氣含有大量揮發性成分，尤其粉末狀的香氣非常容易散失，要特別留意。

黑豆蔻雖然也是豆蔻的一種，但在乾燥過程中會帶有煙燻香氣是其特點。這個群組的香料也是「異國特色強烈」的代表。

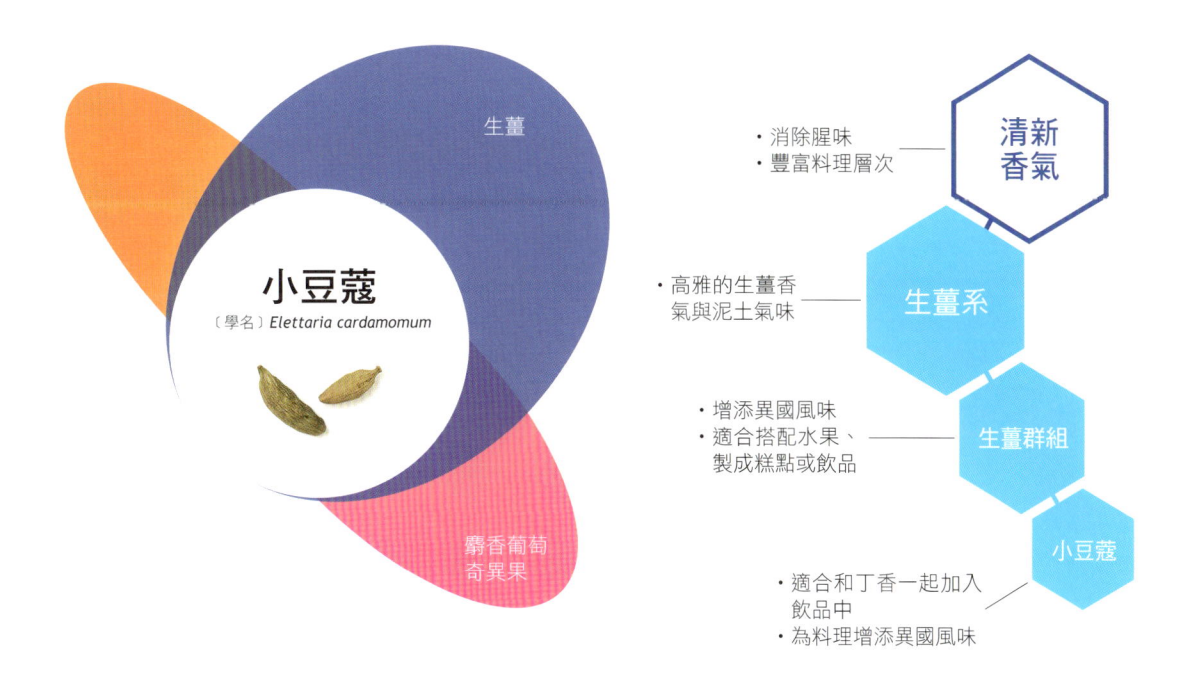

小豆蔻
〔學名〕*Elettaria cardamomum*

生薑

麝香葡萄
奇異果

- 消除腥味
- 豐富料理層次 ── 清新香氣

- 高雅的生薑香氣與泥土氣味 ── 生薑系

- 增添異國風味
- 適合搭配水果、製成糕點或飲品 ── 生薑群組

- 適合和丁香一起加入飲品中
- 為料理增添異國風味 ── 小豆蔻

乾燥整顆：將果莢剝開，讓種子露出，較容易釋放風味。

乾燥粉末：如果只研磨種子，能營造淡雅的香氣。但如果有電動研磨機，可連果莢一起磨。

最佳組合食材、料理、使用時機

奇異果　麝香葡萄　優格　雞肉　牛奶　鳳梨　牛肉

\絕配/ 預先調味
- 醃漬水果（加入醃漬液中）
- 桑格麗亞水果酒（浸泡於酒液中）

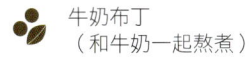

\絕配/ 烹調過程
- 牛奶布丁（和牛奶一起熬煮）
- 香料可可（一起熬煮）
- 咖哩雞（爆香後一起燉煮）

\絕配/ 最後盛盤
- 涼拌奇異果（一起拌勻）
- 優格（撒在表面）

特定地區的使用方法

冰島：克萊奈特（Kleinur）
加入小豆蔻製作的冰島傳統甜甜圈。

印度

土耳其：果仁蜜餅（Baklava）
中東地區的代表性酥皮點心。搭配開心果、玫瑰水一起製作。

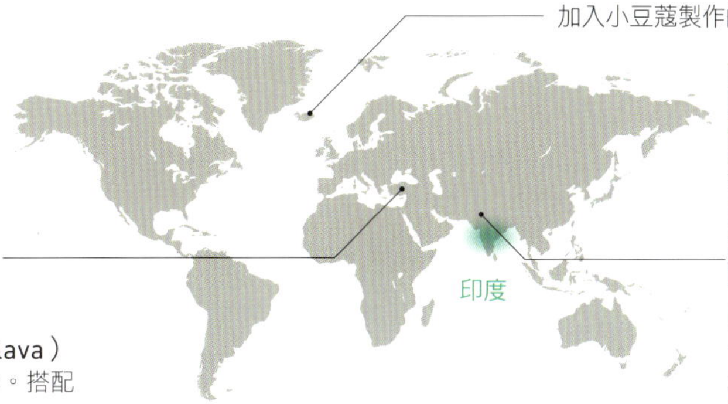

印度～巴基斯坦：卡瓦（Kahwa）
加了小豆蔻、薄荷、萊姆汁做成的香料綠茶。

清新香氣／生薑系／豆蔻群組／小豆蔻

清新香氣／生薑系／豆蔻群組／天堂椒

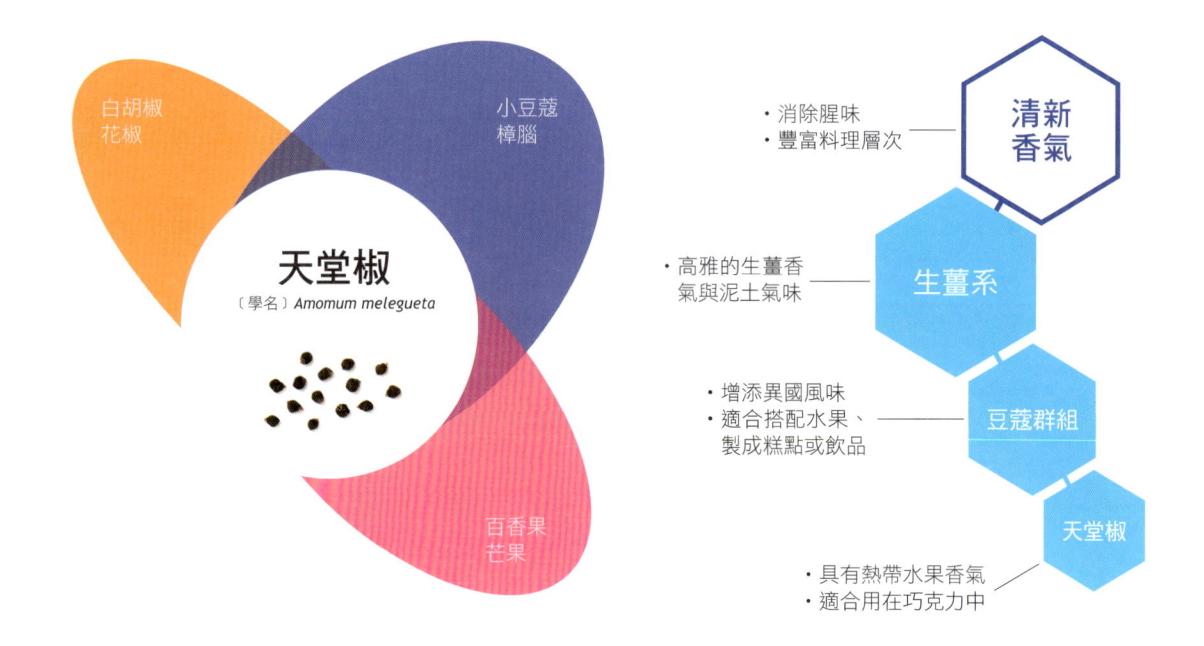

白胡椒
花椒

小豆蔻
樟腦

天堂椒
〔學名〕Amomum melegueta

百香果
芒果

- 消除腥味
- 豐富料理層次 ── 清新香氣

- 高雅的生薑香氣與泥土氣味 ── 生薑系

- 增添異國風味
- 適合搭配水果、製成糕點或飲品 ── 豆蔻群組

- 具有熱帶水果香氣
- 適合用在巧克力中 ── 天堂椒

乾燥整顆 加熱容易散失香氣，因此適合和冷食搭配，或是料理上桌前再加。

乾燥粗粒 一磨成粉狀，香氣便開始散失，建議使用前才磨碎。

最佳組合食材、料理、使用時機

冰淇淋　芒果　午餐肉　巧克力

預先調味
沙布列餅乾
（揉進麵團中）

烹調過程
一加熱香氣就會散失，不太適合此階段加入

\絕配/
最後盛盤
生巧克力
（加入拌勻）
肉醬
（撒在表面）
冰淇淋
（撒在表面）

特定地區的使用方法

摩洛哥：拉賽哈努特（Ras el Hanout）
用於塔吉鍋燉煮料理的北非綜合香料。

非洲西部
在原產地及鄰近地區，會加入亞薩（Yassa）等燉煮料理中。

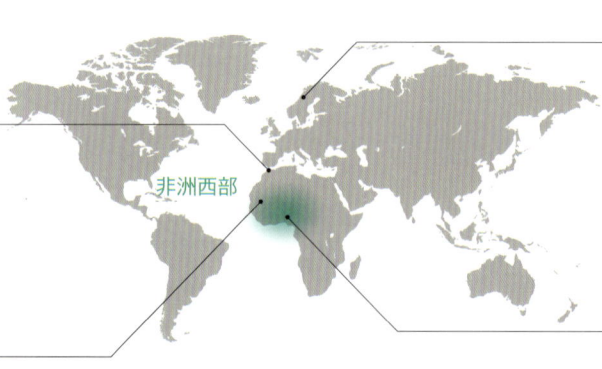

北歐
加入阿夸維特酒（Aquavit）的蒸餾階段中。

非洲西部

奈及利亞：胡椒湯（Pepper Soup）
用天堂椒等非洲原產香料製作的燉湯料理。

106

黑豆蔻
〔學名〕*Amomum subulatum*

- 長胡椒、花椒
- 印度藏茴香、樟腦
- 菸草、牛蒡

清新香氣
- 消除腥味
- 豐富料理層次

生薑系
- 高雅的生薑香氣與泥土氣味

豆蔻群組
- 增添異國風味
- 適合搭配水果、製成糕點或飲品

黑豆蔻
- 想要突顯料理特色時使用
- 帶有煙燻味

乾燥整顆：因為體積較大，切半使用，香氣較容易釋出。

乾燥粉末：用研磨器等搗碎。

最佳組合食材、料理、使用時機

羊肉　牛蒡　牛肉　菠菜　西洋菜　魷魚乾　鰻魚

\絕配/ 預先調味
- 炙烤羔羊（醃肉時撒上）
- 牛排（醃肉時撒上，若有似無的高手級調味）

\絕配/ 烹調過程
- 羊肉咖哩（爆香後一起燉煮）
- 咖哩（加入咖哩粉的綜合香料中）

\絕配/ 最後盛盤
- 牛蒡沙拉（撒在表面）
- 奶油義大利麵（撒在表面）

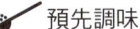

特定地區的使用方法

喀什米爾：喀什米爾馬薩拉香料餅
（Ver；Kashmira Tikka Masala）
混合黑豆蔻、紅辣椒等多種香料，再加入食用油揉成固體餅狀，以保存得更長久。喀什米爾馬薩拉可添加到料理中，作為萬用香料使用。

喜瑪拉雅山東部

印度：比哈爾馬薩拉
（Bihari Masala）
把黑豆蔻添加於北印度常見的綜合香料粉中。

小豆蔻風味漬雙果

小豆蔻和綠色水果特別對味。
不僅消除了水果的生青味，再融合奇異果、麝香葡萄，成就華麗又充滿異國風情的一道美味點心。

材料〔4〜5人份〕

奇異果…4顆　　　　砂糖…3大匙
麝香葡萄…1/2串　　小豆蔻粉末…少於1小匙
白酒…2小匙　　　　希臘優格…400g

作法

① 奇異果去皮，切成一口大小，麝香葡萄切對半，一起加入碗中，倒入白酒。
② 將砂糖和小豆蔻混合後再和①拌勻。
③ 希臘優格先倒入盤中，再將②鋪上。

將②先放入冰箱冷藏2〜3個小時，冰涼涼的會更好吃。也可以放入玻璃杯中，再倒入氣泡葡萄酒，做成華麗的迎賓飲料。

天堂椒生巧克力

生巧克力搭配天堂椒特有的異國香氣，吃進嘴裡，滿是驚奇。

材料〔容易做的份量〕
鮮奶油…120ml
砂糖…30g
巧克力（可可含量70%）…180g
蘭姆酒…1大匙
● 天堂椒…1小匙
● 可可粉…適量

作法
❶ 將鮮奶油和砂糖加入小鍋中一起加熱，砂糖溶解後，倒入放有巧克力的碗中，使巧克力融化。
❷ 天堂椒先用磨缽搗碎，再和蘭姆酒一起加入❶中拌勻。倒入鋪好保鮮膜的平底容器中，再蓋上保鮮膜，放入冰箱冷藏一晚。
❸ 從容器中取出，將巧克力分切成小塊，撒上可可粉。

因天堂椒質地硬，為了避免食用時帶有異物顆粒感，要充分搗碎（約搗碎至原本的1/2～1/4大小）。由於搗碎後香氣就會開始散失，建議使用前再搗碎。

煙燻培根香料歐姆蛋

煙燻培根的香氣搭上黑豆蔻本有的煙燻味，兩者互相提升，讓這道料理更有個性。

材料〔一份〕
煙燻培根…50g
蛋…2顆
橄欖油…2大匙
● 黑豆蔻…1/3粒
鹽…適量

作法
❶ 先將煙燻培根切末，和蛋液一起加入碗中，打勻。
❷ 平底鍋中倒入橄欖油，開大火加熱。倒入蛋液，整型後煎熟，盛盤。
❸ 黑豆蔻用研磨器磨碎後撒在歐姆蛋上，再撒上鹽。

黑豆蔻容易磨得過於粉碎，隨著經驗增加會逐漸掌握適當的力道。覺得培根的香氣不夠時，可增加黑豆蔻的用量。

香料圖表──清新香氣／柑橘系／果實群組

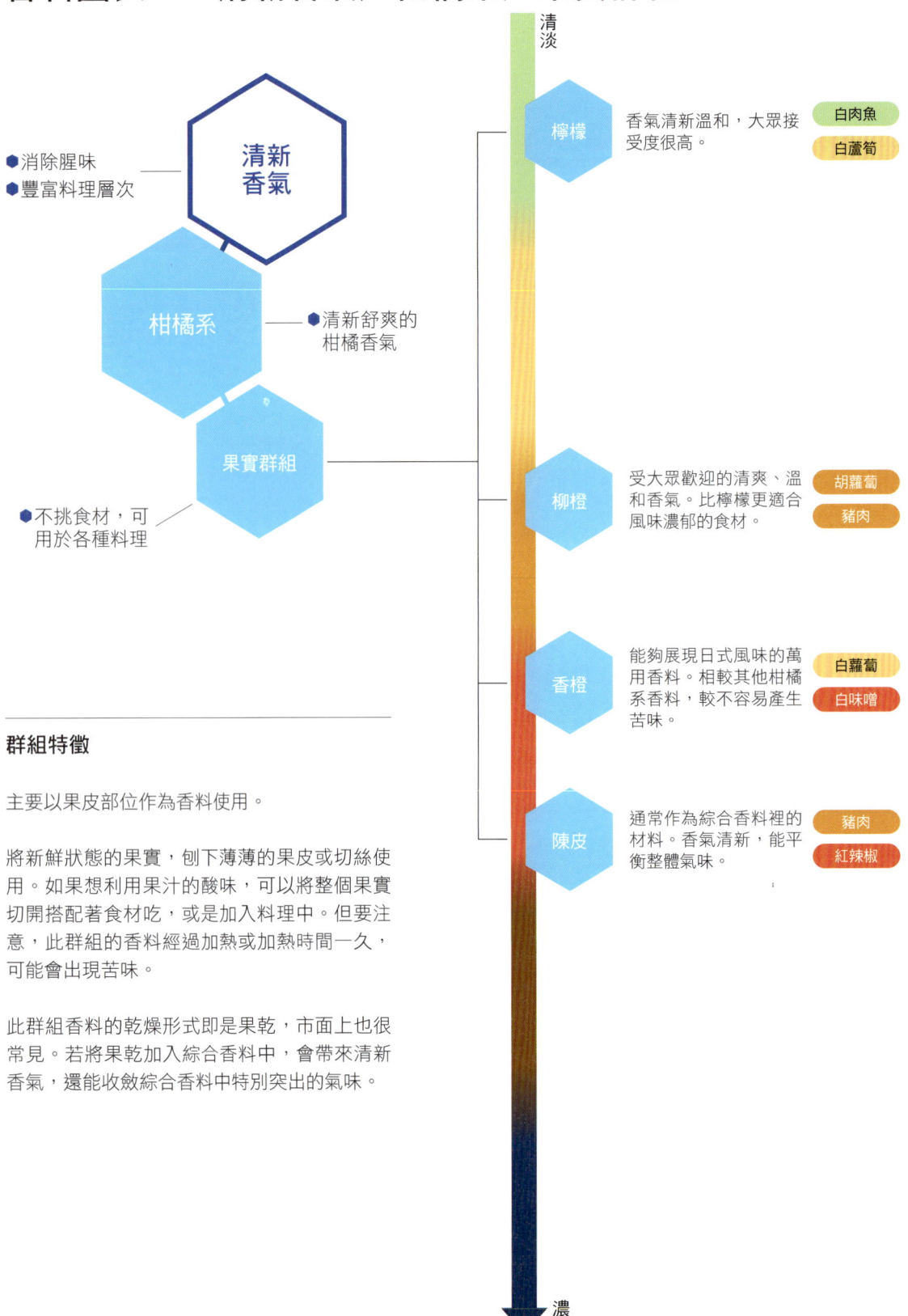

- 消除腥味
- 豐富料理層次

清新香氣

柑橘系 ── ● 清新舒爽的柑橘香氣

果實群組
- 不挑食材，可用於各種料理

清淡 ↑

檸檬：香氣清新溫和，大眾接受度很高。 — 白肉魚／白蘆筍

柳橙：受大眾歡迎的清爽、溫和香氣。比檸檬更適合風味濃郁的食材。 — 胡蘿蔔／豬肉

香橙：能夠展現日式風味的萬用香料。相較其他柑橘系香料，較不容易產生苦味。 — 白蘿蔔／白味噌

陳皮：通常作為綜合香料裡的材料。香氣清新，能平衡整體氣味。 — 豬肉／紅辣椒

↓ 濃郁

群組特徵

主要以果皮部位作為香料使用。

將新鮮狀態的果實，刨下薄薄的果皮或切絲使用。如果想利用果汁的酸味，可以將整個果實切開搭配著食材吃，或是加入料理中。但要注意，此群組的香料經過加熱或加熱時間一久，可能會出現苦味。

此群組香料的乾燥形式即是果乾，市面上也很常見。若將果乾加入綜合香料中，會帶來清新香氣，還能收斂綜合香料中特別突出的氣味。

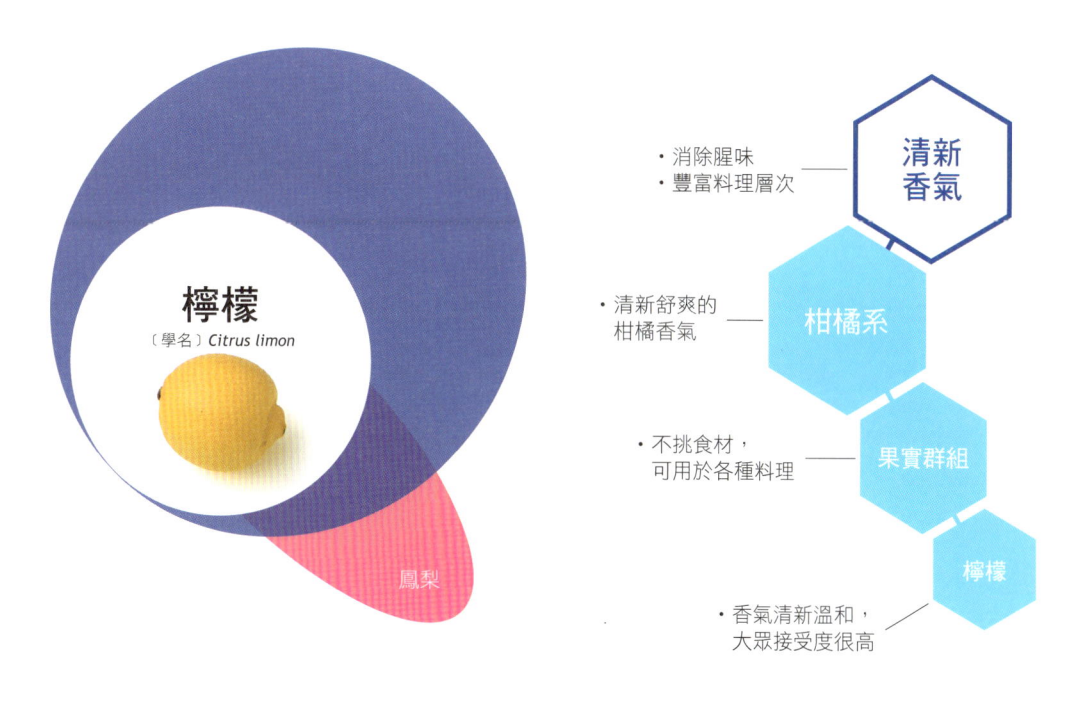

檸檬
〔學名〕Citrus limon

鳳梨

- 消除腥味
- 豐富料理層次 ── 清新香氣
- 清新舒爽的柑橘香氣 ── 柑橘系
- 不挑食材，可用於各種料理 ── 果實群組
- 香氣清新溫和，大眾接受度很高 ── 檸檬

新鮮整顆：薄薄刨下果皮後直接用於料理中，或是削皮後切絲再使用。

新鮮刨屑：檸檬果皮特別適合搭配風味清爽的食材。檸檬汁的酸味和所有食材都很相配。

最佳組合食材、料理、使用時機

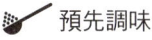

萵苣｜白肉魚｜蕪菁｜白蘆筍｜螃蟹｜鮮奶油｜各種食材

\絕配/
預先調味
- 醃鯖魚（加入醃漬液中）
- 瑪德蓮蛋糕（拌入麵糊中）
- 起司蛋糕（拌入麵糊中）

\絕配/
烹調過程
- 檸檬奶油義大利麵（熄火前再加入）
- 糖煮水果（一起煮）

\絕配/
最後盛盤
- 義式比目魚卡爾帕喬（撒在表面）
- 白蘆筍冷盤（撒在表面）

特定地區的使用方法

西班牙
常用在糕點中，包含布丁和各式烘焙點心。

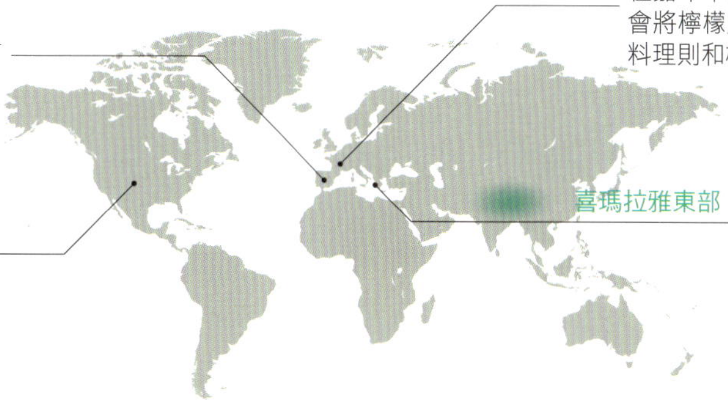

法國：小炸糕（Bugne）
在嘉年華會時食用的油炸甜點，會將檸檬皮揉入麵團中。法式魚料理則和檸檬醬汁很搭。

喜瑪拉雅東部

美國：檸檬奶油螃蟹
將煮熟的蟹、蝦搭配檸檬奶油醬汁食用。

希臘：炸海鮮
炸海鮮上桌時必定會搭配切片檸檬，擠檸檬時也會帶出檸檬皮的香氣。

清新香氣／柑橘系／果實群組／柳橙

柳橙
〔學名〕*Citrus sinensis*

- 消除腥味
- 豐富料理層次

清新香氣

- 清新舒爽的柑橘香氣

柑橘系

- 不挑食材，可用於各種料理

果實群組

柳橙

- 受大眾歡迎的清爽、溫和香氣
- 比檸檬更適合風味濃郁的食材

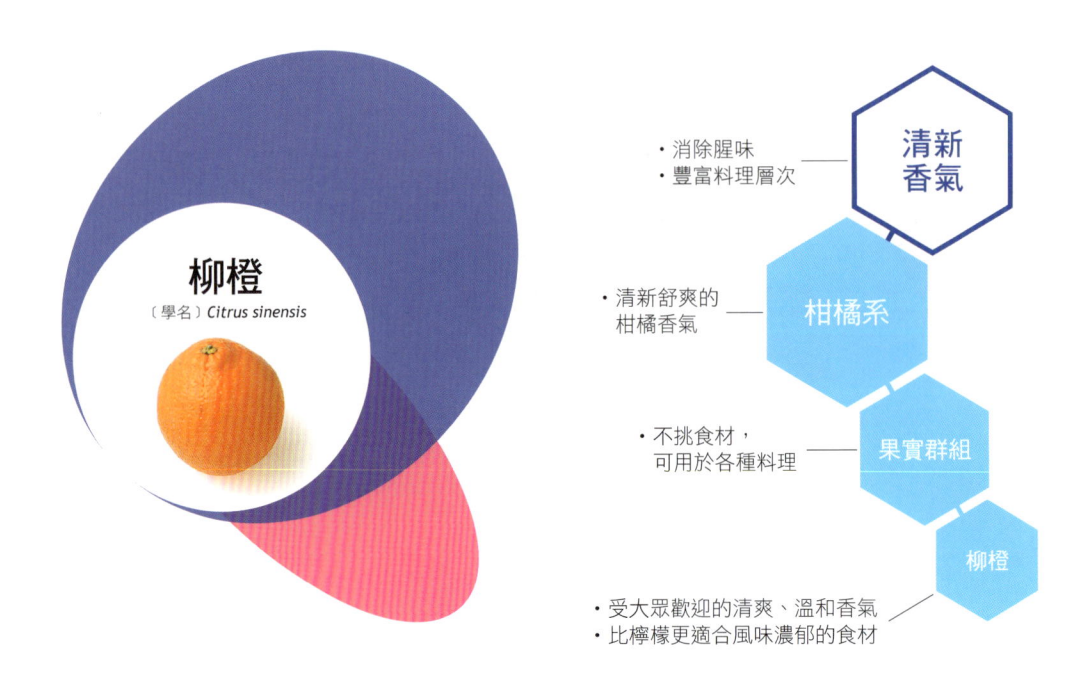

新鮮整顆　刨下薄薄一層果皮，直接用於料理中。果汁也很香甜，所以整顆果實都可以運用。

新鮮刨屑　香氣溫和，易於使用。

柑曼怡橙酒、君度橙酒　帶有柳橙皮香氣的利口酒也被廣泛使用。

最佳組合食材、料理、使用時機

蝦子　胡蘿蔔　豬肉　絞肉　羊肉　鰤魚　鰹魚

\絕配/
預先調味
- 桑格麗亞水果酒（切片一起浸泡）
- 烤豬肋排（醃肉時撒上）

\絕配/
烹調過程
- 咖哩（熄火前再加入）
- 泰式薑橙醬（醬汁熄火前再加入）

\絕配/
最後盛盤
- 沙拉（切片後拌入）
- 義式鰹魚卡爾帕喬（撒在表面）

特定地區的使用方法

法國：可麗餅（Crepe Suzette）
以焦糖柳橙醬汁燉煮的可麗餅。

墨西哥：豬肉絲（Carnita）
將以橙汁醃過的豬肉慢火燉煮後，再以手撕碎的料理。

印度

法國：橙汁鴨肉
柳橙醬汁經常用於烤豬、烤鴨等肉類料理。

葡萄牙：烤乳豬
常用於搭配烤乳豬食用。

112

香橙
（日本柚子）
〔學名〕*Citrus junos*

- 清新香氣
  - ・消除腥味
  - ・豐富料理層次
- 柑橘系
  - ・清新舒爽的柑橘香氣
- 果實群組
  - ・不挑食材，可用於各種料理
- 香橙
  - ・展現日式風味的萬用香料
  - ・相較其他柑橘系香料，較不容易產生苦味

新鮮整顆：跟檸檬用法相同，刨或削下薄薄一層外皮使用。

新鮮刨屑：想要有淡淡香氣時，可刨少許皮屑撒在料理上。

乾燥粉末：主要用於製作綜合香料。

基本上使用黃柚。初秋上市的青柚（黃柚成熟前稱為青柚）因為風味清爽，更適合清淡的料理。

最佳組合食材、料理、使用時機

白蘿蔔　白菜　雞肉　豬肉　奶油　白味噌　鰹魚　鰤魚

絕配／預先調味
- 柚子漬蕪菁（加入醃漬液中）
- 魚的幽庵燒＊（醃魚時使用）

＊以照燒醬為基底加上柚汁醃製後燒烤的料理。

絕配／烹調過程
- 柚子火鍋（一起煮）
- 柚子餡（白餡煮到熄火前再加入）

絕配／最後盛盤
- 日式清湯（削成屑狀撒上）
- 湯豆腐（加入高湯中）

特定地區的使用方法

法國：巧克力
拌入巧克力、蛋糕中，想呈現日式風味時使用。

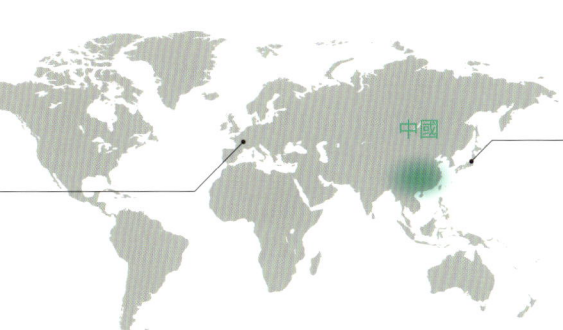

中國

日本：柚餅子
柚子皮挖去果肉後，填入味噌，蒸煮後乾燥保存的食品。

清新香氣／柑橘系／果實群組／陳皮

柳橙

陳皮
〔學名〕Citrus reticulata Blanco

乾草

- 消除腥味
- 豐富料理層次 ── 清新香氣

- 清新舒爽的柑橘香氣 ── 柑橘系

- 不挑食材，可用於各種料理 ── 果實群組

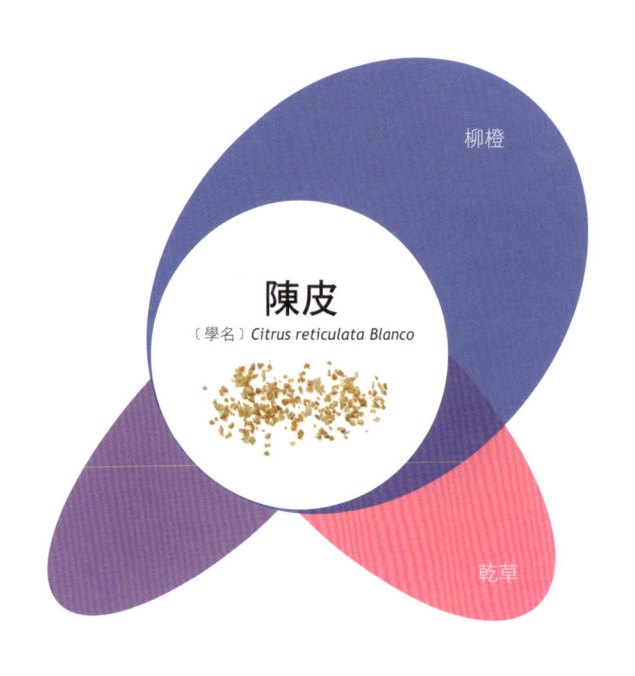

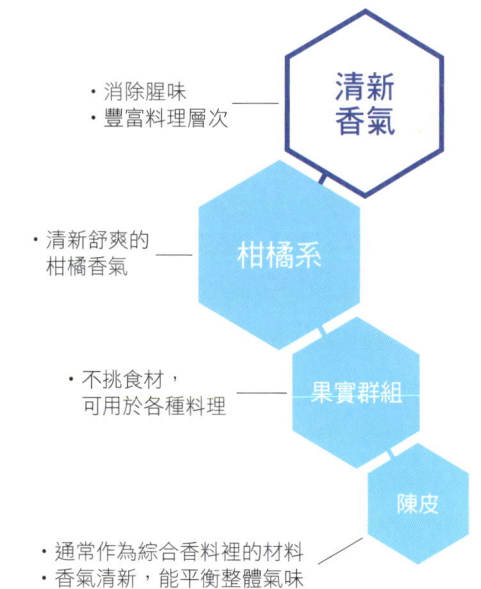

- 通常作為綜合香料裡的材料
- 香氣清新，能平衡整體氣味 ── 陳皮

乾燥粗粒　多半是以粗末狀使用。有著日曬香氣與柑橘系特有的清爽香氣。

最佳組合食材、料理、使用時機

豬肉　紅辣椒　菇類　紅魽

\絕配／

預先調味
- 酥炸紅魽（拌入麵衣中）
- 餃子（拌入餡料中）

烹調過程
- 蠔油炒萵苣（烹調到熄火前再加入）
- 白菜肉丸湯（烹調到熄火前再加入）

最後盛盤
- 豆腐拌蕈菇（拌入調醬中）

特定地區的使用方法

東南亞

中國：陳皮牛肉球
香港飲茶文化中的點心之一。將陳皮拌入絞肉球中蒸製而成。

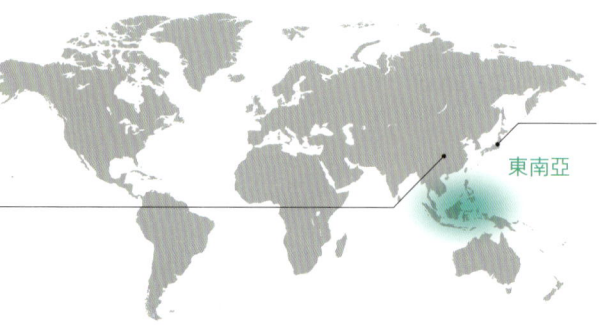

日本：七味辣椒粉（七味唐辛子）
陳皮為七味辣椒粉的其中一味，若多放一點陳皮，風味會更溫和。

檸檬義式鯛魚卡爾帕喬

在這道經典的義式生食冷盤卡爾帕喬中，
是以檸檬的清爽風味來避免魚肉產生的腥味。
檸檬連皮使用時，些許的苦味反而能成為風味亮點。
韭黃能增添柔和的料香氣，豐富料理層次。

材料（容易做的份量）

- 檸檬…3/4顆
- 青花菜苗…約10根
- 韭黃…2、3根
- 淡口醬油…2小匙
- 鹽…1/4小匙
- 鯛魚（生魚片用）…150g
- 橄欖油…2大匙

作法

1. 將1/4顆檸檬切成扇形薄片狀，青花菜苗和韭黃各切1cm長。
2. 將1/2顆檸檬擠汁，和醬油、鹽拌勻成醬汁。
3. 將鯛魚片擺入盤中，淋上醬汁，撒上檸檬薄片、青花菜苗、韭黃，最後再淋上橄欖油。

> 檸檬切薄片後的風味厚度和魚肉非常平衡。若沒有韭黃，也可用青蔥替代。

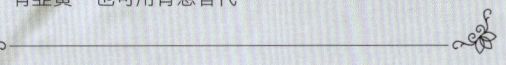

奶油醬柚香雞肉

在西式料理中添加柚子香氣，不僅能帶來日式風情，也更清爽解膩。

❀ 材料〔3～4人份〕

雞腿肉…2片
● 黃柚…1顆
鹽…1/2小匙
● 大蒜…1/2瓣
橄欖油…1大匙
A ┌ 鮮奶油…3大匙
　│ 鹽…1/4小匙
　│ 砂糖…1小匙
　└ 白酒…3大匙

❀ 作法

❶ 雞肉去筋膜，黃柚擠汁。雞肉以柚子汁、1/2小匙鹽抓醃。大蒜拍扁。
❷ 平底鍋中倒入橄欖油、大蒜，開大火爆香，香味出來後，將雞肉的皮面朝下放入，邊壓邊煎至表面金黃後翻面，轉中火，蓋上落蓋（或用烘焙紙、鋁箔紙取代）煎至全熟，取出雞肉，稍微放涼後切塊、盛盤。
❸ 將A加入同一個平底鍋中，開中火，煮到醬汁濃稠後淋在雞肉上，最後刨一點柚子皮在雞肉上即完成。

> 雞肉煎好後切大塊，很適合以筷子為主要食器的東方文化。這道料理的柚子香氣，來自以柚子汁醃製入味的雞肉，而非奶油醬汁中，這樣一來，也可避免柚子的酸性成分影響奶油醬汁的質地。

柳橙奧勒岡鮪魚拌飯

將不同群組中帶有清新香氣的香料組合在一起，不僅風味層次豐富，還能夠營造出無國界料理風格。

❀ 材料〔3～4人份〕

● 柳橙…1/2顆
● 生薑…2片
● 大蒜…1/2瓣
● 新鮮奧勒岡葉…約15片
鮪魚（生魚片用）…120g
淡口醬油…1.5大匙
白飯…1杯半的量
A ┌ 鹽…1/2小匙
　│ 砂糖…1大匙
　└ 醋…1大匙

❀ 作法

❶ 柳橙皮刨屑。生薑和大蒜去皮後，順著纖維方向切細絲。奧勒岡葉切細末後，另保留少許作最後裝飾用。鮪魚切一口大小後浸泡在醬油中。
❷ 將A和柳橙皮、生薑、大蒜、奧勒岡葉加入飯中拌勻，接著加入鮪魚稍微翻拌後盛盤，撒上裝飾用的奧勒岡葉細末。

> 飯可以煮稍微硬一點。柳橙皮要洗乾淨，再用刨絲器刨下表皮。為了讓料理風味溫和、看起來細緻美觀，生薑與大蒜切成細絲，不切末。

陳皮肉丸湯

陳皮和紫蘇的清爽氣味,能消除豬肉的腥味,八角則帶出油脂的甜味。

材料〔5人份〕

- 豬絞肉…400g
- A
  - ●青紫蘇…2片
  - ●陳皮粗末…1小匙
  - ●八角粉末…1撮
  - 鹽…1/2小匙
  - 太白粉…1小匙
  - 淡口醬油…1小匙
- B
  - 鹽…1小匙
  - 砂糖…1小匙
  - 酒…2大匙
- ●生薑…1片
- ●芫荽…2、3根

作法

① 青紫蘇切末。將A加入碗中揉捏均勻。
② 鍋中加入B和800ml水,開大火煮滾。轉中火,將①分成5等分,摔打出空氣後揉成圓形,放入鍋中。煮至再次沸騰後轉小火、蓋上蓋子煮15分鐘直到肉丸子熟透。
③ 生薑削皮後,順著纖維方向切絲。芫荽切粗末。將②盛碗,上面撒上薑絲和芫荽末。

肉丸子要摔打出黏性再烹煮。生薑和芫荽擺放之前再切,香氣狀態最佳。

香料圖表──清新香氣／柑橘系／葉片群組

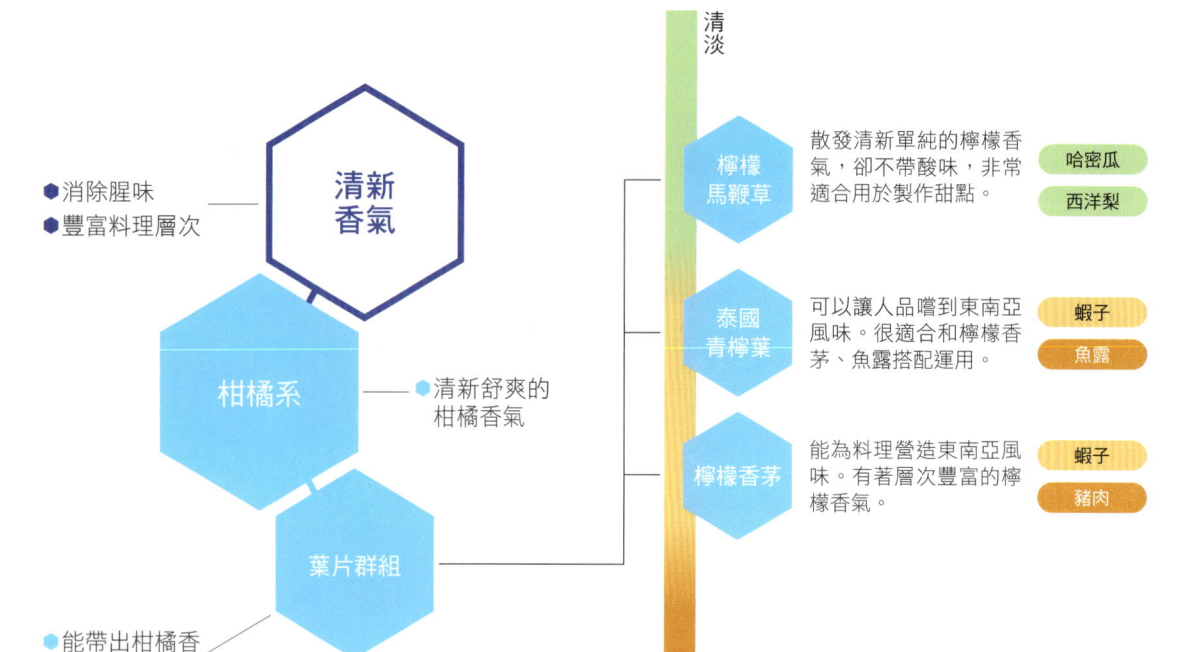

- 消除腥味
- 豐富料理層次

清新香氣

柑橘系 ── 清新舒爽的柑橘香氣

葉片群組

- 能帶出柑橘香而不產生苦味

清淡 ↓ 濃郁

檸檬馬鞭草：散發清新單純的檸檬香氣，卻不帶酸味，非常適合用於製作甜點。
— 哈密瓜／西洋梨

泰國青檸葉：可以讓人品嚐到東南亞風味。很適合和檸檬香茅、魚露搭配運用。
— 蝦子／魚露

檸檬香茅：能為料理營造東南亞風味。有著層次豐富的檸檬香氣。
— 蝦子／豬肉

群組特徵

這個群組的香料主要使用葉子部位，且都具有近似檸檬的清新香氣。

主要運用方式不是食用煮好的葉片，而是透過醃漬（浸泡）或熬煮來帶出香氣，與柑橘系的果實群組香料相比，不容易產生苦味，因此非常實用。

以泰國青檸葉搭配檸檬香茅時，尤其能突顯東南亞料理特色。

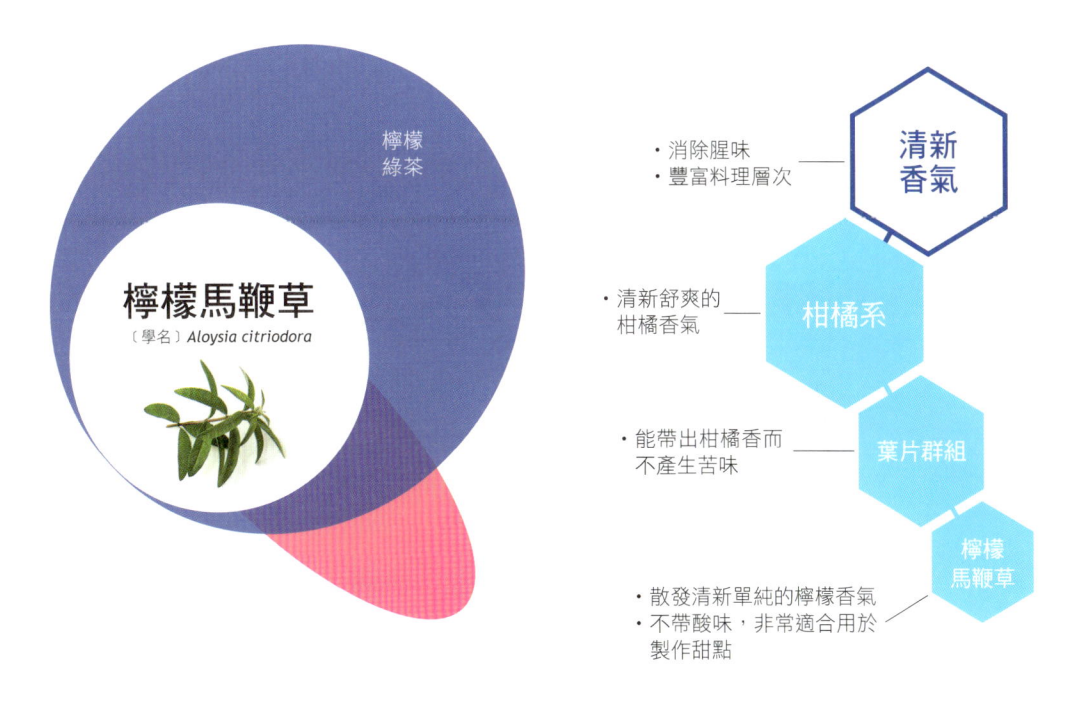

檸檬馬鞭草
〔學名〕*Aloysia citriodora*

檸檬綠茶

- 消除腥味
- 豐富料理層次 —— **清新香氣**

- 清新舒爽的柑橘香氣 —— **柑橘系**

- 能帶出柑橘香而不產生苦味 —— **葉片群組**

- 散發清新單純的檸檬香氣
- 不帶酸味，非常適合用於製作甜點 —— **檸檬馬鞭草**

新鮮整片：清爽的檸檬香，透過加熱香氣會更加釋放。

乾燥碎葉：可取代新鮮葉片用於料理或茶飲中。多少帶有枯葉的氣味。

最佳組合食材、料理、使用時機

麝香葡萄　哈密瓜　西洋梨　小黃瓜　鱸魚　干貝　鳳梨　鮮奶油

\絕配/ 預先調味
- 漬鳳梨糖漿（加入糖漿中熬煮）

\絕配/ 烹調過程
- 蒸煮雞肉（加入醬汁中一起蒸煮）
- 杏桃卡士達醬（加入醬汁中一起熬煮）

最後盛盤
- 義式鱸魚卡爾帕喬（撒在表面；若有新鮮嫩葉更好）

特定地區的使用方法

法國
常用於卡士達醬等奶油醬中，以增添檸檬香氣（因為若直接使用檸檬，其中的酸性成分會使醬汁中的蛋白質變性凝固）。

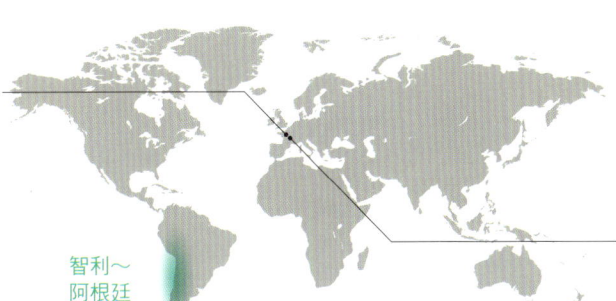

智利～阿根廷

法國：花草茶（Tisane）
將檸檬馬鞭草作為香草，沖熱水泡成花草茶飲用。

清新香氣／柑橘系／葉片群組／檸檬馬鞭草

清新香氣／柑橘系／葉片群組／泰國青檸葉

泰國青檸葉
〔學名〕Citrus hystrix

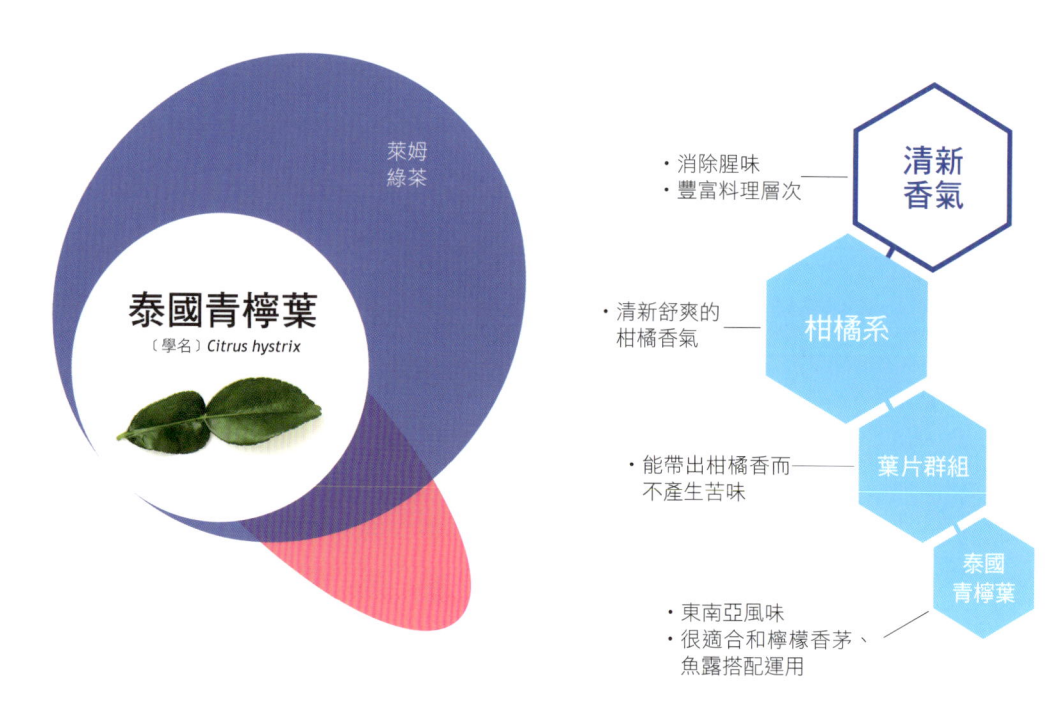

萊姆綠茶

- 清新香氣
  - 消除腥味
  - 豐富料理層次
- 柑橘系
  - 清新舒爽的柑橘香氣
- 葉片群組
  - 能帶出柑橘香而不產生苦味
- 泰國青檸葉
  - 東南亞風味
  - 很適合和檸檬香茅、魚露搭配運用

新鮮整片：帶有溫潤的檸檬香氣。因葉片質地硬，用於燉煮為佳。

新鮮切碎：葉片質地硬，建議切成碎末再烹調使用。也可和其他香料一起研磨後使用。

乾燥碎葉：只用於燉煮料理，可取代新鮮葉片使用，但香氣較弱。

最佳組合食材、料理、使用時機

白肉魚　蝦子　螃蟹　雞肉　蛤蜊　魚露

＼絕配／
預先調味
- 東南亞風味炸雞（用於醃雞肉）
- 東南亞風味蝦餅（拌入蝦漿中）

＼絕配／
烹調過程
- 椰奶燉馬頭魚（一起燉煮）
- 糖醋里肌（烹調到最後階段再加入）

＼絕配／
最後盛盤
- 泰式鯛魚卡爾帕喬（拌入醬汁中）
- 堅果拌飯（一起拌入）

特定地區的使用方法

馬來西亞：青檸葉燉雞肉（Ayam Limau）
一道辣味的燉煮料理，使用泰國青檸葉或檸檬增添香氣。

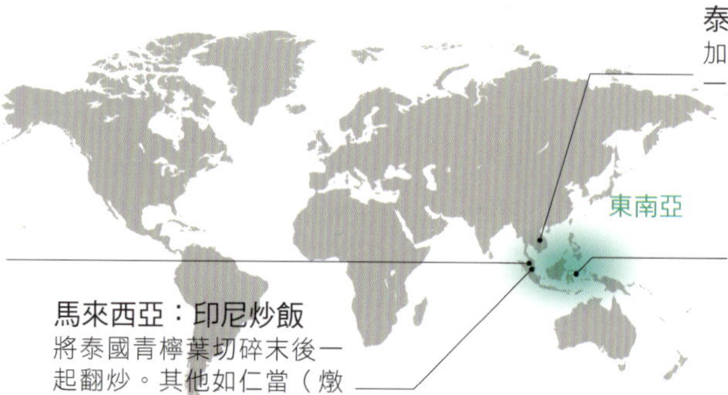

馬來西亞：印尼炒飯
將泰國青檸葉切碎末後一起翻炒。其他如仁當（燉牛肉）中也會使用。

東南亞

泰國：冬陰功湯
加入泰國青檸葉等香料、蝦子一起燉煮的酸辣風味湯品。

印尼：花生脆餅（Rempeyek）
加入泰國青檸葉絲的油炸點心。

120

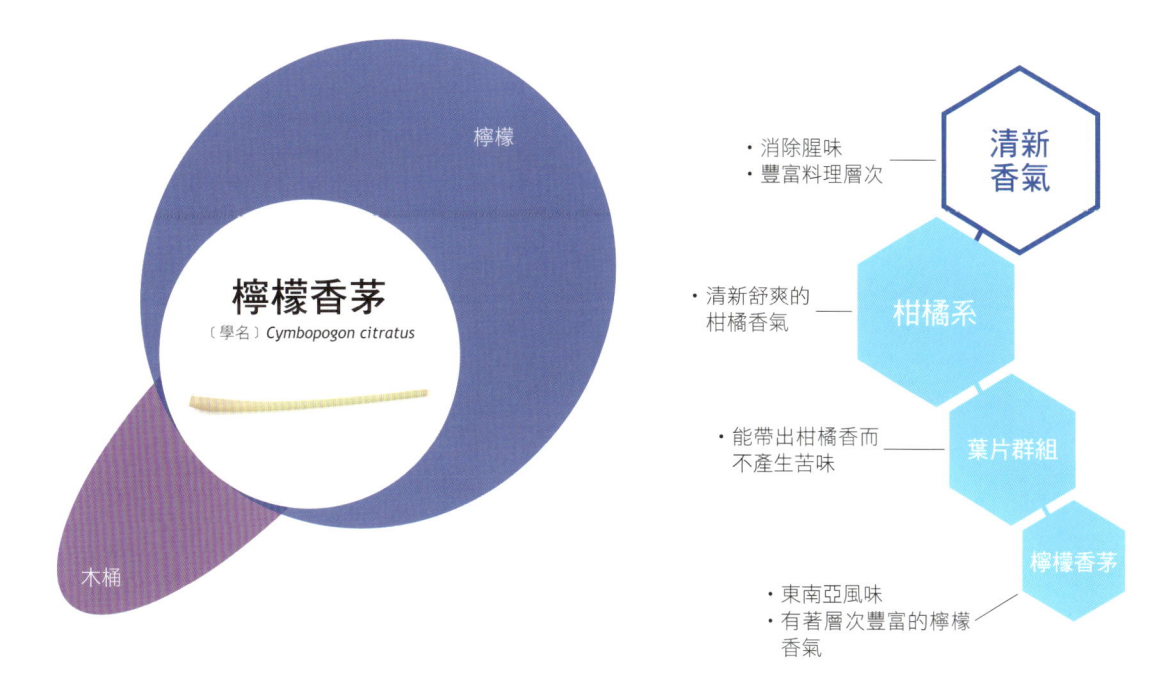

檸檬香茅
〔學名〕*Cymbopogon citratus*

檸檬／木桶

- 消除腥味
- 豐富料理層次 ── **清新香氣**
- 清新舒爽的柑橘香氣 ── 柑橘系
- 能帶出柑橘香而不產生苦味 ── 葉片群組
- 東南亞風味
- 有著層次豐富的檸檬香氣 ── 檸檬香茅

新鮮整枝：料理中只使用莖部白嫩的中心部分。葉片則用於茶飲中。

新鮮切碎：質地較硬，需切末才能食用。也可和其他香料一起壓碎使用。

乾燥碎葉：僅用於茶飲中。

最佳組合食材、料理、使用時機

櫛瓜｜蝦子｜雞肉｜芒果｜豬肉｜茄子

\絕配/ **預先調味**
- 東南亞風味泡菜（搗碎後加入醃漬液中）
- 雞肉丸（拌入雞絞肉中）
- 蝦多士（拌入蝦漿中）

\絕配/ **烹調過程**
- 冬陰功湯（一起燉煮）
- 酥炸白肉魚（切絲後混入麵衣中使用）
- 炒蛤蜊（搗碎後一起炒）

\絕配/ **最後盛盤**
- 東南亞風味湯豆腐（加入湯中）
- 烤蝦（加入烤肉醬中）

特定地區的使用方法

泰國：香茅烤雞肉串
將檸檬香茅莖部切開，填入雞絞肉餡後，以炭火燒烤而成。

印度／斯里蘭卡（確切原產地不明）

墨西哥：檸檬香茅茶
用於沖泡後品茗。

印尼：叻沙（Laksa）
一種南洋麵食料理，其中添加了將檸檬香茅混合其他香料後，一起磨成的糊狀香料。

檸檬馬鞭草綠茶凍

以檸檬馬鞭草的清新香氣,平衡了綠茶微微的苦味。一道風味清爽的甜品。

材料〔2～3人份〕

吉利丁片…11g
綠茶…350ml
砂糖…120g＋65g
白酒…2小匙
●檸檬馬鞭草…7～8片

想要確實感受到綠茶的風味,事前要將綠茶泡得濃一點。檸檬馬鞭草糖漿的香味細緻,容易散失,因此完成後要盡快享用。

作法

① 吉利丁片泡水。綠茶泡得濃一點。
② 綠茶趁熱倒入碗中,加入120g砂糖攪拌溶解,再加入瀝掉水分的吉利丁,輕輕攪拌均勻,稍微放涼後放入冰箱,冷藏半天直到凝固。
③ 小鍋中加入65g砂糖、白酒、50ml水,開中火煮至沸騰,放入檸檬馬鞭草,繼續煮2～3分鐘後關火,放涼、過濾。
④ 將②盛入碗中,淋上③即可食用。

南洋風蝦子拌麵

泰國青檸葉和檸檬香茅的組合，展現濃厚的東南亞料理風情。青檸葉可以帶來不輸給蝦醬的清新香氣。黑胡椒則提升了整體風味。

❀ 材料〔3～4人份〕
蝦子…250g
● 大蒜…1瓣
● 生薑…1片
● 泰國青檸葉…10片
● 檸檬香茅…1/2片
油…3大匙
蝦醬＊…1小匙
A ┌ 黑胡椒粗粒…1小匙
  │ 濃口醬油…1大匙
  │ 魚露…2小匙
  └ 酒…1大匙
中華麵…3人份
＊此處的蝦醬（Ngapi），特指東南亞料理使用的蝦醬。

❀ 作法
❶ 蝦子剝殼去腸泥，再用菜刀拍一拍後切成粗末。大蒜和生薑去皮、切末。泰國青檸葉、檸檬香茅也切末。
❷ 平底鍋中加入油、大蒜、生薑、泰國青檸葉、檸檬香茅、蝦醬，開小火加熱。待蝦醬融入油中且香味出來，再加入蝦子翻炒，接著加入A翻炒均勻，即可取出。
❸ 中華麵燙熟，瀝掉水分後盛入盤中，將②倒入快速拌勻即可享用。

> 不用辣椒而改用黑胡椒提味，使得辣味變得溫和又不易膩口。蝦子拍過較能釋放風味，也比較容易和麵條拌勻。

酥炸檸檬香茅海鮮

酥炸的地中海海鮮，輔以檸檬香茅的香氣來增添東南亞風情。不僅展現了料理的個性，還能讓海鮮的鮮味更迷人。

❀ 材料〔3～4人份〕
槍烏賊…2尾
劍蝦…約20尾
● 檸檬香茅…2根
鹽…1/2小匙
高筋麵粉…7大匙
油炸用油…適量

❀ 作法
❶ 槍烏賊洗淨後，身體切1cm寬的圈狀，腳切成容易入口大小。檸檬香茅切碎末。
❷ 碗中放入槍烏賊、劍蝦、檸檬香茅、鹽，均勻撒上高筋麵粉，再加入2大匙水，使槍烏賊、劍蝦能均勻裹上麵衣。
❸ 用180℃的油炸至金黃酥脆即可。

> 只加入少量水分，讓麵衣能緊緊巴在食材和檸檬香茅上，炸起會更加酥脆美味。檸檬香茅切好後要事先弄散，避免結成團，食用時才好入口。

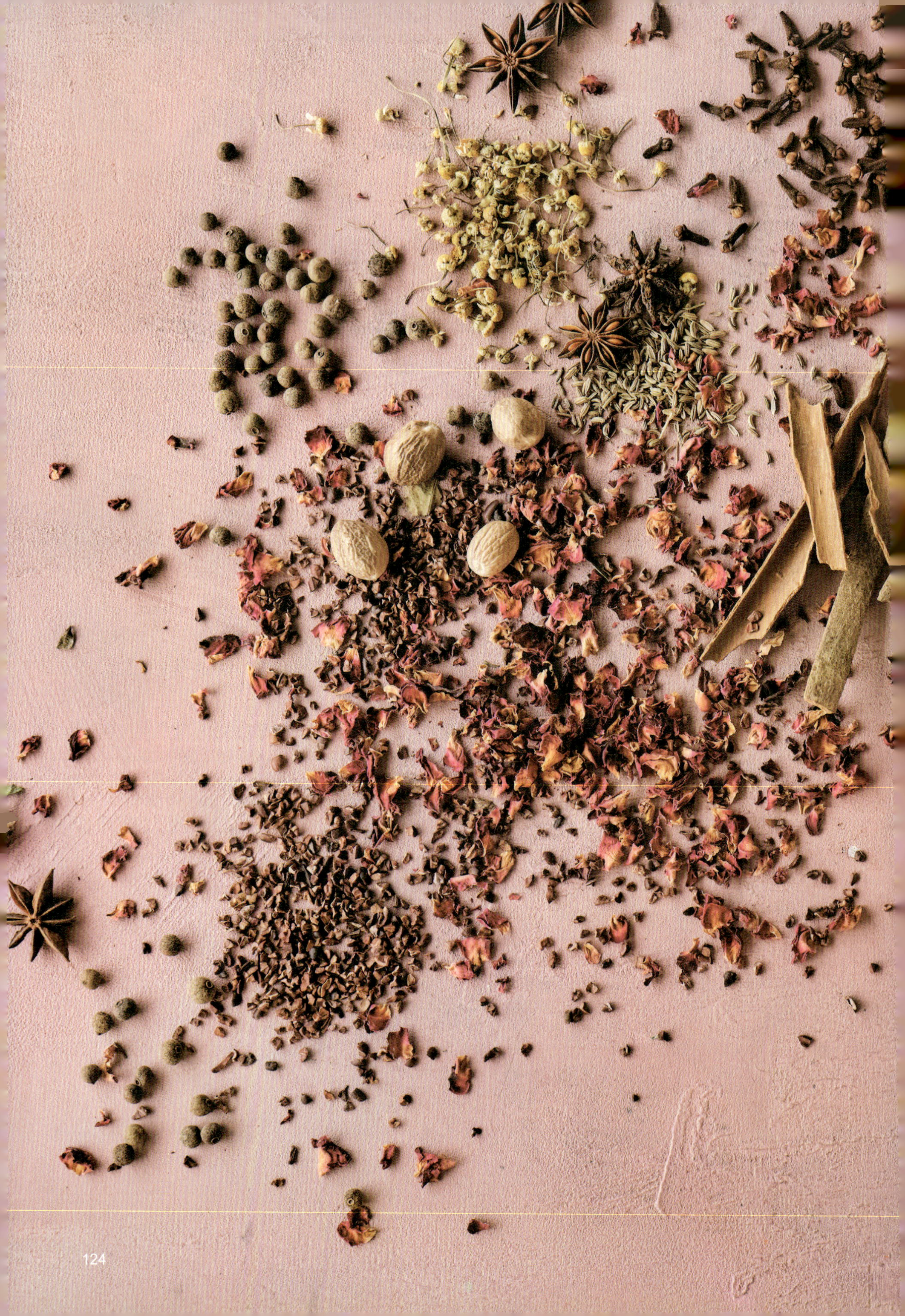

CHAPTER 2-2
甘甜香氣的香料

甘甜香氣的香料矩陣

- 消除腥味……甘甜香氣，讓人不易察覺食材的腥味（壓制效果）。
- 提升甜味……以甜香來提味，讓食材或料理的甜味更突出。

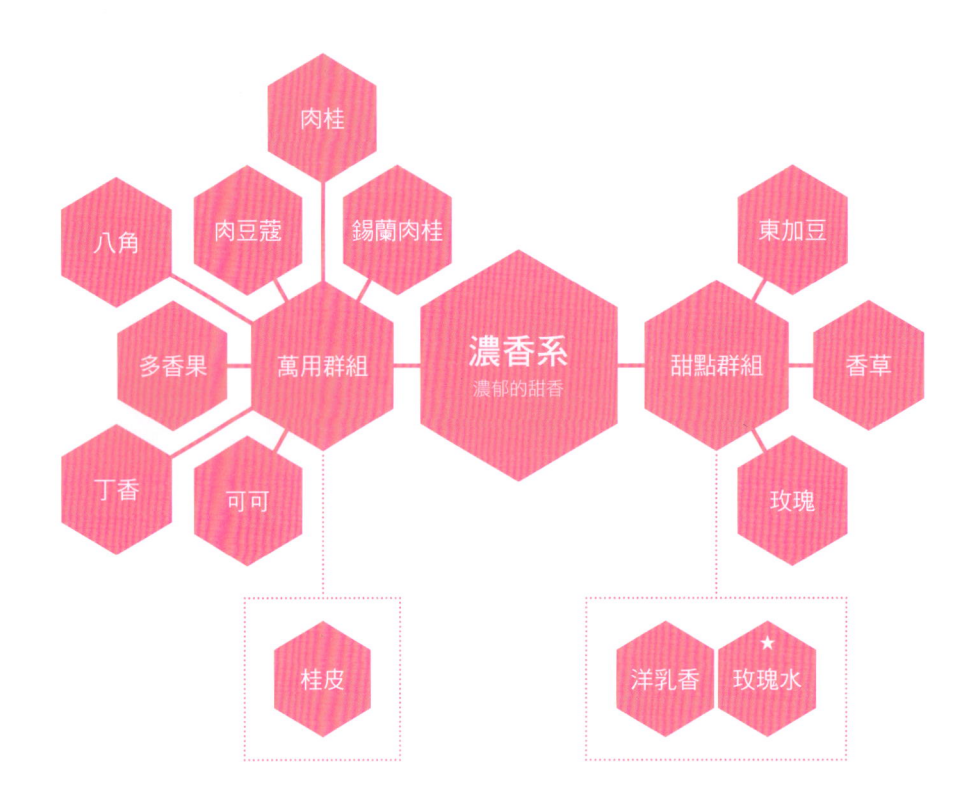

濃香系（濃郁的甜香）

萬用群組
- 肉桂
- 肉豆蔻
- 錫蘭肉桂
- 八角
- 多香果
- 丁香
- 可可
- 桂皮

甜點群組
- 東加豆
- 香草
- 玫瑰
- 洋乳香
- 玫瑰水 ★

清香系
纖細輕盈的甜香

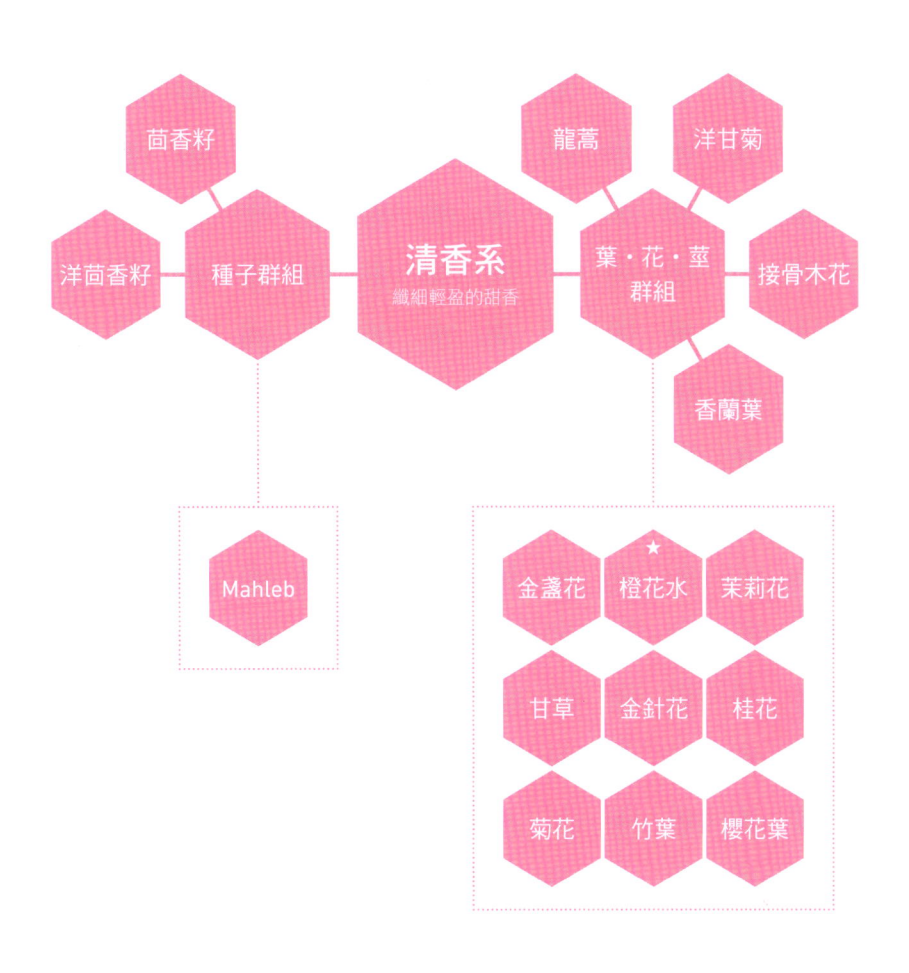

- **種子群組**
  - 茴香籽
  - 洋茴香籽
  - Mahleb

- **葉・花・莖群組**
  - 龍蒿
  - 洋甘菊
  - 接骨木花
  - 香蘭葉
  - 金盞花
  - 橙花水 ★
  - 茉莉花
  - 甘草
  - 金針花
  - 桂花
  - 菊花
  - 竹葉
  - 櫻花葉

★：以單一香料為原料再製而成的香料加工品

香料圖表──甘甜香氣／濃香系／萬用群組

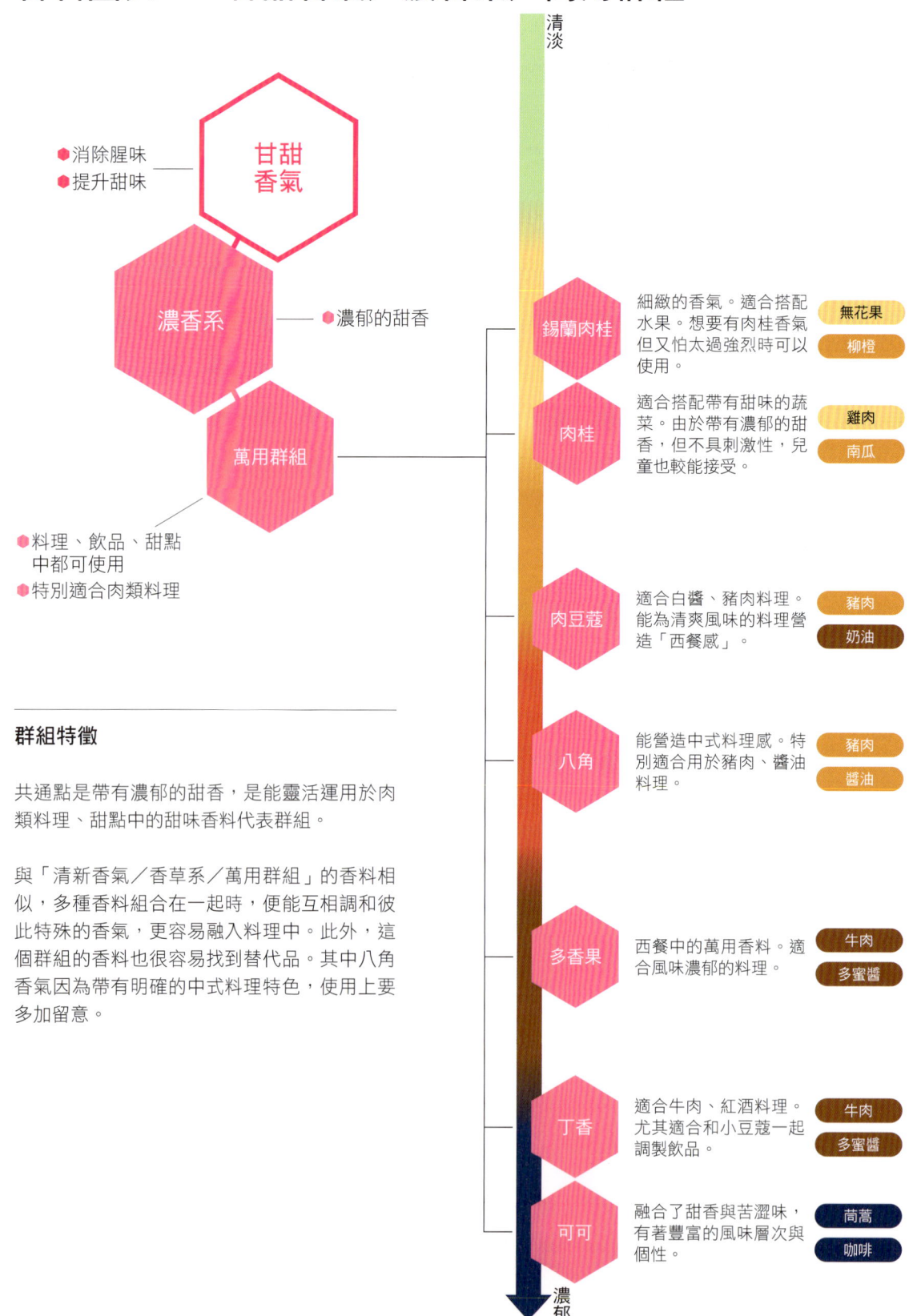

- 消除腥味
- 提升甜味

甘甜香氣

濃香系 ── 濃郁的甜香

萬用群組

- 料理、飲品、甜點中都可使用
- 特別適合肉類料理

清淡 → 濃郁

香料	說明	搭配
錫蘭肉桂	細緻的香氣。適合搭配水果。想要有肉桂香氣但又怕太過強烈時可以使用。	無花果／柳橙
肉桂	適合搭配帶有甜味的蔬菜。由於帶有濃郁的甜香，但不具刺激性，兒童也較能接受。	雞肉／南瓜
肉豆蔻	適合白醬、豬肉料理。能為清爽風味的料理營造「西餐感」。	豬肉／奶油
八角	能營造中式料理感。特別適合用於豬肉、醬油料理。	豬肉／醬油
多香果	西餐中的萬用香料。適合風味濃郁的料理。	牛肉／多蜜醬
丁香	適合牛肉、紅酒料理。尤其適合和小豆蔻一起調製飲品。	牛肉／多蜜醬
可可	融合了甜香與苦澀味，有著豐富的風味層次與個性。	茼蒿／咖啡

群組特徵

共通點是帶有濃郁的甜香，是能靈活運用於肉類料理、甜點中的甜味香料代表群組。

與「清新香氣／香草系／萬用群組」的香料相似，多種香料組合在一起時，便能互相調和彼此特殊的香氣，更容易融入料理中。此外，這個群組的香料也很容易找到替代品。其中八角香氣因為帶有明確的中式料理特色，使用上要多加留意。

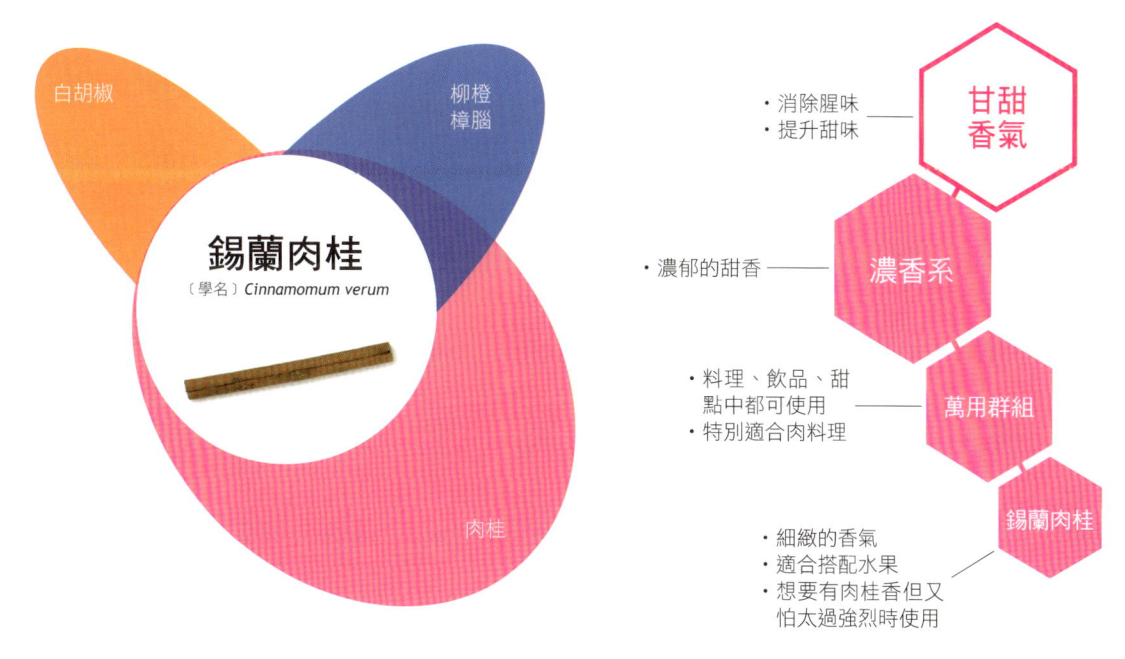

錫蘭肉桂
〔學名〕*Cinnamomum verum*

- 白胡椒
- 柳橙樟腦
- 肉桂

甘甜香氣
- 消除腥味
- 提升甜味

濃香系
- 濃郁的甜香

萬用群組
- 料理、飲品、甜點中都可使用
- 特別適合肉料理

錫蘭肉桂
- 細緻的香氣
- 適合搭配水果
- 想要有肉桂香但又怕太過強烈時使用

乾燥整根：特徵是外型纖細如紙片般薄，和有厚度的肉桂不同，肉眼就能判斷。

乾燥粉末：市售的粉末大多是肉桂粉，而不是錫蘭肉桂粉。如果希望料理風味更細緻高雅，可以自行研磨。

最佳組合食材、料理、使用時機

無花果　蘋果　雞肉　柳橙　柿子　櫻桃

預先調味 \絕配/
- 桑格麗亞水果酒（加入一起浸泡）
- 無花果塔（揉入塔皮麵團中）

烹調過程 \絕配/
- 蒸蔬菜（和蔬菜一起蒸）
- 蜜桃茶（一起用熱水沖泡）

最後盛盤
- 香緹鮮奶油（撒在表面）
- 漬柿子（一起拌入）

特定地區的使用方法

因使用地區並未嚴格把錫蘭肉桂和肉桂做出區別，統一歸納在下一頁。

斯里蘭卡

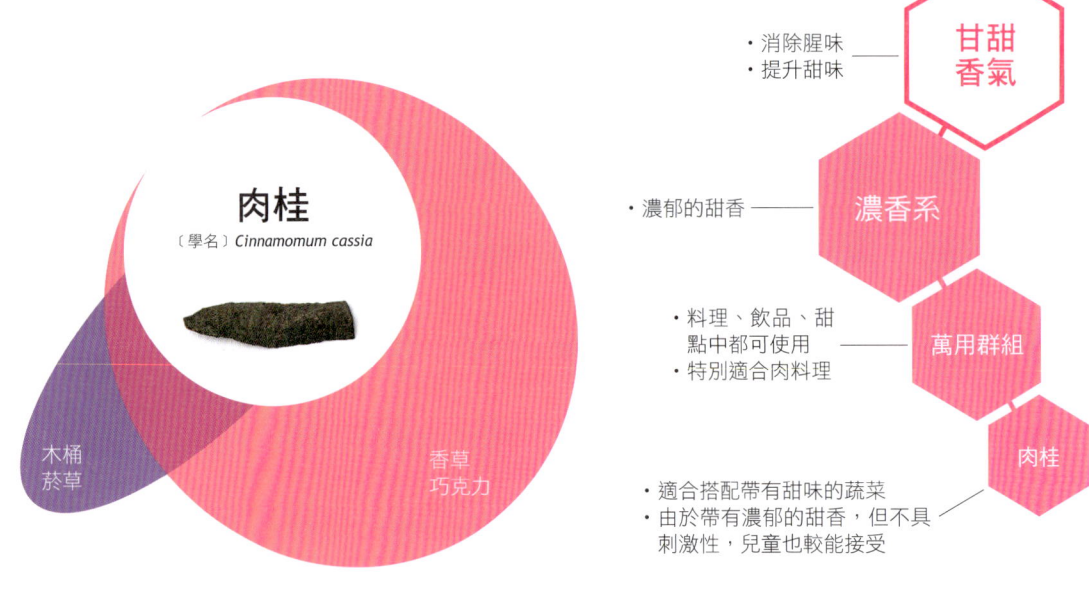

肉桂

〔學名〕*Cinnamomum cassia*

- 木桶
- 菸草
- 香草
- 巧克力

甘甜香氣
- 消除腥味
- 提升甜味

濃香系
- 濃郁的甜香

萬用群組
- 料理、飲品、甜點中都可使用
- 特別適合肉料理

肉桂
- 適合搭配帶有甜味的蔬菜
- 由於帶有濃郁的甜香，但不具刺激性，兒童也較能接受

乾燥整枝：市售品的型態多元，有整支棒狀、切片狀與碎塊狀。

乾燥粉末：市售的肉桂粉品種，幾乎都是此頁介紹的這一種肉桂。

最佳組合食材、料理、使用時機

蘋果　雞肉　柳橙　香蕉　堅果　南瓜　豆沙　豬肉　番茄醬

\絕配/
預先調味
- 肉丸子（拌入絞肉中）
- 香蕉瑪芬蛋糕（混入麵糊中）

\絕配/
烹調過程
- 印度香飯（爆香後和米一起煮）
- 肉醬（一起燉煮）
- 豬排（烹調到熄火前再加入）

\絕配/
最後盛盤
- 雞塊（添加到番茄醬中）
- 餡蜜（撒在表面）

特定地區的使用方法

美國：蘋果派
美式甜點中不可或缺的香料便是肉桂。

希臘：慕莎卡（Musakka）
茄子、白醬、羊肉醬層層堆疊後再烤，其中羊肉醬加有肉桂。

土耳其：香料肉丸（Kofta）
加入肉桂和堅果的羊肉丸。羊肉與肉桂是當地常見組合。

印度北部～緬甸

印度：帕西糙米飯（Parsi Brown Rice）
加入肉桂、洋蔥等香料，用於搭配帕西扁豆咖哩（Dhansak）的香料米飯。

肉豆蔻
〔學名〕Myristica fragrans

- 白胡椒
- 乾薑
- 錫蘭肉桂

- 消除腥味
- 提升甜味 —— 甘甜香氣

- 濃郁的甜香 —— 濃香系

- 料理、飲品、甜點中都可使用
- 特別適合肉料理 —— 萬用群組

- 適合白醬、豬肉料理
- 能為清爽風味的料理營造「西餐感」—— 肉豆蔻

乾燥整顆
不太會整顆直接使用，多半是研磨後再用，新鮮香氣令人神往。

乾燥粉末
與現磨顆粒狀相比，粉末狀的香味更明顯，由於不太有特殊氣味，十分好運用。

肉豆蔻皮
肉豆蔻種子的橘紅色外皮，比肉豆蔻本身的氣味更為細緻溫和，適合用於水果和甜點。

最佳組合食材、料理、使用時機

豆類　豬肉　芋頭　地瓜　馬鈴薯　白花椰菜　蓮藕　鮮奶油　奶油

\絕配/
預先調味
- 豬肉漢堡排（拌入絞肉中）
- 炸蝦（裹粉時撒上）

\絕配/
烹調過程
- 白醬（一起加熱）
- 法式火腿起司三明治（煮起司白醬時一起加入）

\絕配/
最後盛盤
- 濃湯（撒在表面）
- 炸薯條（撒在表面）

特定地區的使用方法

義大利：高湯帕薩特利（Passatelli in Brodo）
混合麵包粉、雞蛋、肉豆蔻、檸檬皮、帕馬森起司等食材製作而成的義大利麵。標準吃法是在清湯中煮熟食用。

班達群島

法國：焗烤菊苣（Endive Gratin）
肉豆蔻常加入白醬中並做成焗烤料理，像是焗烤千層馬鈴薯等。

印尼：千層糕（Kue Lapis Legit）
從荷蘭傳入、形似年輪蛋糕的烘焙點心，當中加入當地產的肉豆蔻、肉豆蔻皮。

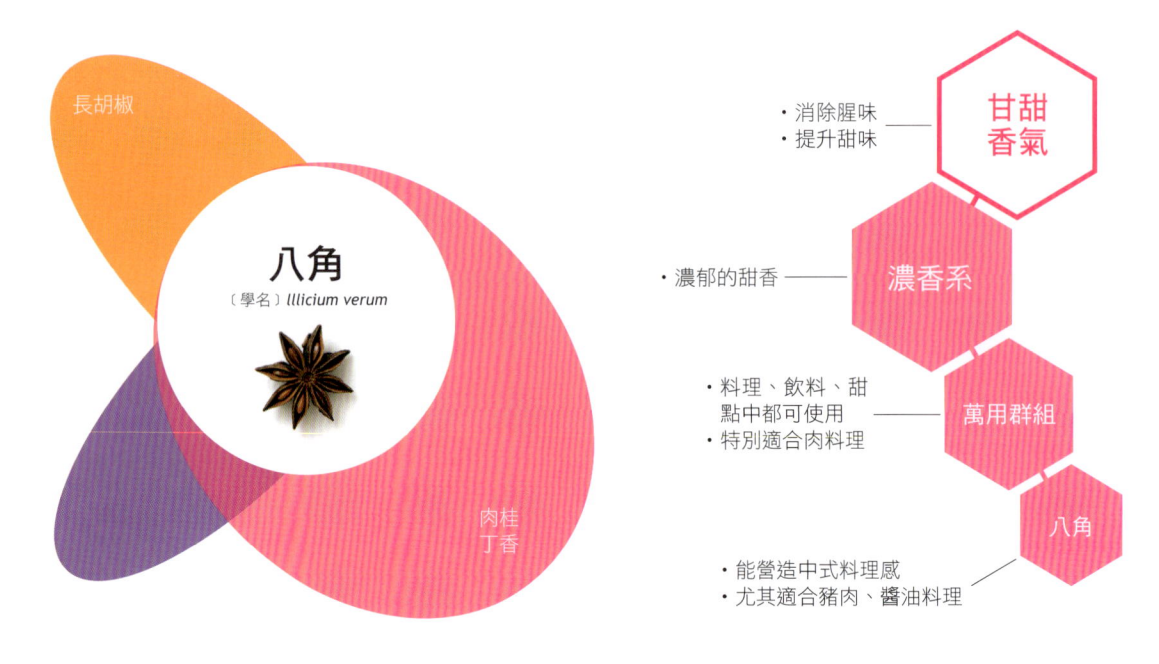

甘甜香氣／濃香系／萬用群組／八角

八角
〔學名〕Illicium verum

長胡椒

肉桂
丁香

- 消除腥味
- 提升甜味

甘甜香氣

- 濃郁的甜香 —— **濃香系**

- 料理、飲料、甜點中都可使用
- 特別適合肉料理 —— **萬用群組**

- 能營造中式料理感
- 尤其適合豬肉、醬油料理 —— **八角**

乾燥整粒：八角的氣味強烈，以整顆為單位添加可能會過多，建議剝下需要的量使用即可，斟酌調整。

乾燥粉末：容易掌握用量，適合短時間烹調。

最佳組合食材、料理、使用時機

章魚　豬肉　醬油　芝麻油　鰻魚　牡蠣

\絕配/
預先調味
- 叉燒（加入醃料中）
- 燒賣（拌入餡料中）

\絕配/
烹調過程
- 豬肉角煮（一起燉煮）
- 甜味噌炒大豆（烹調到熄火前再加入）

最後盛盤
- 中式粥品（加入醬料中，搭配粥食用）

特定地區的使用方法

中國：肉包
在當地經常用於肉類料理。還有以八角香氣為主的綜合香料「五香粉」。

越南：牛肉河粉
常用於醬油的調味、牛肉料理等。

中國南部〜越南

印尼：甜醬油（Kecap Manis）
帶有八角香氣與明顯甜味，為當地最普遍使用的醬油。

132

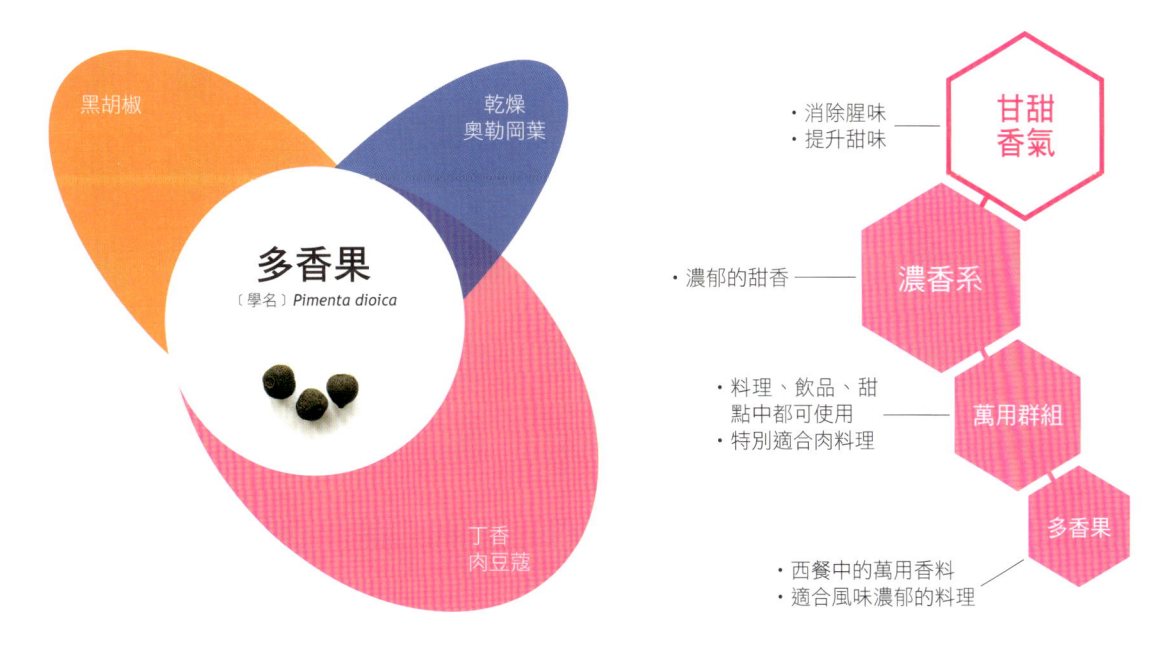

多香果
〔學名〕*Pimenta dioica*

- 黑胡椒
- 乾燥奧勒岡葉
- 丁香
- 肉豆蔻

甘甜香氣
- 消除腥味
- 提升甜味

濃香系
- 濃郁的甜香

萬用群組
- 料理、飲品、甜點中都可使用
- 特別適合肉料理

多香果
- 西餐中的萬用香料
- 適合風味濃郁的料理

乾燥整顆：適合醃漬、燉煮料理。和乾燥粉末相較，有更明顯的胡椒香氣。

乾燥粉末：新鮮現磨的氣味較強烈。市售的粉末香味較柔和，容易融入料理中。

最佳組合食材、料理、使用時機

紫高麗菜　菇類　牛蒡　牛肉　紅酒　多蜜醬　青椒　魷魚乾　巴薩米克醋

\絕配/ 預先調味
- 漬紫洋蔥（加入醃漬液中）
- 炸肉餅（拌入絞肉中）

\絕配/ 烹調過程
- 燉牛肉（一起燉煮）
- 炒麵（烹調到熄火前再加入）

最後盛盤
- 熟成牛排（粗磨後撒在表面）

＊比起細粉末，以粗磨方式加入重口味肉類料理中，能恰如其分地突顯其胡椒香氣

特定地區的使用方法

歐洲～北美：醃漬香料（Pickling Spice）
綜合香料中必備的元素，也是醃漬料理中不可或缺的香料。

牙買加：牙買加烤雞（Jamaican Jerk Chicken）
因是原產地，常用在料理中，是牙買加料理不可少的元素。

牙買加：地瓜布丁（Jamaican Sweet Potato Pudding）
使用地瓜做的烘焙點心。加入了多香果等香料，呈現獨特異國風味。

西印度群島、中美洲地區

美國南部：什錦飯（Jambalaya）
什錦飯是代表性料理之一。德州式墨西哥料理、肯瓊料理中也經常使用多香果。

瑞典：瑞典肉丸（Swedish Meatball）
北歐廚房裡經常出現多香果，尤其是肉類料理。

甘甜香氣／濃香系／萬用群組／丁香

丁香

〔學名〕*Syzygium aromaticum*

黑胡椒

肉桂
巧克力

- 消除腥味
- 提升甜味

甘甜香氣

- 濃郁的甜香 —— **濃香系**

- 料理、飲品、甜點中都可使用
- 特別適合肉料理

萬用群組

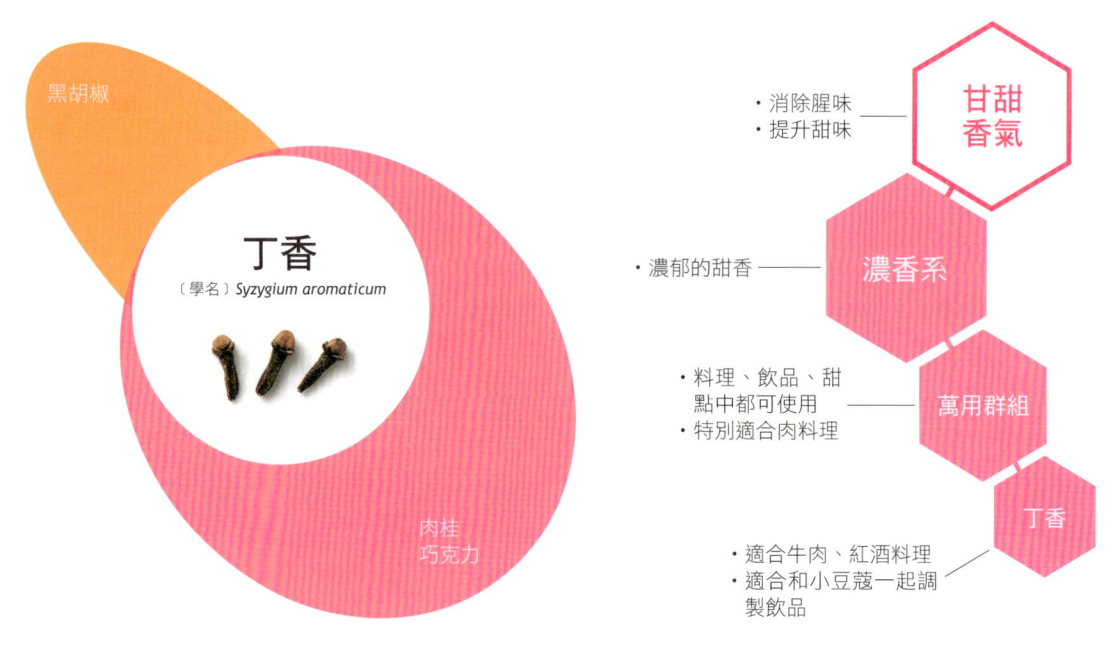

丁香

- 適合牛肉、紅酒料理
- 適合和小豆蔻一起調製飲品

乾燥整粒：可在烹調完成時取出，能夠溫和地添加風味，非常實用。

乾燥粉末：由於香氣強烈，建議先從約一耳勺量開始慢慢添加。

最佳組合食材、料理、使用時機

柳橙　無花果　牛肉　紅酒　多蜜醬　黑醋栗　菠菜　肝臟　鴨肉

預先調味 ＼絕配／

- 烤牛肉（醃肉時加入）
- 牛肉漢堡肉（拌入絞肉中）

烹調過程 ＼絕配／

- 紅酒燉豬肝（一起燉煮）
- 熱紅酒（和小豆蔻一起加熱）
- 炒菠菜（烹調到熄火前才加入）

最後盛盤

香氣強烈，不宜此階段使用

特定地區的使用方法

法國：丁香刺洋蔥（Onion Pique）
在燉湯、燉煮料理中，為了方便取出丁香，會將丁香刺進洋蔥裡一起燉煮。

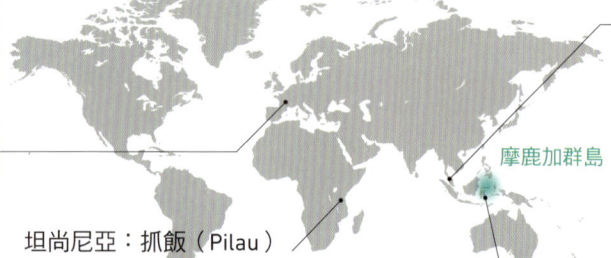

坦尚尼亞：抓飯（Pilau）
使用當地農園種植的香料，丁香也是其中之一。常用於米飯的調味。

摩鹿加群島

印尼：丁香菸（Kretek）
用在香菸的香料中。比起料理，丁香更常用於甜點。

馬來西亞：牛肉仁當（Beef Rendang）
馬來西亞為丁香產地。丁香常用於燉牛肉料理。而在仁當中，會和肉桂等其他香料一起使用。

134

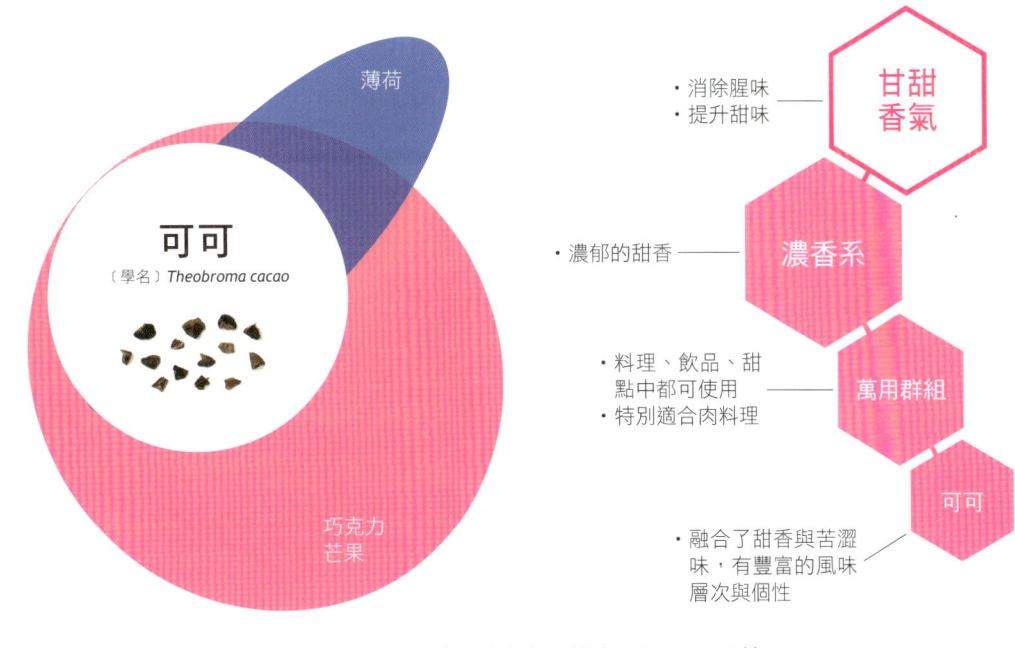

可可
〔學名〕*Theobroma cacao*

薄荷
巧克力
芒果

- 消除腥味
- 提升甜味 ── **甘甜香氣**

- 濃郁的甜香 ── **濃香系**

- 料理、飲品、甜點中都可使用
- 特別適合肉料理 ── **萬用群組**

可可
- 融合了甜香與苦澀味，有豐富的風味層次與個性

乾燥整塊
當作香料使用時會弄碎成塊狀，較方便運用。

乾燥粉末
由於油脂多，所以不易磨成粉末狀，建議使用電動研磨機研磨。適合用於醃製調味。

可可粉
可可脫脂後磨成的粉末，雖有類似巧克力的香氣，但缺乏油脂帶來的堅果風味。

最佳組合食材、料理、使用時機

南瓜　牛蒡　咖啡　牛肉　茼蒿

預先調味
- 牛排
  （搗碎後和黑胡椒一起醃肉）

烹調過程
- 燉牛肉
  （少量加入，一起燉煮）
- 炒茼蒿
  （烹調到熄火前才加入）

\絕配/
最後盛盤
- 覆盆子冰淇淋
  （撒在表面）
- 南瓜炸物
  （撒在表面）

特定地區的使用方法

歐洲等國：巧克力
巧克力在世界各地都深受喜愛。

南美

墨西哥：莫利醬（Mole Sauce）
使用無糖巧克力製成的醬料，淋在烤肉上食用。

墨西哥：墨西哥熱可可（Champurrado）
墨西哥的國民飲品，用玉米粉和可可片製成，也會添加肉桂。

135

糖煮肉桂梨子

日本梨細緻的香氣與口感，搭配比肉桂多了股清新香氣的錫蘭肉桂與生薑。再用洋茴香提升甜味。

材料〔2～3人份〕

日本梨…1顆
白酒…1大匙
A ┌ 乾薑…1/2小匙
　├ 錫蘭肉桂棒…1根
　├ 洋茴香…1/2小匙
　└ 砂糖…8大匙

作法

❶梨子削皮去芯、切成一口大小。錫蘭肉桂棒折半使用。
❷鍋中放入梨子、200ml水和白酒，開中火煮滾。撈去浮沫，加入A，煮20分鐘至梨子煮透後，盛入碗中冷卻。
❸冷卻後，避開香料，將梨子盛入另一個碗中，並倒入過濾掉香料的糖漿。

> 燉梨子時，煮至入味但保留一些口感會更好吃。如果覺得挑除香料很麻煩，可以先放入茶包袋中，但直接與梨子一起煮較容易釋放香氣。也可以加入氣泡水當飲品享用。

肉桂風味
肉末馬鈴薯沙拉

肉桂不僅提升豬肉油脂與馬鈴薯的甜味，加入日式料理中更是別有新意。

材料〔2～3人份〕

●大蒜…1/2瓣
●青蔥…2根
油…1大匙
豬絞肉…100g
A ┌ 肉桂粉…1/4小匙
　├ 砂糖…1小匙
　├ 味醂…1大匙
　└ 濃口醬油…1.5大匙
馬鈴薯…3顆

作法

❶大蒜順著纖維方向切薄片。青蔥切蔥花。
❷將油、大蒜加入平底鍋中，開大火。待油起泡後加入豬肉，邊炒邊攪散，豬肉熟後再加入A，拌炒均勻後盛入碗中。
❸馬鈴薯帶皮蒸熟後去皮，放入❷的碗中。將馬鈴薯大致壓碎並拌勻，即可盛盤，撒上蔥花。

> 豬肉必須充分炒熟。因肉桂粉不易溶入液體中，可在醬油、味醂中一點一點加入肉桂粉並攪拌，較不易結塊。

肉豆蔻馬鈴薯濃湯

肉豆蔻的甜香能襯托馬鈴薯與鮮奶油的甜味。利用香料的風味,提升料理層次感。

材料〔3～4人份〕
雞胸肉…1片(300g)
● 月桂葉…1片
● 洋蔥…1/4顆
馬鈴薯…3顆
鹽…1/3小匙
砂糖…1小匙
鮮奶油…100ml
● 肉豆蔻…少許

作法
❶ 鍋中放入雞胸肉和500ml水,開中火加熱。煮滾後撈去浮沫,再加入月桂葉、洋蔥,轉小火,蓋上鍋蓋煮30分鐘,用濾網過濾。
❷ 馬鈴薯帶皮切對半,蒸熟後去皮。
❸ 將①的高湯取150ml和蒸熟的馬鈴薯放入食物調理機中,打勻。接著將剩餘的高湯分次少量加入攪拌,直到加入的高湯總量為300ml。最後再加入鹽、砂糖、鮮奶油拌勻,盛入碗中,撒上現磨的肉豆蔻。

> 肉豆蔻的量,大約是用研磨機稍微磨個二、三下的程度。由於湯的濃稠度會隨著不同馬鈴薯的澱粉黏度而有差異,可依個人喜好調整雞高湯使用量。

八角糖醋番茄豬肉

在番茄與豬肉這樣的西餐組合中,加入了八角,頓時將料理轉變成中華風味。

材料〔2～3人份〕
梅花肉…300g
中型番茄…5顆
● 八角粉…1撮
鹽…1/3小匙
太白粉…3大匙
┌ ● 八角粉…1撮
│ ● 黑胡椒粗粒…1撮
│ 砂糖…2小匙
A 太白粉…1/2小匙
│ 濃口醬油…2大匙
│ 醋…1大匙
└ 味醂…2大匙
油炸用油…適量

作法
❶ 豬肉、番茄都切一口大小。
❷ 先用1撮八角粉和鹽抓醃豬肉,接著再加入3大匙太白粉、1大匙水抓勻。
❸ 鍋中倒入油,將油溫加熱至160℃後放入②油炸,炸熟後取出。將油溫提高到180℃,放入剛剛的豬肉塊再炸一次,使表面酥脆。
❹ 平底鍋中倒入拌勻的A,煮滾後放入番茄,番茄熟了之後加入炸豬肉塊,讓豬肉均勻裹上醬汁即可盛盤享用。

> 八角的香氣強烈,屬於讓人好惡分明的香料,請留意勿使用過量。刻意不使用其他中式香料,以突顯八角的甜香與番茄的甜味。建議在醃肉和勾芡時都放入八角,能讓豬肉和芡汁的風味更融合。

多香果牛筋清湯

多香果搭配墨西哥辣椒帶出中南美風情，同時深化湯頭的風味。
建議選擇不會改變湯色、風味清爽的墨西哥辣椒。

材料〔4～5人份〕

牛筋…500g
秋葵…10根
鹽…1又1/3小匙
酒…4大匙
●多香果…10粒
●墨西哥辣椒粉…1/4小匙
砂糖…1小匙

燉煮時，水量多少會蒸發一些，可自行斟酌用鹽量。不同品牌的墨西哥辣椒粉的辣度不一，請分次少量加入、一邊試試味道。酒的方面，我使用的是日本酒，不過加黑糖燒酎或白蘭姆酒，會讓這道料理更具異國風情。

作法

① 牛筋切一口大小。秋葵去蒂頭。
② 鍋中倒入1000ml水、牛筋，開中火加熱。煮滾後撈掉浮沫，加入鹽、酒、多香果，蓋上鍋蓋轉小火，煮約1.5小時至肉變軟嫩。
③ 加入墨西哥辣椒、砂糖調味，再加入秋葵，煮至秋葵呈現深綠色。

香煎丁香雞肝

丁香的甜香襯托出雞肝的甜味，同時也有消除腥味的效果。黑胡椒則能平衡雞肝本身的強烈風味，並讓料理整體香氣更加突出。

材料〔2～3人份〕

雞肝…200g
A ┌ 丁香粉…1撮
　├ 鹽…1/4小匙
　└ 紅酒…1小匙
橄欖油…1大匙
B ┌ 鹽…1/4小匙
　├ 砂糖…1小匙
　└ 巴薩米克醋…1大匙
黑胡椒粗粒…約1/4小匙

作法

❶ 把雞肝切成容易食用的大小，浸泡在牛奶（材料表以外）中約30分鐘。擦乾後加入A醃一下。

❷ 平底鍋中倒入橄欖油，開大火，鍋熱後放入雞肝，邊翻面邊煎，大約煎到9分熟時加入B。讓醬料均勻裹在雞肝上後盛盤，撒上現磨黑胡椒。

先使用牛奶浸泡雞肝，以去除雞肝中的血水（腥味來源），之後再使用香料醃製較佳。煎雞肝時要注意熟度，煎到剛剛好熟才有濕潤口感。

炸牛排佐可可胡椒醬

牛肉與可可、黑胡椒的濃郁風味相當契合。新鮮巴西里為料理帶來一抹清爽感。

材料〔2～3人份〕

牛腿肉…300g
鹽…1/4小匙
低筋麵粉、蛋、麵包粉…適量
油炸用油…適量
可可碎粒…1小匙
黑胡椒…1/2小匙
巴西里…2、3枝
A ┌ 蜂蜜…2小匙
　├ 淡口醬油…1小匙
　└ 巴薩米克醋…2小匙

作法

❶ 牛肉切1cm厚，撒上鹽調味，裹上低筋麵粉。剩下的低筋麵粉加入蛋、水拌勻，做成濃稠的麵糊。先將牛肉裹上麵糊，再撒上麵包粉。

❷ 以180℃的油，將牛肉炸至呈現金黃色，取出瀝油、降溫。

❸ 使用研磨缽或研磨機粗磨可可碎粒和黑胡椒，再和A混合、拌勻。巴西里切成碎末狀。

❹ 將降溫後的牛肉切塊、盛盤，淋上❸的醬汁，最後撒上巴西里。

可依個人喜好調整牛肉的熟度。可可碎粒和黑胡椒先和調味料混合，會讓醬汁風味更出色。

香料圖表──甘甜香氣／濃香系／甜點群組

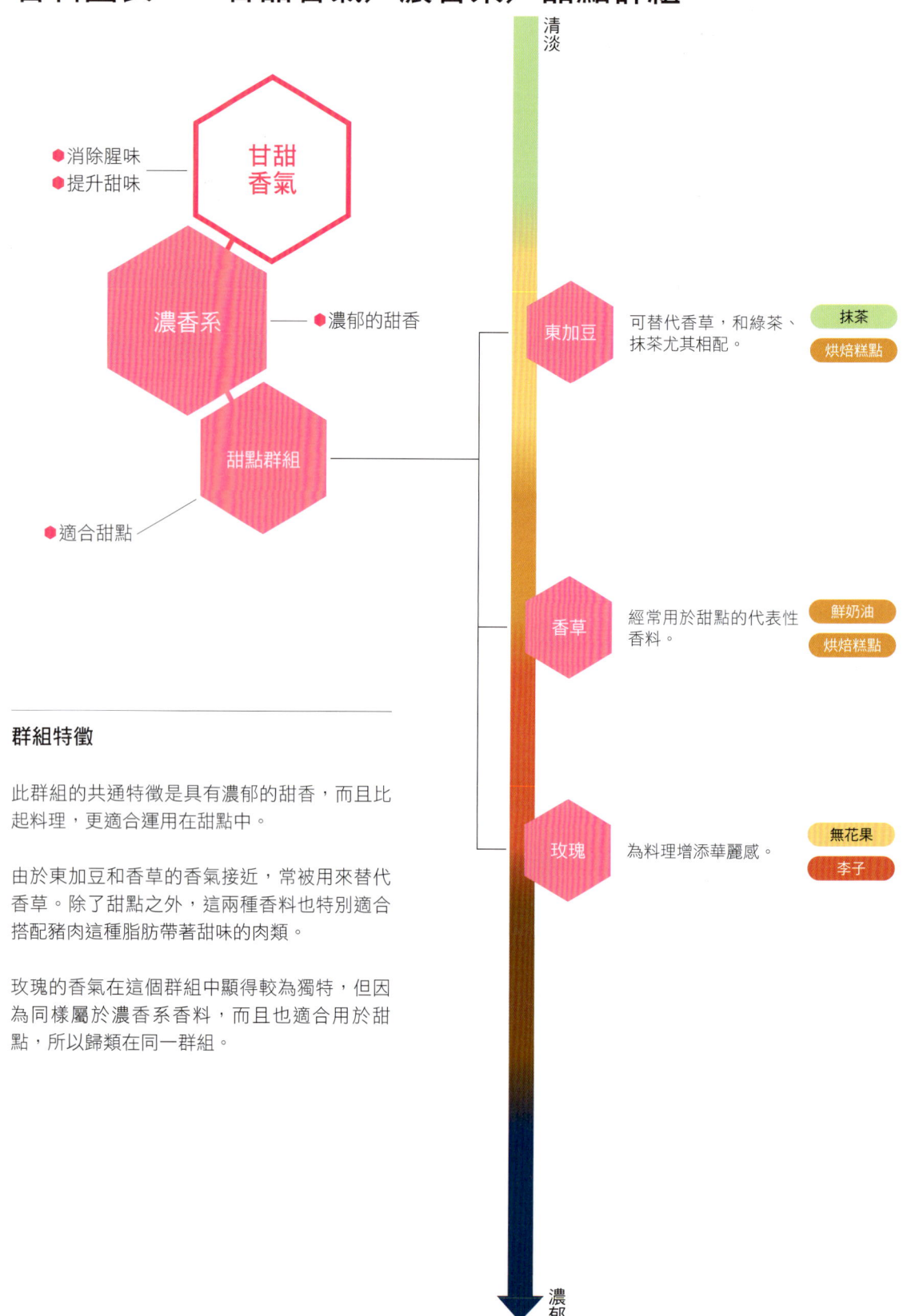

- 消除腥味
- 提升甜味

甘甜香氣

濃香系 —— 濃郁的甜香

甜點群組

- 適合甜點

清淡 → 濃郁

東加豆：可替代香草，和綠茶、抹茶尤其相配。
- 抹茶
- 烘焙糕點

香草：經常用於甜點的代表性香料。
- 鮮奶油
- 烘焙糕點

玫瑰：為料理增添華麗感。
- 無花果
- 李子

群組特徵

此群組的共通特徵是具有濃郁的甜香，而且比起料理，更適合運用在甜點中。

由於東加豆和香草的香氣接近，常被用來替代香草。除了甜點之外，這兩種香料也特別適合搭配豬肉這種脂肪帶著甜味的肉類。

玫瑰的香氣在這個群組中顯得較為獨特，但因為同樣屬於濃香系香料，而且也適合用於甜點，所以歸類在同一群組。

東加豆（零陵香豆）

〔學名〕*Dipteryx odorata*

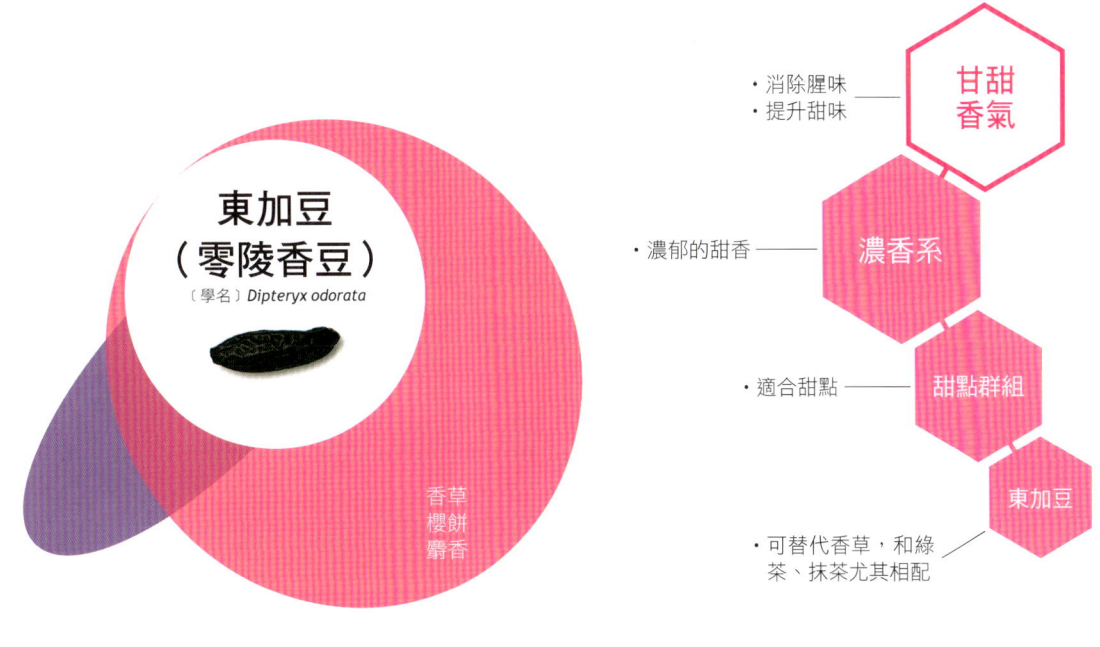

- 消除腥味
- 提升甜味 ── **甘甜香氣**
- 濃郁的甜香 ── **濃香系**
- 適合甜點 ── **甜點群組**
- **東加豆**
- 可替代香草，和綠茶、抹茶尤其相配

香草／櫻餅／麝香

乾燥整顆：可以直接用於醃漬、燉煮，但需較長時間才能完整釋放香氣。

乾燥粉末：香氣容易散失，使用前再用刨刀刨入即可。

最佳組合食材、料理、使用時機

水蜜桃　牛奶　抹茶　白豆沙　烘焙糕點

\絕配/
預先調味
- 漬荔枝（一起醃漬）
- 抹茶磅蛋糕（拌入麵糊中）

\絕配/
烹調過程
- 牛奶凍（一起熬煮）
- 葡萄卡士達醬（烹調到熄火前再加入）

\絕配/
最後盛盤
- 抹茶慕斯（撒在表面）
- 白豆餡人形燒（揉入白豆沙中）

特定地區的使用方法

歷史上，東加豆在中南美洲曾作為香菸的香料或藥物使用，在歐洲則先被用於製造香水，直到近年才被用於甜點、料理中。

南美

甘甜香氣／濃香系／甜點群組／香草

香草
〔學名〕*Vanilla planifolia*

- 番紅花
- 東加豆 巧克力

- 消除腥味
- 提升甜味 ── 甘甜香氣
- 濃郁的甜香 ── 濃香系
- 適合甜點 ── 甜點群組
- 用於甜點的代表性香料 ── 香草

乾燥整根
可連同豆莢一起煮，或是從豆莢中刮出香草籽使用。

香草精、香草油
因香草是昂貴的香料，有些會以另行提煉或加入合成香料的香草製品取代。

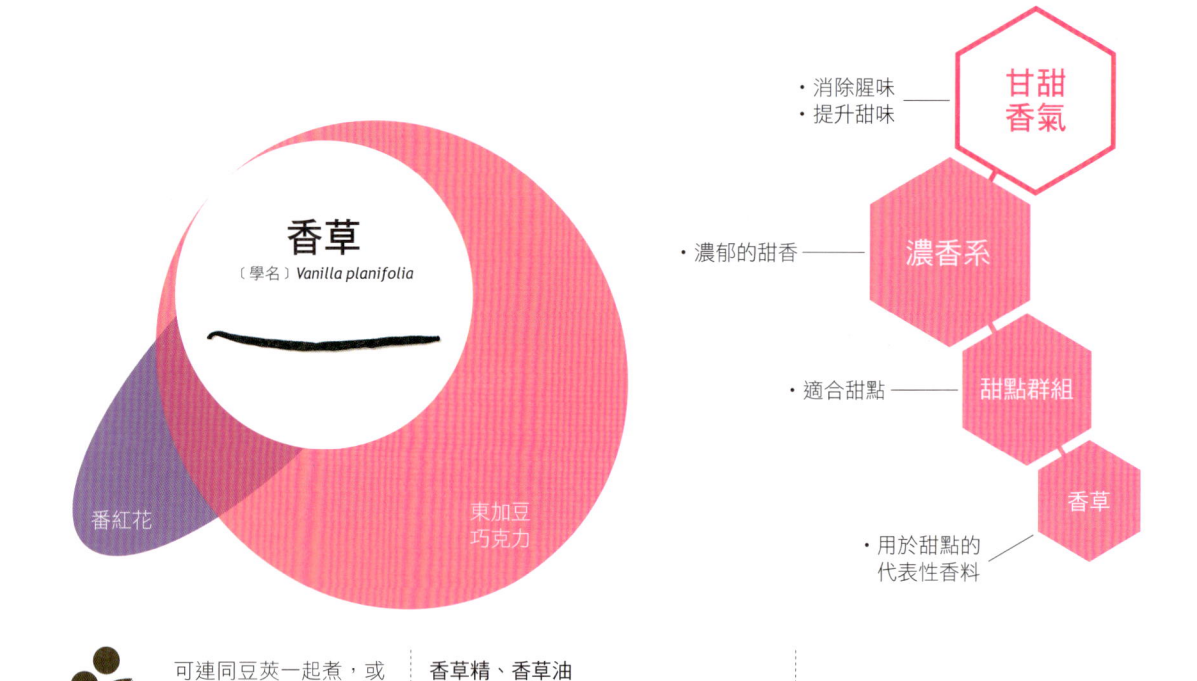

最佳組合食材、料理、使用時機

水蜜桃　栗子　豬肉　奶油　鮮奶油　卡士達醬　烘焙糕點　山豬肉　甜菜根

\絕配/
預先調味
- 香草餅乾（將香草籽揉入麵團中）
- 法式吐司（香草籽加入蛋奶液中）

\絕配/
烹調過程
- 卡士達鮮奶油（整個豆莢一起加熱）
- 干貝奶油醬（烹調到熄火前再加入豆莢）

\絕配/
最後盛盤
- 地瓜蒙布朗（香草籽加入地瓜餡中）
- 生巧克力（香草籽加入鮮奶油中）

特定地區的使用方法

美國
香草是廣受大眾喜愛，也經常被使用的香料。

中美洲

法國：香草糖漬洋梨
香草被廣泛用於法式甜點。

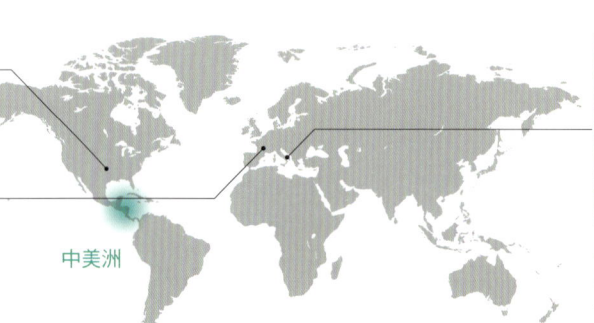

義大利：義式冰淇淋（Gelato）
香草是最具親和力的口味之一，也被用於布丁等各種甜點中。

142

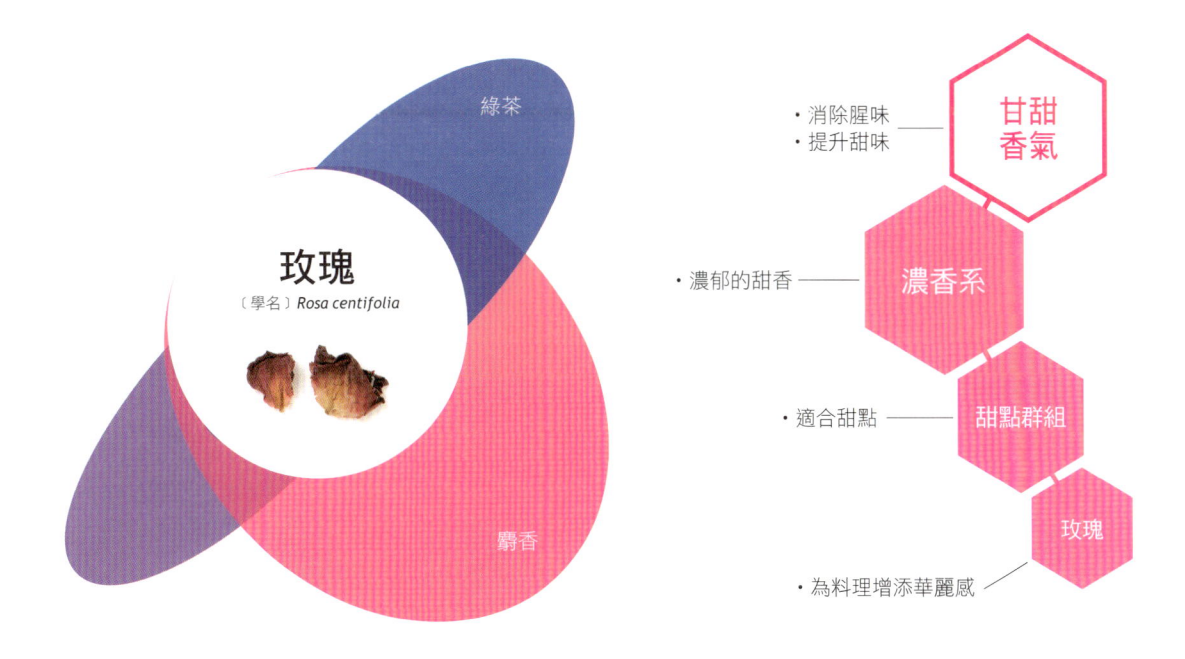

玫瑰
〔學名〕*Rosa centifolia*

- 綠茶
- 麝香

- 消除腥味
- 提升甜味
  → **甘甜香氣**
- 濃郁的甜香 → 濃香系
- 適合甜點 → 甜點群組
  → 玫瑰
- 為料理增添華麗感

甘甜香氣／濃香系／甜點群組／玫瑰

乾燥整片
使用整片花瓣。可直接用於熬煮或沖泡時。

乾燥粉末
上桌或食用前再研磨，在香氣和視覺上都能增加奢華感。

玫瑰水
含有豐富的水溶性香氣成分，比玫瑰花瓣的香氣更清爽。

最佳組合食材、料理、使用時機

水蜜桃　蘋果　無花果　雞肉　米　牛奶　李子　櫻桃

＼絕配／
預先調味
- 玫瑰蛋糕（拌入麵糊中）
- 烤雞肉串（混合其他香料一起醃雞肉）

＼絕配／
烹調過程
- 玫瑰醬（熬煮）
- 中東香料飯（混合其他香料一起煮）

＼絕配／
最後盛盤
- 牛奶凍（撒在表面）
- 糖煮水蜜桃（淋上玫瑰水）

特定地區的使用方法

保加利亞：玫瑰醬
為玫瑰產地，特產是玫瑰醬。

摩洛哥
常用在甜點中。在阿拉伯地區常見類似用法。

亞洲（確切原產地不明）

中東：庫納法（Kunafa）
由堅果、卡達耶夫酥皮絲等製成的甜點，最後淋上加入玫瑰水的糖漿食用。玫瑰水也會用於黎巴嫩米布丁（Lebanese Rice Pudding）的調味，有時也作為裝飾用。

143

抹茶東加豆慕斯

東加豆和抹茶十分契合，兩者結合散發出有如櫻花葉的香氣。

❦ 材料〔容易做的份量〕
蛋白⋯2顆的量
砂糖⋯100g＋3大匙
抹茶粉⋯1大匙
● 東加豆⋯1/2顆
鮮奶油⋯200ml

❦ 作法
❶ 將蛋白打成約八分發。
❷ 鍋中加入100g砂糖、3大匙水，開中火加熱，煮至沸騰且冒大泡泡時，把糖漿慢慢地倒入①中，持續打發直到出現挺立的尖角狀，完成義式蛋白霜。
❸ 在小碗中加入抹茶粉、3大匙熱水，用茶筅或是小型打蛋器攪拌溶解，並於過程中刨入東加豆。
❹ 在鮮奶油中加入3大匙砂糖，攪拌成糊狀，再倒入③拌勻。接著，先加入一半的義式蛋白霜拌勻後，再加入剩餘的蛋白霜，拌勻後盛盤。刨一點東加豆上去、撒上抹茶粉（兩項皆為材料表以外）。

> 刨東加豆時，輕輕地削，儘量削得細而薄，吃起來就不容易有顆粒感。東加豆香氣細緻，完成後請儘快食用。

香草風味豬肉甜菜根湯

香草的甜香，在提升豬肉和甜菜根甜味的同時，也會弱化甜菜根的土味。丁香豐富了整體甜味的層次，值得再三品嚐。

❦ 材料〔3～4人份〕
豬梅花肉⋯300g
● 洋蔥⋯2顆
甜菜根⋯2顆
橄欖油⋯2大匙
鹽⋯1/2小匙＋2/3小匙
白酒⋯100ml
● 香草莢⋯1枝
● 丁香⋯3粒

❦ 作法
❶ 豬肉切1.5cm塊狀，將洋蔥和去皮的甜菜根也切成同樣大小。把香草莢縱向剖開。
❷ 鍋中倒入橄欖油，開中火加熱。加入豬肉、洋蔥、1/2小匙鹽拌炒，炒到豬肉表面變白時，加入甜菜根、700ml水、白酒，煮滾後撈去浮沫。
❸ 加入2/3小匙鹽、香草莢、丁香，蓋上鍋蓋轉小火，煮40分鐘左右，煮至甜菜根變軟。

> 切開香草莢再下鍋煮，香草籽的香氣會更容易融入湯中。這道料理若使用伊比利豬、栗飼豬等甜味較明顯的豬肉，會更對味。

玫瑰白豆沙蒙布朗

小豆蔻的清新香氣能襯托玫瑰的馥郁。再加入柑曼怡橙酒,其中的柳橙香又讓這道甜點風味更令人驚艷。

材料〔3〜4人份〕

A
- 白豆沙…150g
- ●小豆蔻粉末…1/8小匙
- ●柑曼怡橙酒…1小匙
- ●玫瑰粉末…1.5小匙

鮮奶油…100ml
砂糖…3大匙
●柑曼怡橙酒…1/2小匙
●玫瑰粉末…1/4小匙

作法

❶將A加入碗中拌勻。
❷鮮奶油、砂糖加入另一個碗中攪打至發泡。打發過程中加入柑曼怡橙酒,打到呈綿密狀。
❸將①盛盤,再放上②,最後撒上玫瑰粉末。

甜點上桌前,再用電動研磨機將整顆乾燥玫瑰磨成粉末,香氣會更佳。如果沒有電動研磨器,用研磨缽也行。若手邊沒有柑曼怡橙酒,也可用君度橙酒替代。

香料圖表──甘甜香氣／清香系／種子群組

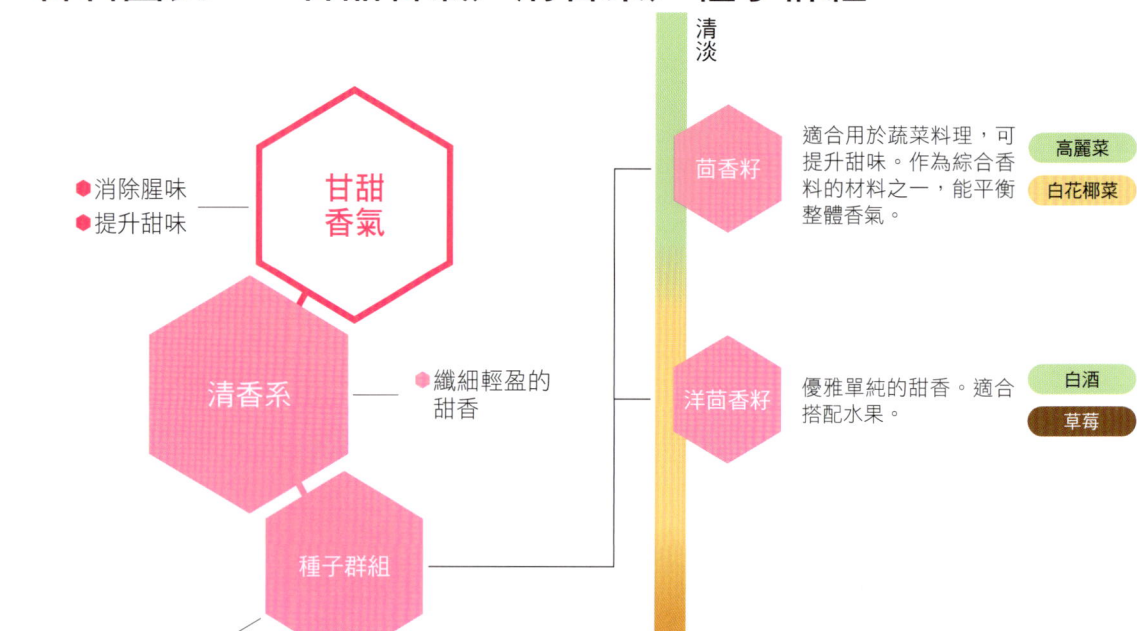

- 消除腥味
- 提升甜味

甘甜香氣

清香系 ── 纖細輕盈的甜香

種子群組

- 適合風味細緻的食材

清淡

茴香籽：適合用於蔬菜料理，可提升甜味。作為綜合香料的材料之一，能平衡整體香氣。
- 高麗菜
- 白花椰菜

洋茴香籽：優雅單純的甜香。適合搭配水果。
- 白酒
- 草莓

濃郁

群組特徵

此群組的香料都含有一種名為「茴香腦」的香氣成分，聞起來纖細輕甜，能提升甲殼類海鮮的甜味，因此經常被用於料理中。

雖然茴香籽和洋茴香籽的香氣很接近，但茴香籽有著近似孜然的氣味；洋茴香籽則是較單純、優雅的甜香。因此，茴香籽適合用在料理中，洋茴香籽則更適合用於甜點。

茴香籽
〔學名〕*Foeniculum vulgare*

- 茴香
- 孜然
- 洋茴香

甘甜香氣
- 消除腥味
- 提升甜味

清香系
- 纖細輕盈的甜香

種子群組
- 適合風味細緻的食材

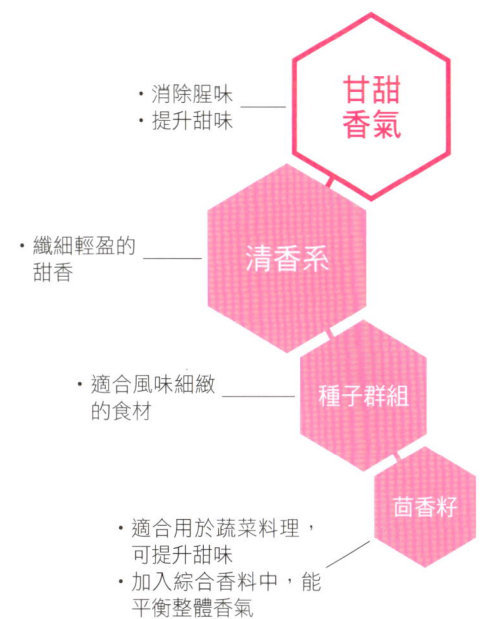

茴香籽
- 適合用於蔬菜料理，可提升甜味
- 加入綜合香料中，能平衡整體香氣

乾燥種子：帶有甜香，但因為體積較大且硬，建議浸泡在液體中或爆香後使用。

乾燥粉末：具有類似孜然的氣味，香氣溫和，料理應用度高，也常用來調製綜合香料。

最佳組合食材、料理、使用時機

櫛瓜　高麗菜　梭子魚　白花椰菜　胡蘿蔔　豆類　南瓜　鮭魚

絕配／預先調味
- 醃漬白花椰（加入醃漬液中）
- 炙烤鮭魚（醃魚時撒上）

絕配／烹調過程
- 燉煮南瓜（爆香後一起燉煮）
- 爆米花（和玉米一起加熱）

絕配／最後盛盤
- 沙拉醬汁（先和醬汁拌勻後再拌蔬菜）
- 豌豆湯（撒在表面）

特定地區的使用方法

歐洲：苦艾酒
19世紀末流行的藥草酒主要成分之一。

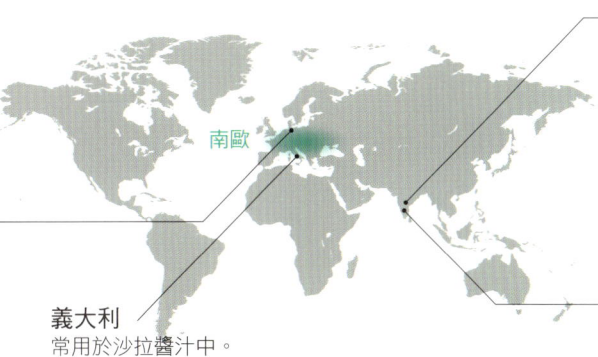

義大利
常用於沙拉醬汁中。

印度：孟加拉五香（Panch Phoron）
經常作為爆香香料使用。

印度：香料糖（Mukhwas）
有助消化的飯後零食。將茴香籽等香料裹上糖衣製成。

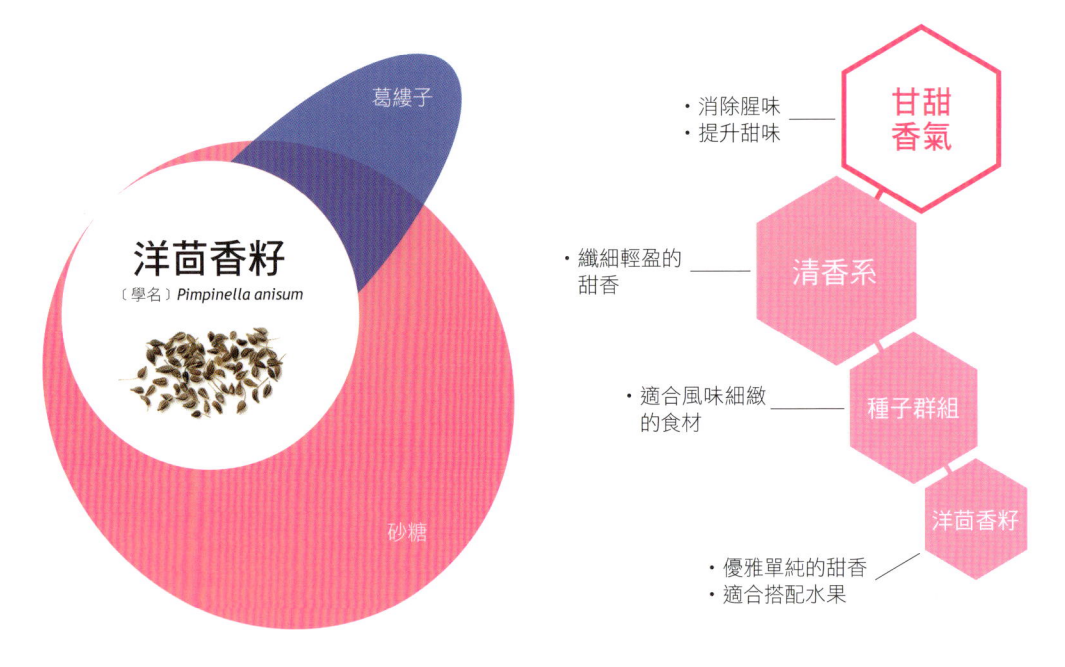

甘甜香氣／清香系／種子群組／洋茴香籽

洋茴香籽
〔學名〕Pimpinella anisum

葛縷子
砂糖

- 消除腥味
- 提升甜味 —— 甘甜香氣
- 纖細輕盈的甜香 —— 清香系
- 適合風味細緻的食材 —— 種子群組
- 優雅單純的甜香
- 適合搭配水果 —— 洋茴香籽

乾燥種子
質地較硬，適合用於燉煮、醃漬。

乾燥粉末
香氣容易散失。自己研磨的顆粒較粗，建議少量購買現成粉末使用。

洋茴香酒、亞力酒等
以洋茴香增添香氣的酒，也經常用於料理當中。

最佳組合食材、料理、使用時機

白酒　無花果　水蜜桃　螃蟹　蝦子　草莓

＼絕配／
預先調味
- 糖漬水果（和水果一起浸漬）
- 洋茴香餅乾（揉入麵團中）

＼絕配／
烹調過程
- 法式海鮮拼盤（加入蒸煮海鮮的湯汁中）
- 草莓果醬（一起熬煮）

最後盛盤
- 洋茴香酒冰淇淋（淋上洋茴香酒）
- 無花果塔（表面塗上洋茴香酒糖漿）

特定地區的使用方法

荷蘭：洋茴香麵包片（Beschuit met muisjes）
當地慶祝生產時吃的傳統糕點，為撒有洋茴香糖的薄脆麵包片。

法國：洋茴香糖（Anis Bonbons）
洋茴香風味的糖果。常見於伴手禮商店中。

地中海東部～中東

法國：各式糖果與糕點
洋茴香酒常被用於各種糕點和水果甜點中，讓人立時感受到「法式香氣」。

黎巴嫩：亞力酒（Arak）
洋茴香酒之一。特點是加水後會呈現乳白色。土耳其的拉克酒（Raki）等也是類似飲品。

148

茴香籽漬葡萄柚蝦仁

茴香籽的甜香讓蝦仁的甜味更突出，同時襯托葡萄柚的果香，展現義式料理風情。

材料〔3～4人份〕
白蝦…300g
葡萄柚…1顆
A ┌ 茴香籽…1撮
　│ 鹽…1/2小匙
　│ 砂糖…1小匙
　└ 醋…1小匙
橄欖油…1大匙

作法
❶ 蝦子剝殼、去腸泥。葡萄柚剝去外皮後，剝成片狀，並去除白膜，只留下果肉。
❷ 將A加入碗中拌勻，做成醃漬液。
❸ 煮一鍋滾水燙蝦仁，蝦仁燙熟後撈起，瀝掉水分，趁熱放入❷的碗中。接著加入葡萄柚拌勻，醃10分鐘左右。
❹ 盛盤，淋上橄欖油。

先將茴香籽和調味料混合，當水分滲透進去，茴香籽就會變軟、好入口。蝦仁趁熱加入醃漬液中，比較容易入味。這道小點常溫、冰過都好吃。

草莓洋茴香可麗餅

洋茴香的優雅香氣為素樸的草莓風味增添層次感。

材料〔4～5人份〕
蛋…1顆
砂糖…2大匙
牛奶…250ml
低筋麵粉…50g
高筋麵粉…50g
融化的奶油…20g
油…適量
草莓…約15顆
A ┌ 檸檬片…2片
　│ 洋茴香籽…1/4小匙
　│ 砂糖…5小匙
　└ 蘭姆酒…1大匙

作法
❶ 蛋和2大匙砂糖加入碗中拌勻，接著一邊慢慢倒入牛奶、一邊拌勻。接下來將低筋麵粉和高筋麵粉混合過篩後加入，再次攪拌均勻後，加入融化的奶油拌勻，靜置30分鐘。
❷ 平底鍋中塗上一層薄薄的油，開大火加熱。待油溫上來後轉小火，先把平底鍋拿起放在濕布上降溫，再取一勺❶的麵糊倒入平底鍋中煎，表面凝固之後對折，取出放入盤中。重複此動作，多做幾張可麗餅皮。
❸ 草莓去蒂頭，每顆縱切十字成4等分。平底鍋中放入A、50ml水、草莓，開中火。沸騰後放入可麗餅皮，再稍微燉煮一下即可。

洋茴香籽較硬，很適合浸泡在糖漿中或是燉煮使用，咀嚼時別有一番風味。

香料圖表──甘甜香氣／清香系／葉・花・莖群組

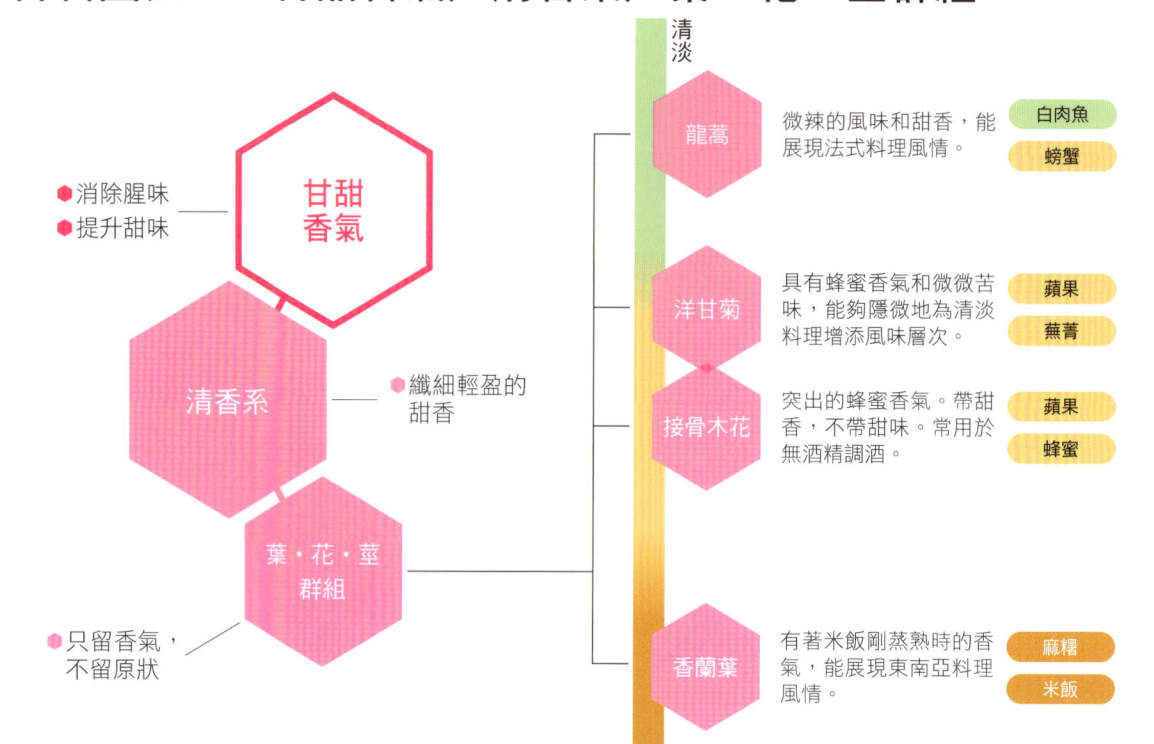

- 消除腥味
- 提升甜味

甘甜香氣

清香系
- 纖細輕盈的甜香

葉・花・莖群組
- 只留香氣，不留原狀

清淡 ←→ 濃郁

龍蒿：微辣的風味和甜香，能展現法式料理風情。 — 白肉魚／螃蟹

洋甘菊：具有蜂蜜香氣和微微苦味，能夠隱微地為清淡料理增添風味層次。 — 蘋果／蕪菁

接骨木花：突出的蜂蜜香氣。帶甜香，不帶甜味。常用於無酒精調酒。 — 蘋果／蜂蜜

香蘭葉：有著米飯剛蒸熟時的香氣，能展現東南亞料理風情。 — 麻糬／米飯

群組特徵

同樣具有細緻的甜香，但這個群組的香料和「清香系／種子群組」的使用方式不同。

此群組的香料氣味溫和，又各有其香氣特徵，請根據它們適合的用途使用。

龍蒿的甜香中還帶有近似胡椒與香草的香氣，是常用於料理的香料。另外，香蘭葉則有著米飯蒸熟時的香氣，多用於甜點中。

市面上的洋甘菊、接骨木花多是乾燥香料，雖然多用於泡茶，但其蜂蜜般的香氣，也很適合在甜點、料理中發揮。

龍蒿
〔學名〕*Artemisia dracunculus*

- 黑胡椒
- 馬鬱蘭
- 洋茴香

甘甜香氣
- 消除腥味
- 提升甜味

清香系
- 纖細輕盈的甜香

葉・花・莖群組
- 只留香氣，不留原狀

龍蒿
- 微辣的風味和甜香
- 展現法式料理風情

新鮮整片
分為法國龍蒿和俄羅斯龍蒿，前者的香氣較為溫和。

新鮮切碎
容易腐壞，建議使用前才切碎。

乾燥葉片
可替代不易取得的新鮮葉片，但香氣較淡，多作為綜合香料的材料。

最佳組合食材、料理、使用時機

蛋　白肉魚　白酒醋　螃蟹　雞肉　美乃滋　鳳梨

預先調味〖絕配〗
- 龍蒿醋（浸泡於醋中）
- 鱈魚鹹派（拌入麵團中）
- 蟹肉餅（拌入餡料中）

烹調過程〖絕配〗
- 炙烤鱸魚（加入奶油醬中一起煮）
- 歐姆蛋（和細葉芹等香料拌勻後倒入蛋液中一起煎）

最後盛盤〖絕配〗
- 鯛魚塔塔醬（拌入醬料中）
- 香草蝦仁佐美乃滋（拌入美乃滋中）

特定地區的使用方法

法國：伯那西醬（Bearnaise Sauce）
加入龍蒿製作的醬汁。龍蒿也會用於美式醬（Sauce Américaine）中。

法國：法式咖哩粉（Vadouvan）
法國的咖哩粉，一款以龍蒿為首的法式綜合香料。

西伯利亞～西亞

喬治亞：查卡普里（Chakapuli）
當地的春季經典菜色，主要以羔羊肉和龍蒿燉煮而成的湯品。

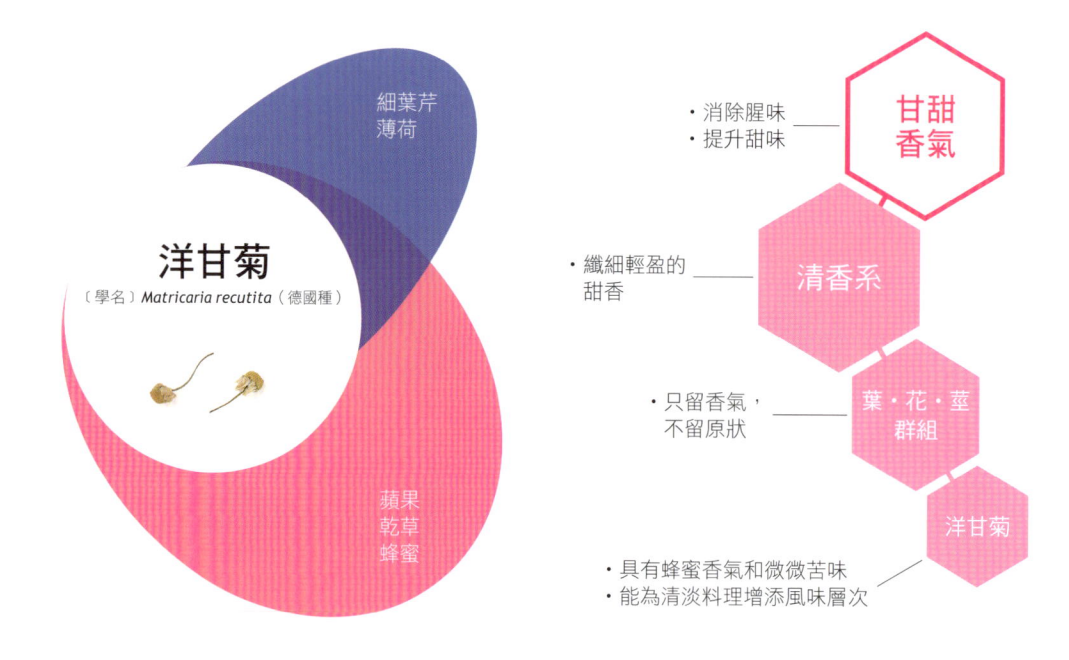

洋甘菊

〔學名〕*Matricaria recutita*（德國種）

- 細葉芹
- 薄荷
- 蘋果
- 乾草
- 蜂蜜

- 消除腥味
- 提升甜味 ── **甘甜香氣**
- 纖細輕盈的甜香 ── 清香系
- 只留香氣，不留原狀 ── 葉・花・莖群組
- 洋甘菊
- 具有蜂蜜香氣和微微苦味
- 能為清淡料理增添風味層次

乾燥整朵　分為德國洋甘菊和羅馬洋甘菊，前者的甜香較濃郁，適合料理使用。

最佳組合食材、料理、使用時機

鱸魚 / 蘋果 / 蕪菁 / 雞肉

\絕配/ 預先調味
- 洋甘菊醋（浸泡於醋中）
- 醋漬葡萄柚蕪菁（加入醃漬液中）

\絕配/ 烹調過程
- 水果茶（一起加熱）
- 蒸雞肉佐蘋果蜂蜜醬（一起熬煮成醬汁）

最後盛盤
可作為裝飾配料
質地乾硬，不適合直接食用

特定地區的使用方法

墨西哥
沖泡成為洋甘菊茶飲用。

歐洲：香草茶
加入了洋甘菊的茶飲，具有鎮靜作用。

＊洋甘菊多半都被用於茶飲中。

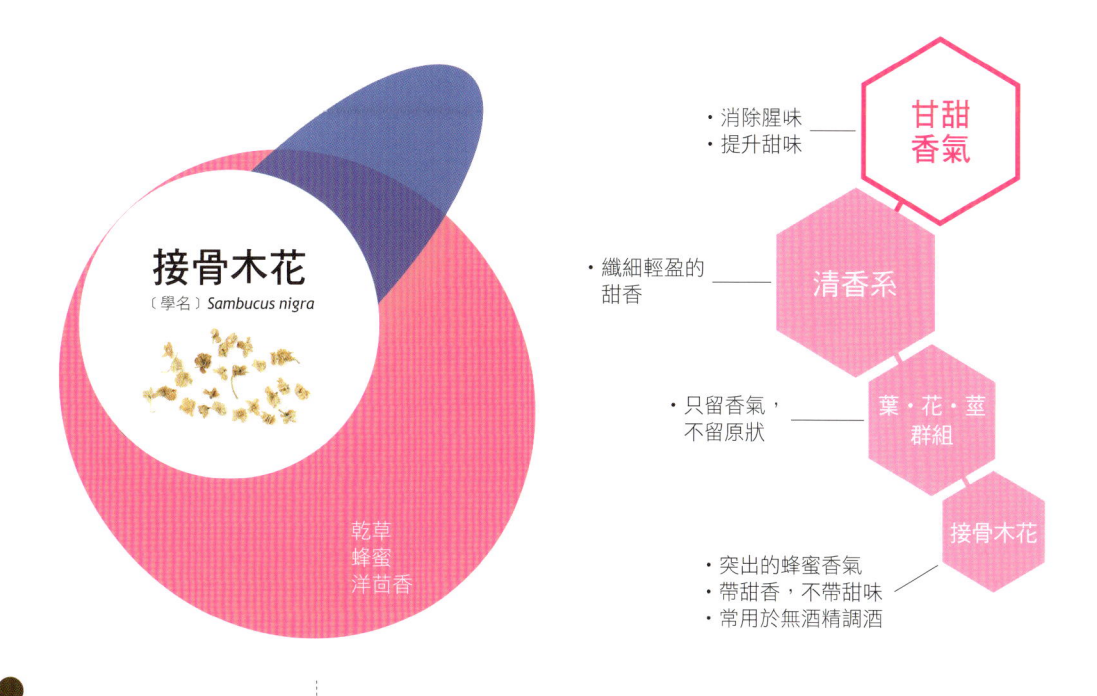

接骨木花
〔學名〕*Sambucus nigra*

乾草
蜂蜜
洋茴香

- 消除腥味
- 提升甜味 —— 甘甜香氣

- 纖細輕盈的甜香 —— 清香系

- 只留香氣，不留原狀 —— 葉・花・莖群組

- 突出的蜂蜜香氣
- 帶甜香，不帶甜味
- 常用於無酒精調酒 —— 接骨木花

乾燥整朵：加熱易產生苦味，因此要留意加熱時間。

最佳組合食材、料理、使用時機

蘋果　白蘿蔔　蜂蜜

\絕配/
預先調味
- 香料白酒風味飲（浸泡於糖漿中）

\絕配/
烹調過程
- 接骨木戚風蛋糕（熬煮製成糖漿）
- 接骨木蜂蜜冰沙（熬煮製成糖漿）

最後盛盤
- 冰淇淋（撒在表面）

特定地區的使用方法

羅馬尼亞：索卡塔（Socata）
以新鮮接骨木花製成的夏日飲品。

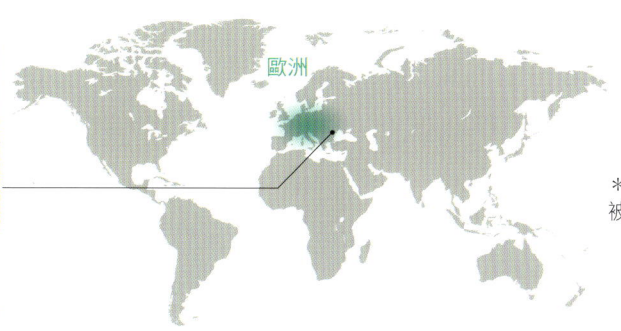

歐洲

＊接骨木花多半都被用於茶飲中。

甘甜香氣／清香系／葉・花・莖群組／接骨木花

153

甘甜香氣／清香系／葉・花・莖群組／香蘭葉

綠茶

香蘭葉
〔學名〕*Pandanus amaryllifolius*

麻糬
椰子

- 消除腥味
- 提升甜味

甘甜香氣

- 纖細輕盈的甜香

清香系

- 只留香氣，不留原狀

葉・花・莖群組

香蘭葉

- 有著米飯蒸熟時的香氣
- 展現東南亞料理風情

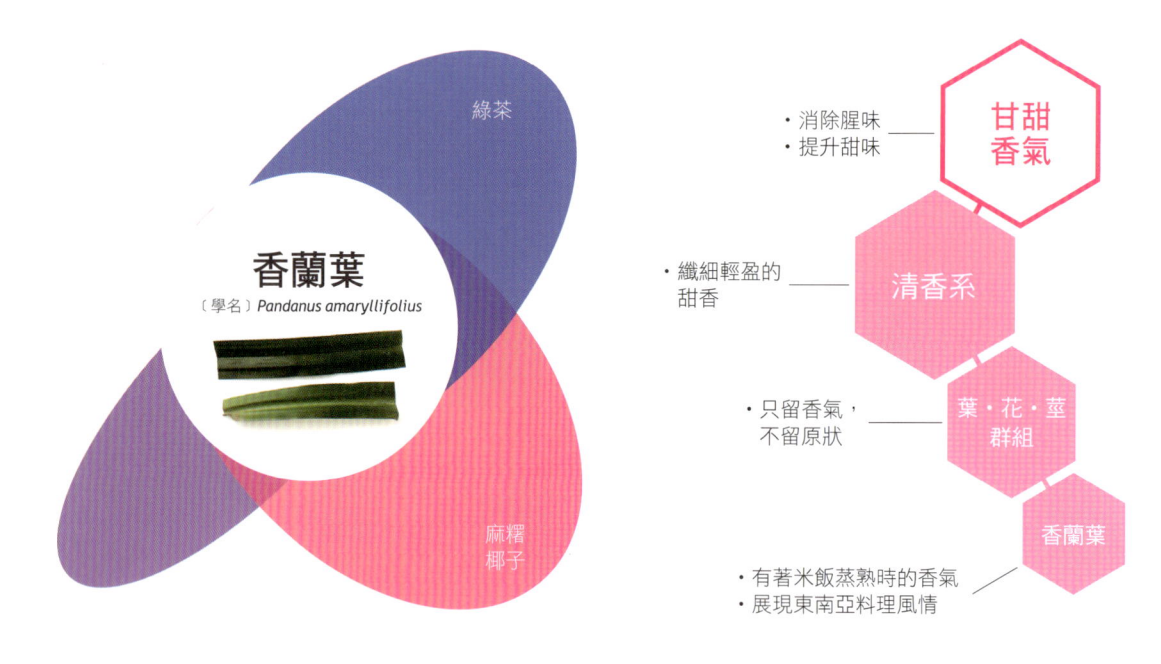

新鮮整片：直接加入甜點麵糊或麵團中，或者磨碎拌入醬汁使用。

乾燥葉片：香氣不如新鮮葉片。

香蘭葉香精：方便使用，但多半添加人工香料。

最佳組合食材、料理、使用時機

米飯　麻糬　蝦子　雞肉　香蕉

＼絕配／ 預先調味
- 香蘭葉白玉（將香蘭葉汁液加入麵團中）
- 香蘭海綿蛋糕（將香蘭葉汁液加入麵糊中）

＼絕配／ 烹調過程
- 香蘭飯（和米飯一起煮）
- 香蘭葉炸雞（以香蘭葉包裹後炸）

最後盛盤
不適合當配料使用，較適合作為食物盛裝容器

特定地區的使用方法

亞洲熱帶地區（確切原產地不明）

泰國：香蘭雞
用香蘭葉將雞肉包裹後油炸而成。

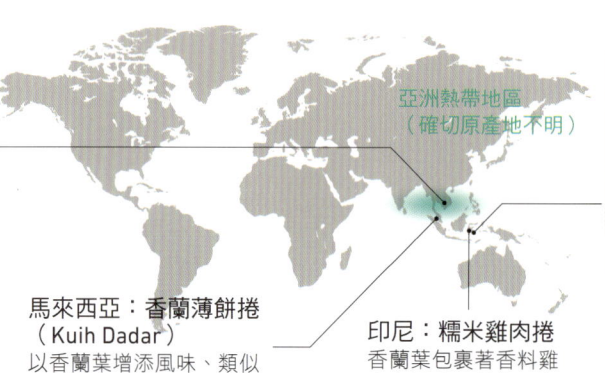

馬來西亞：香蘭薄餅捲（Kuih Dadar）
以香蘭葉增添風味、類似可麗餅狀的糕點。

印尼：糯米雞肉捲
香蘭葉包裹著香料雞肉與糯米，外觀近似壽司。

印尼：香蘭椰絲球（Klepon）
用香蘭葉增添風味的麻糬甜點。外觀為鮮綠色。

涼拌龍蒿白肉魚

龍蒿甜中帶點辛辣的風味，不但能提升涼拌菜的甜味，也具有調味的功能，讓料理的層次更多、更加美味。

材料〔3～4人份〕
三線雞魚（生魚片用）…120g
A ┌ 白味噌…1大匙
  │ 淡口醬油…1小匙
  └ 味醂…1大匙
新鮮龍蒿葉…20片

作法
❶三線雞魚斜切成薄片。
❷將A混合拌勻，再加入三線雞魚和龍蒿拌勻即完成。

三線雞魚也可替換成鯛魚或比目魚。為了突顯龍蒿在這道料理中的風味與功能，使用的量可不能太小氣。

洋甘菊蘋果茶

洋甘菊和洋茴香的甜香，提升了整壺茶的甜味與蘋果的風味。搭配一抹綠薄荷的溫和清新香氣，畫龍點睛。

材料〔3～4人份〕
蘋果…1/2顆
新鮮綠薄荷葉…10片
德國乾燥洋甘菊…2大匙
洋茴香…1/2小匙
紅茶茶葉…1/2小匙
蜂蜜…3大匙

作法
❶蘋果洗淨，連皮一起切成2～3mm厚的扇形塊狀。
❷將所有材料放入茶壺中，注入400ml熱水，蓋上蓋子燜10分鐘左右，再用濾茶器過濾到杯中飲用。

熱水能讓香料完全釋放香氣。也可以使用新鮮洋甘菊，但乾燥洋甘菊香氣會更明顯。若使用乾燥的綠薄荷，加入約1撮的量就足夠了。

接骨木花雞尾酒

接骨木花、洋茴香的甜香，讓飲品喝起來更香甜順口。再以薑和小豆蔻增添清爽感，讓整體不會過於甜膩。

材料〔2～3人份〕
- 小豆蔻…6、7粒
- 洋茴香…1小匙
- 乾薑粉…1小匙
- 砂糖…6大匙
- 白酒…300ml
- 接骨木花…1大匙

作法
❶ 小豆蔻切對半。
❷ 在小鍋中加入小豆蔻、洋茴香、乾薑粉、砂糖、白酒，開中火加熱。沸騰後轉小火續煮5分鐘。
❸ 碗中先放入接骨木花，再注入②，直接常溫放涼。
❹ 將氣泡水（材料表以外）和③以1：1的比例倒入杯中。

加熱過程除了能讓酒精揮發，還能煮出香料的香氣。接骨木花最後再加入，是為了避免加熱過度而散發苦味。

香蘭白玉麻糬

香蘭葉獨樹一格的香氣，增強了麻糬的甜味，也帶出東南亞風情。鮮綠色外觀讓視覺上更加美味。

材料〔2～3人份〕
- 白玉粉…50g
- 香蘭葉汁…3大匙
- 椰奶…200ml
- 砂糖…10大匙
- 鮮奶油…50ml

作法
❶ 香蘭葉汁加入白玉粉中，充分揉捏均勻。
❷ 將①做成一元硬幣大小、厚度約5mm的丸狀，並在中間壓出凹陷。煮一鍋水，沸騰後，將香蘭白玉麵團下鍋煮。等浮上來後，再續煮2～3分鐘，接著撈出、放入冷水中。
❸ 將砂糖加入椰奶中，充分攪拌至溶解。接著加入鮮奶油攪拌均勻。
❹ 將③倒入容器中，放入瀝乾的香蘭白玉。

＊香蘭葉汁的作法（容易做的量）
將25g香蘭葉切成1cm寬片狀，與150ml水一起放入食物調理機中打碎，接著用濾網過濾即完成。

若直接使用市售的香蘭精，因氣味較濃烈，要斟酌用量。加入椰奶可讓甜味更明顯。

Column 06 ｜ 香水與香料的關係

香料不僅僅是活用於料理中，也會應用在香水中。
解開香水歷史的同時，來認識香料與香水的關係吧。

人類自古埃及時代就已經開始製造「香料」了，而在那之前也有以「薰香」方式享受香氣、或是將香氣運用於儀式的習慣。埃及人在歷史上最為著名的香料名為「Kyphi」，據說連埃及豔后也有使用，而且聲名遠播至希臘人、羅馬人之間。「Kyphi」真正的配方眾說紛紜，不過主要是以肉桂、檸檬香茅、薄荷等構成，也有人認為是用了小豆蔻、杜松子、番紅花組成。此外，據說，當時有一款名為「Agyptium」的手足專用軟膏，其中添加肉桂，氣味十分強烈。

在古希臘時期，主要被使用的香料則有玫瑰、馬鬱蘭、薄荷等。另有記載顯示，當時的人也會使用肉桂、小豆蔻、番紅花、蒔蘿等。其中主要以薄荷和百里香構成的複方香料尤為受歡迎，甚至因為人們對香料過於狂熱，不得不頒令禁止。

到了羅馬時代，香料貿易成為社會上時髦的行業。作為當時社交場合的大浴場，皆設有擺放香料罐的房間，客人可以在那裡用香料塗抹全身。主要香料包含玫瑰、肉桂、番紅花等，可以單獨使用，也可以混合其他香料一起運用。

日本則有「焚香」的文化，早期是指焚燒有香氣的木塊，而到了奈良時代，由於調香技術和佛教一起傳入日本，漸漸開始使用肉桂、八角、丁香等香料。

在印度的喀什米爾地區，自古即栽培玫瑰並製作成香料。到了蒙兀兒帝國時期，由於該製造技術進步，玫瑰及其香料的運用變得更加廣泛。

到了16世紀，香料技術開始在義大利發展。16世紀末，麥地奇家族的凱薩琳遠嫁法國時，就帶了親信中精通香料製造的調香師一同前往。該調香師的店舖成了上流人士的聚會場所，門庭若市、繁榮一時。之後，法國的路易十四擁有專屬的調香師；而路易十五的情婦、也是當時的社交名媛──龐巴度夫人也庇護調香師。17世紀末，香料的製作開始有了科學化的研究，不斷發展與進步。到了19世紀，法國的東南部小鎮格拉斯奠定了作為香水產地的地位。

許多使用香料製作的香水，多半都帶有東方香氣情調，例如香草、小豆蔻、肉桂、生薑、八角、東加豆等。如今，玫瑰也成為香水中的主要香料代表，而被廣泛應用。一種香料可能具有多種特性，只要稍微改變配方或比例，就能產生不同的香氣表現，因此香料的調配是相當複雜的技術，或許正是因為如此，才會有許多人為之著迷。

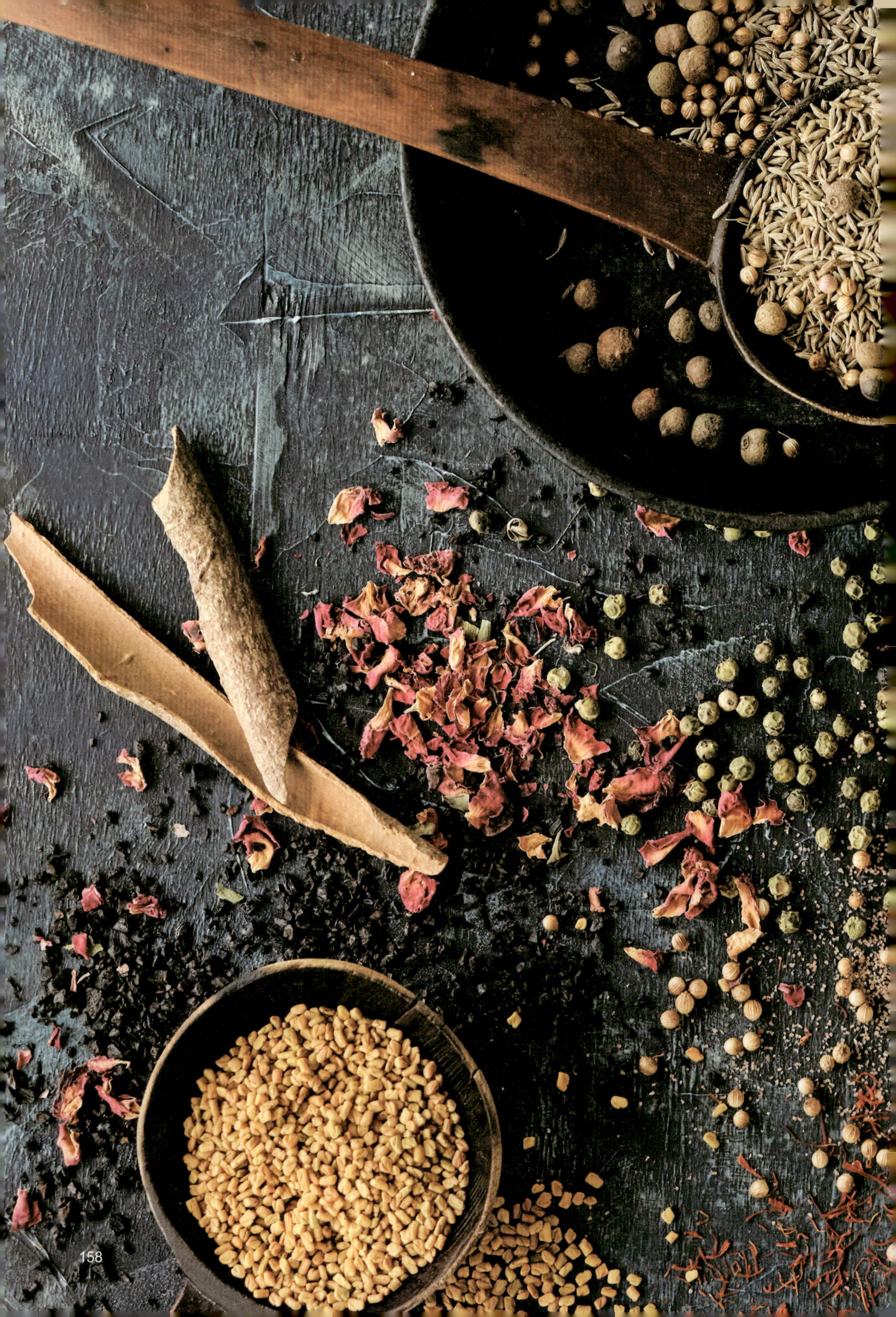

CHAPTER 2-3
異國風香氣的香料

異國風香氣的香料矩陣

- **展現地區特色**……將獨特香氣融入料理中,以呈現地域風情。
- **添加料理變化**……將獨特香氣融入料理中,為料理帶來新意。
- **豐富料理層次**……將獨特香氣融入料理中,創造吃不膩的美味。

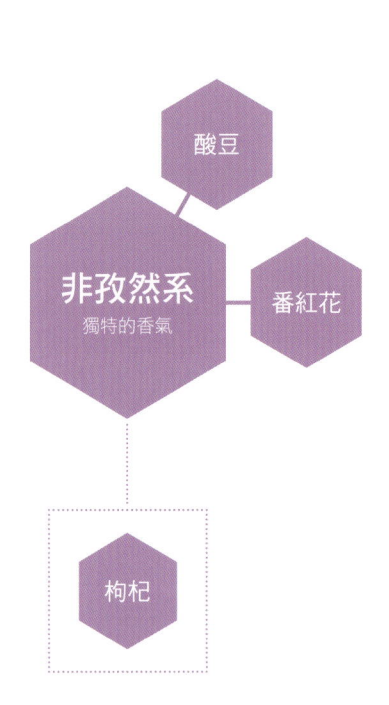

孜然系（孜然般的香氣）
- 芫荽籽
- 咖哩葉
- 黑岩鹽
- 葫蘆巴籽
- 孜然

非孜然系（獨特的香氣）
- 酸豆
- 番紅花
- 枸杞

香料圖表──異國風香氣／孜然系

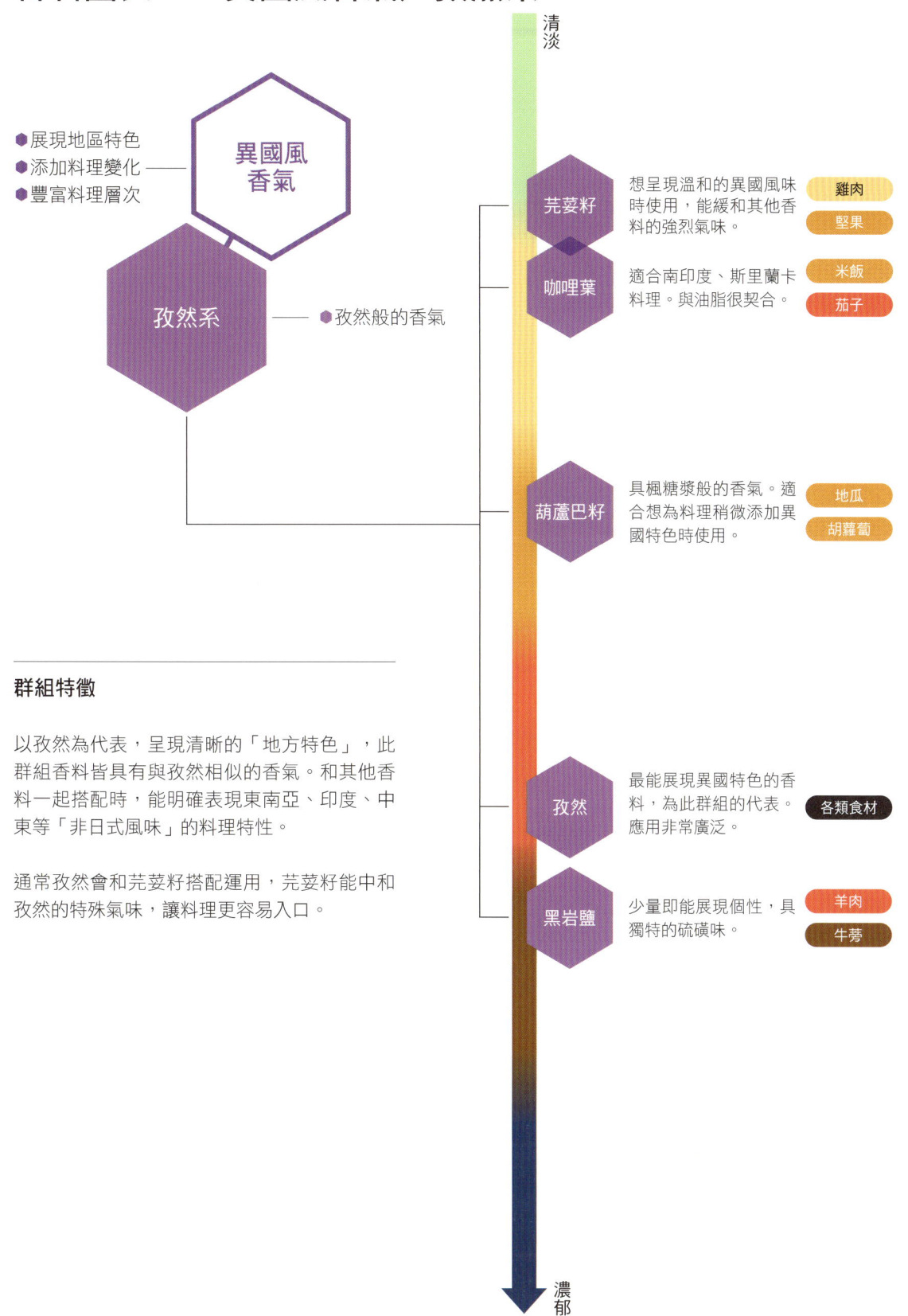

- 展現地區特色
- 添加料理變化
- 豐富料理層次

異國風香氣

孜然系 ── 孜然般的香氣

清淡 ↑

芫荽籽　想呈現溫和的異國風味時使用，能緩和其他香料的強烈氣味。　雞肉／堅果

咖哩葉　適合南印度、斯里蘭卡料理。與油脂很契合。　米飯／茄子

葫蘆巴籽　具楓糖漿般的香氣。適合想為料理稍微添加異國特色時使用。　地瓜／胡蘿蔔

孜然　最能展現異國特色的香料，為此群組的代表。應用非常廣泛。　各類食材

黑岩鹽　少量即能展現個性，具獨特的硫磺味。　羊肉／牛蒡

↓ 濃郁

群組特徵

以孜然為代表，呈現清晰的「地方特色」，此群組香料皆具有與孜然相似的香氣。和其他香料一起搭配時，能明確表現東南亞、印度、中東等「非日式風味」的料理特性。

通常孜然會和芫荽籽搭配運用，芫荽籽能中和孜然的特殊氣味，讓料理更容易入口。

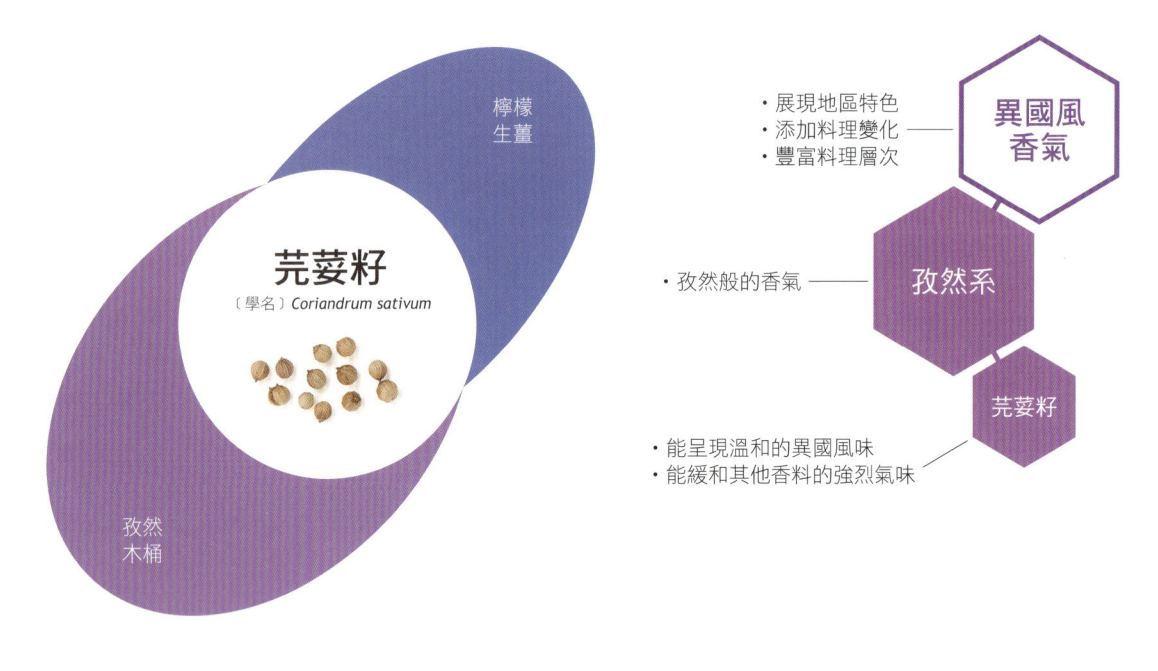

異國風香氣／孜然系／芫荽籽

芫荽籽
〔學名〕Coriandrum sativum

- 檸檬
- 生薑
- 孜然
- 木桶

異國風香氣
- 展現地區特色
- 添加料理變化
- 豐富料理層次

孜然系
- 孜然般的香氣

芫荽籽
- 能呈現溫和的異國風味
- 能緩和其他香料的強烈氣味

乾燥種子　分為橄欖球形的印度芫荽籽，以及球形的摩洛哥芫荽籽，前者有較強烈的孜然香氣。

乾燥粉末　有著清爽的柑橘香氣，常用於綜合香料中，可使整體香氣變得溫和。

最佳組合食材、料理、使用時機

高麗菜　　白蘿蔔　　雞肉　　堅果　　胡蘿蔔　　鮭魚

\絕配/
預先調味
- 漬胡蘿蔔（一起醃漬）
- 炸鮭魚（醃魚時使用）

\絕配/
烹調過程
- 咖哩粉（作為融合整體香氣的香料）
- 金平南瓜（烹調到熄火前再加入）

\絕配/
最後盛盤
- 芋頭沙拉（炒香後撒上）
- 鮭魚沙拉（和美乃滋一起拌勻）

特定地區的使用方法

埃及：埃及國王菜湯（Molokiyah）
以埃及國王菜製成的湯品，常搭配孜然一起食用。

＊在其他地區也常搭配孜然使用，能緩和孜然的強烈香氣。

地中海沿岸～西亞

印度·馬哈拉施特拉邦：香料燉茄子（Bharli Vangi）
使用以芫荽籽為基底的「Goda Masala」綜合香料製作的燉茄子料理。

印尼：Dendeng Ragi
一道以椰絲炒牛肉的傳統菜餚，其中會加入芫荽籽和其他香料。

印度：Dhana Jiru
以孜然和芫荽籽為基礎的綜合香料，在當地是各種咖哩的基底。

異國風香氣／孜然系／咖哩葉

褐芥末　　綠茶

咖哩葉
〔學名〕*Murraya koenigii*

孜然

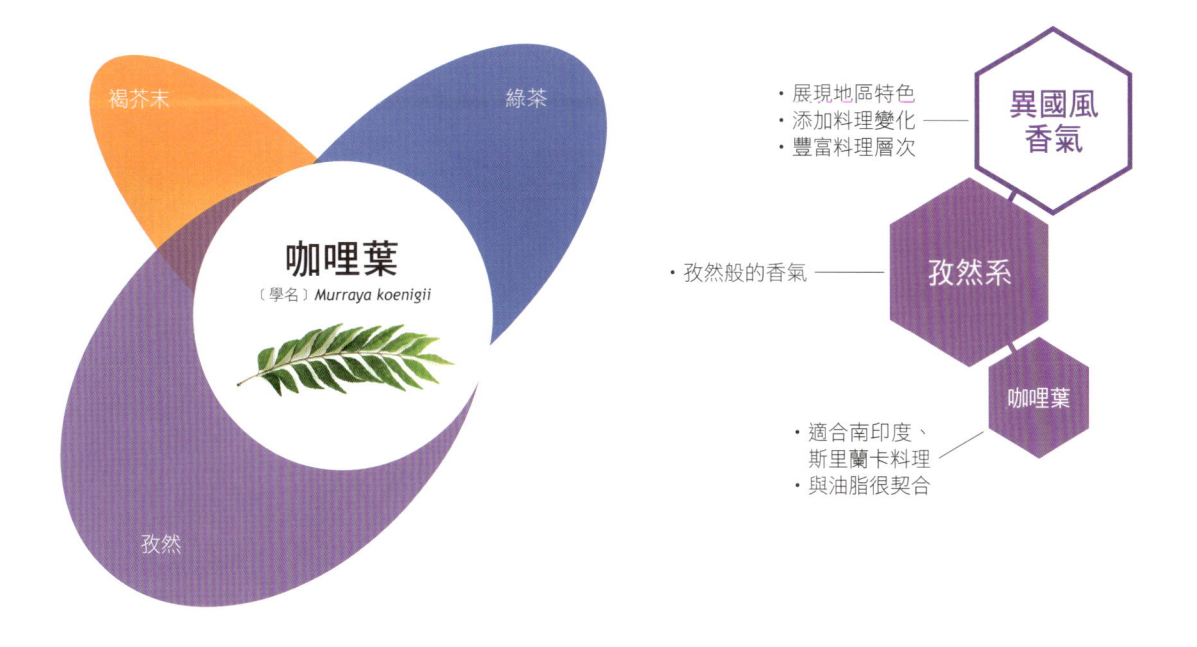

- 展現地區特色
- 添加料理變化 ── 異國風香氣
- 豐富料理層次

- 孜然般的香氣 ── 孜然系

咖哩葉
- 適合南印度、斯里蘭卡料理
- 與油脂很契合

新鮮整片　主要使用嫩葉。容易栽種，建議可自行種植。

最佳組合食材、料理、使用時機

白花椰菜　白肉魚　雞肉　南瓜　米飯　茄子　番茄

\絕配/　預先調味
- 炸雞（拌入麵衣中）
- 蔬菜天婦羅（拌入麵衣中）

\絕配/　烹調過程
- 咖哩（爆香後一起燉煮）
- 炒白花椰菜（爆香後一起炒）

\絕配/　最後盛盤
- 豆類湯品（淋上煉好的香料油）
- 日式蒸麵包（淋上煉好的香料油）

特定地區的使用方法

印度：咖哩魚
咖哩葉和魚類料理非常契合，和芥末一樣都是咖哩魚中常添加的香料。也適合搭配咖哩雞。

印度～斯里蘭卡

印度：咖哩葉綜合香料（Kariveppilai Podi）
外觀如香鬆般的綜合香料。使用乾燥的咖哩葉磨成粉後混合其他香料製成。

斯里蘭卡：扁豆咖哩（Parippu）
以扁豆為主，搭配雞肉、海鮮等食材，與咖哩葉等多種香料一起燉煮而成的料理。

異國風香氣／孜然系／葫蘆巴籽

葫蘆巴籽
〔學名〕*Trigonella foenum-graecum*

- 孜然
- 黑岩鹽
- 楓糖漿
- 蜂蜜

異國風香氣
・展現地區特色
・添加料理變化
・豐富料理層次

孜然系
・孜然般的香氣

葫蘆巴籽
・具楓糖漿般的香氣
・適合想為料理稍微增添異國特色時使用

乾燥種子：質地硬，需長時間燉煮或爆香後再使用。

乾燥粉末：用在咖哩粉等。由於帶有苦味，要注意用量。

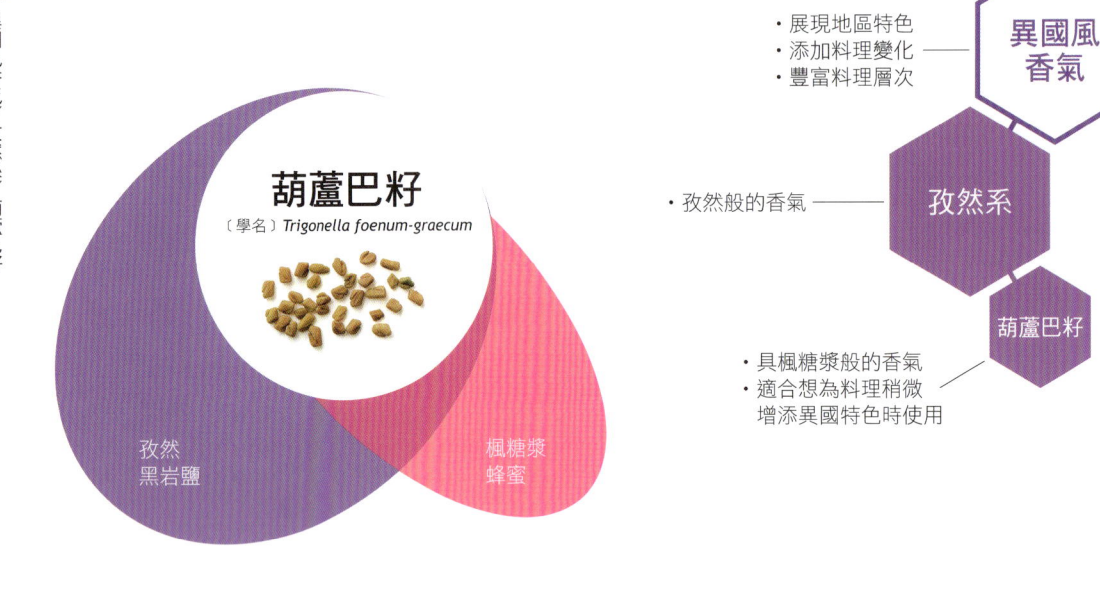

最佳組合食材、料理、使用時機

高麗菜　地瓜　胡蘿蔔　南瓜　豆類

預先調味
- 高麗菜天婦羅（拌入麵衣中）
- 法式薄餅（Tuile）（拌入麵糊中）

烹調過程 \絕配/
- 燉豆（爆香後一起煮）
- 葫蘆巴烤鮭魚（粗磨後撒上一起烤）
- 焦糖醬（熬煮到熄火前再加入）

最後盛盤
種子質地硬且粉末帶苦味，不適合此階段使用

特定地區的使用方法

土耳其：風乾醃牛肉（Pastirma）
風乾過程中，會將含有葫蘆巴籽的綜合香料抹於表面。

亞洲西部～歐洲東南部

印度：孟加拉五香（Panch Phoron）
爆香後使用的綜合香料粉。

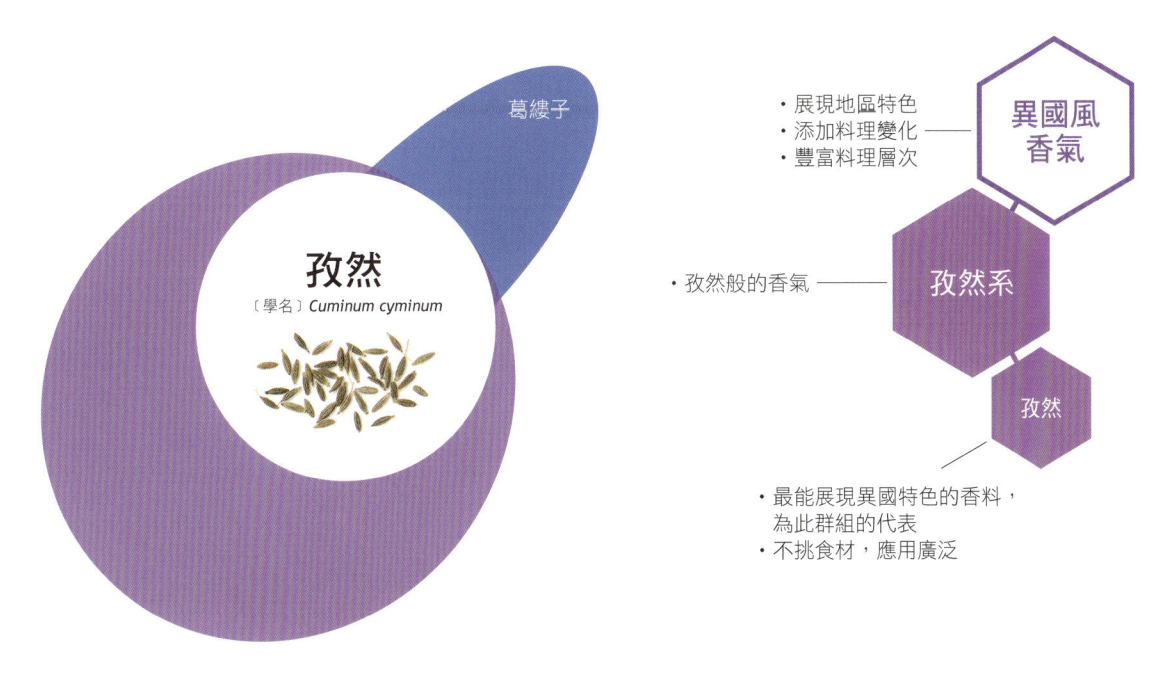

孜然
〔學名〕*Cuminum cyminum*

葛縷子

- 展現地區特色
- 添加料理變化
- 豐富料理層次

異國風香氣

- 孜然般的香氣 —— 孜然系

孜然

- 最能展現異國特色的香料，為此群組的代表
- 不挑食材，應用廣泛

乾燥種子　生孜然有著青草香，炒過後則散發堅果香。

乾燥粉末　帶有咖哩般的香氣，因用量容易調整，十分便於使用。

最佳組合食材、料理、使用時機

雞肉　南瓜　芋頭　奶油　沙丁魚　秋刀魚　各類食材

\絕配/
預先調味
- 味噌漬小黃瓜（拌入味噌中）
- 孜然餅乾（揉入麵團中）

\絕配/
烹調過程
- 炒魷魚肝（爆香後一起炒）
- 塔吉鍋料理（和其他香料一起燉煮）

\絕配/
最後盛盤
- 沙拉（撒在表面）
- 鷹嘴豆泥（撒在表面）

特定地區的使用方法

美國南部：塔可餅（Taco）
孜然常和芫荽或奧勒岡葉一起製成辣肉醬（Chili con carne），或者用於辣味玉米片（Nachos）中。

土耳其
當地認為孜然有助消化，常和高纖蔬菜搭配，也經常作為配料使用。

喬治亞：辛加利（Khinkali）
狀似湯包的喬治亞小吃。內餡是將孜然、芫荽、辣椒等香料和絞肉拌在一起製成。

印度
用於燉煮、炒、炸等各種料理中。

尼羅河流域

南非：咖哩肉末（Bobotie）
在此料理和開普馬來咖哩（Cape Malay Curry）中，孜然都是其咖哩粉的重要組成材料。

摩洛哥：塔吉鍋（Tajin）
作為綜合香料的材料之一，用於塔吉鍋和庫斯庫斯等料理中。若作為沙拉配料時，則使用孜然粉末。

黑岩鹽

〔學名〕Sodium chloride

硫磺
孜然

- 展現地區特色
- 添加料理變化
- 豐富料理層次

異國風香氣

- 孜然般的香氣

孜然系

- 少量即能展現個性
- 具獨特的硫磺味

黑岩鹽

市售品有分細顆粒狀和塊狀，前者較方便運用。因氣味強烈，和一般食用鹽混合後使用為佳。

最佳組合食材、料理、使用時機

雞蛋　鯖魚　羊肉　牛蒡　牛肉　魷魚乾

預先調味
加熱會使香氣散失，不適合使用

烹調過程
加熱會使香氣散失，不適合使用

最後盛盤（絕配）
- 西瓜雞尾酒（和鹽混合後抹在杯緣）
- 牛蒡蓮藕炸物（和鹽混合後沾取食用）
- 牛排（和鹽混合後沾取食用）
- 水煮蛋（和鹽混合後沾取食用）

特定地區的使用方法

印度～尼泊爾
搭配酸辣醬（Chutney）、沙拉、優格醬（Raita）等蔬菜為主的料理或者醬料食用。

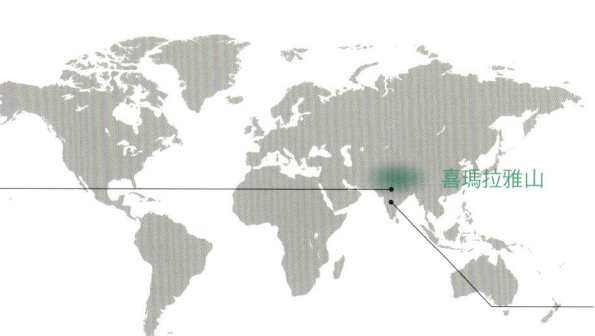

喜瑪拉雅山

印度：恰馬薩拉（Chaat Masala）
以印度芒果粉為基底的綜合香料，其中的黑岩鹽則是關鍵香料。主要用於沙拉等料理。

異國風香氣／孜然系／黑岩鹽

166

芫荽籽椰香辣蝦鬆

將特色極為突出的食材,收束於芫荽籽溫和的異國香氣之中,展現無國界料理風情。

材料〔容易做的份量〕
- 芫荽籽…3大匙
- 櫻花蝦…2大匙
- 椰子粉…30g
- 韓國粗辣椒粉…2大匙
- 鹽…1大匙
- 砂糖…1小匙

作法
1. 小鍋中放入芫荽籽,開小火炒至呈金黃色後取出,放入研磨缽中搗碎。
2. 同樣地,將櫻花蝦、椰子粉、韓國粗辣椒粉個別炒香後,放入研磨缽中搗碎。
3. 最後加入鹽、砂糖拌勻即完成。

從較難搗碎的食材開始,由難至易來處理。在炒香過程中,食材水分會蒸發,就會變得比較容易研磨,而每種食材炒香的時間各不相同,因此一次只炒一種。使用椰子粉的原因是容易磨碎,若沒有椰子粉,也可用椰絲取代。炒好的蝦鬆可以撒在咖哩飯或義大利麵上,或者烤肉、烤魚、蔬菜上,各種料理都可以試試看。

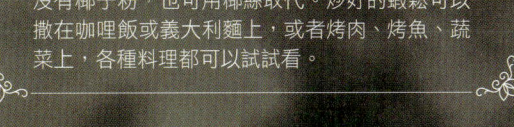

酥炸咖哩葉南瓜

咖哩葉獨特的香氣能夠調和南瓜的甜味，昇華成富有層次的大人口味。

❀ 材料〔2～3人份〕
南瓜…1/8顆
●咖哩葉…5枝
低筋麵粉…5大匙
油炸用油…適量
鹽…適量

❀ 作法
❶南瓜去皮，切1cm塊狀。咖哩葉去梗。
❷碗中放入南瓜、咖哩葉、低筋麵粉，充分攪拌。加入3大匙水，使麵粉均勻裹在南瓜和咖哩葉上。
❸用咖哩葉包裹南瓜，形成一口大小，再放入180℃的油中炸到酥脆，盛盤、撒上鹽。

儘量將咖哩葉包裹著南瓜再下油鍋炸。
注意不要炸到燒焦了。

葫蘆巴拔絲地瓜

葫蘆巴為糖漿增添宛如楓糖的香氣。

❀ 材料〔容易做的份量〕
地瓜…2條
油炸用油…適量
砂糖…150g
●葫蘆巴籽…1/4小匙

❀ 作法
❶地瓜去皮，切成一口大小的滾刀塊，泡水後蒸熟。
❷地瓜蒸熟後，立刻放進160℃的油鍋中，炸一下後取出靜置2分鐘。趁這時間，在平底鍋中倒入100ml水、砂糖、葫蘆巴籽，開中火加熱，煮至糖溶化。
❸將地瓜炸第二次，以180℃油溫炸到表面酥脆後，趁熱放入煮糖漿的平底鍋中，開大火，讓糖漿均勻裹在地瓜上。

地瓜炸兩次會更酥脆美味。按照「蒸、炸、裹糖」順序進行，只要準確掌控時間點便能做得很好吃。

酥炸孜然小香魚

為了搭配帶些許苦味的小香魚，比起炒過、帶有堅果甜香的孜然籽，使用生的、帶青草味的孜然粉會是更好的選擇。

材料〔3～4人份〕
小香魚（香魚的幼魚）…20尾
● 孜然粉…1小匙＋少許
鹽…1/3小匙
低筋麵粉…3大匙
油炸用油…適量

作法
❶ 將孜然粉和鹽撒在香魚上，接著撒上低筋麵粉，並加入1.5大匙水輕輕拌勻。
❷ 以160℃的油炸香魚2～3分鐘，炸到酥脆。
❸ 盛盤，撒上少許孜然粉。

> 炸香魚時，孜然粉的香氣會隨著加熱逐漸變淡，因此建議在事前調味時多加一點孜然粉。炸好後再撒上的孜然粉，因為會直接品嚐到，極少量即可。

烤肋排佐香料黑岩鹽

以具有濃郁風味的黑岩鹽，搭配同樣風味強烈的肉類。印度藏茴香和孜然獨特的香氣，能夠與黑岩鹽的特殊氣味產生平衡，同時營造異國特色。

材料〔3～4人份〕
豬肋排…600g
鹽…1/2小匙＋1小匙
● 印度藏茴香…1/4小匙
● 孜然…1/4小匙
● 黑岩鹽…1/4小匙
糯米椒…5根

作法
❶ 以1/2小匙鹽抓醃豬肋排，靜置30分鐘。研磨缽中放入印度藏茴香、孜然，搗碎後再加入1小匙鹽、黑岩鹽拌勻，完成香料鹽。
❷ 加熱烤盤，烤豬肋排和糯米椒。烤好後和香料鹽一起上桌，沾著食用。

> 為了保留印度藏茴香與孜然特有的青澀香氣，特意不經過炒香處理。兩者質地較硬，但只需粗磨即可，與肉類搭配食用時，能帶來恰到好處的風味點綴。

169

香料圖表──異國風香氣／非孜然系

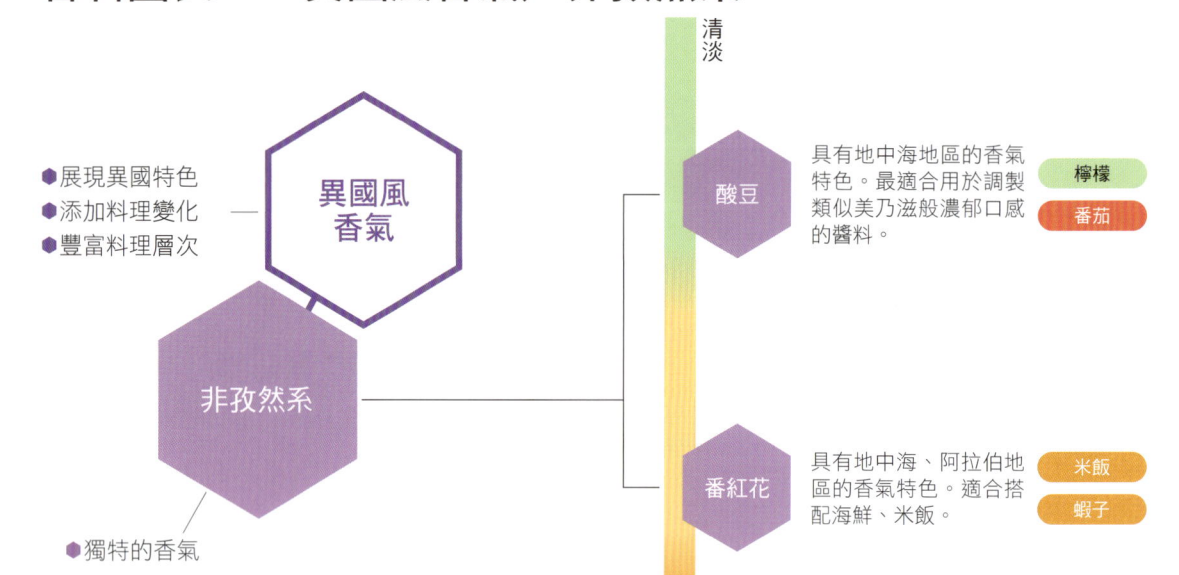

- 展現異國特色
- 添加料理變化
- 豐富料理層次

異國風香氣

非孜然系

- 獨特的香氣

清淡 → 濃郁

酸豆：具有地中海地區的香氣特色。最適合用於調製類似美乃滋般濃郁口感的醬料。　檸檬　番茄

番紅花：具有地中海、阿拉伯地區的香氣特色。適合搭配海鮮、米飯。　米飯　蝦子

群組特徵

雖然沒有類似孜然的氣味，但和孜然系香料一樣，能展現「明顯的異國風味」，尤其是地中海周邊區域的料理特色。

此群組香料時常被運用在魚類料理中，但其實酸豆、番紅花的突出風味，搭配肉類或蔬菜料理也相當出色。番紅花則特別適用於甜點。

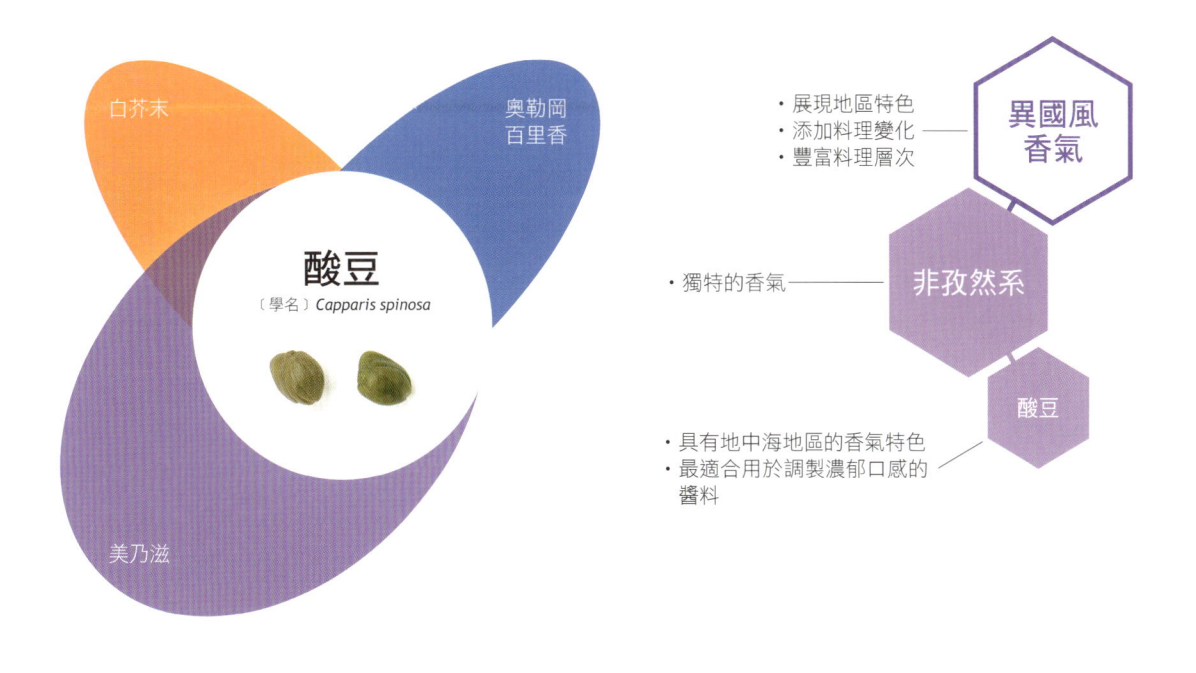

異國風香氣／非孜然系／酸豆

白芥末

奧勒岡
百里香

酸豆
〔學名〕*Capparis spinosa*

美乃滋

- 展現地區特色
- 添加料理變化
- 豐富料理層次

→ 異國風香氣

- 獨特的香氣 → 非孜然系

→ 酸豆

- 具有地中海地區的香氣特色
- 最適合用於調製濃郁口感的醬料

整顆鹽漬 鹹度高，使用前要稍微泡水或以其他方法去除一些鹽分。

整顆醋漬 醋漬後多了酸味，也是最容易使用與取得的狀態。

最佳組合食材、料理、使用時機

檸檬　鮭魚　蛤蜊　奶油　橄欖　番茄　茄子

🥄 預先調味
整顆醋漬　炙烤鱈魚
（切末後用於醃魚）

🍲 烹調過程
整顆醋漬　香煎三線雞魚
（粗切後和醬汁一起加熱）

整顆醋漬　燉番茄鱸魚
（一起燉煮）

🍴 最後盛盤 ＼絕配／
整顆醋漬　沙拉醬
（切碎後拌在一起）

整顆醋漬　義式醃漬生魚片
（切碎後和番茄等拌勻）

特定地區的使用方法

法國：酸豆橄欖醬（Tapenade）
南法地區的一種抹醬、調味醬。常作為烤魚的調料，或是用來塗抹麵包、搭配沙拉等。

原產地不明

瑞典：炸牛肉餅
（Biff à la Lindström）
混合洋蔥、酸豆、牛絞肉等食材，捏塑成肉餅後油炸而成的料理。

馬爾他：開放式三明治
使用番茄、酸豆增添風味。

171

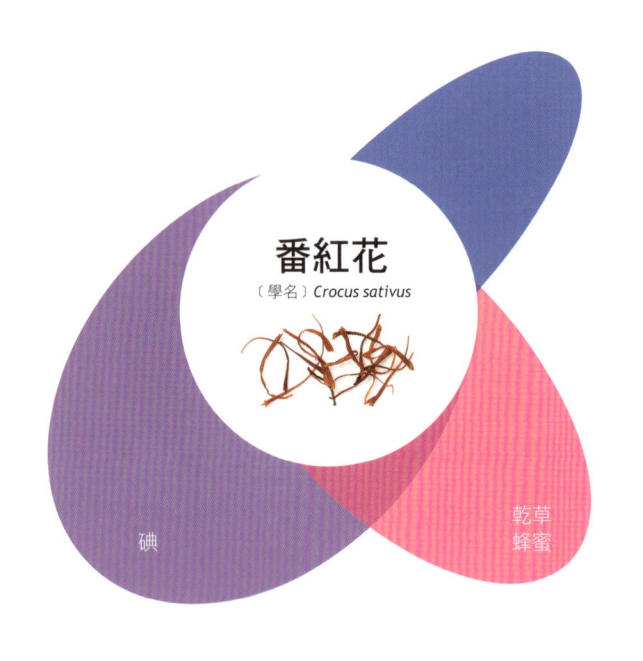

異國風香氣／非孜然系／番紅花

番紅花
〔學名〕*Crocus sativus*

- 碘
- 乾草 蜂蜜

- 展現地區特色
- 添加料理變化
- 豐富料理層次

異國風香氣

- 獨特的香氣 —— **非孜然系**

番紅花
- 具有地中海、阿拉伯地區的香氣特色
- 適合搭配海鮮、米飯

乾燥整根：整根泡水後，連同浸泡的水（番紅花水）一起使用。

乾燥粉末：番紅花粉末很少見，往往是以其他香料混充，購買時須多留意。

最佳組合食材、料理、使用時機

| 杏桃 | 米飯 | 蝦子 | 槍烏賊 | 金目鯛 | 蛤蜊 | 羊肉 | 牛肉 |

\絕配/
預先調味
- 奶油螃蟹可樂餅（將番紅花水加入白醬中）
- 醋漬槍烏賊（將番紅花水加入醃漬液中）

\絕配/
烹調過程
- 海鮮燉飯（加入番紅花水一起燉煮）
- 海鮮湯（一起熬煮）
- 糖煮蘋果（一起燉煮）

最後盛盤
- 法式番紅花蛋黃醬（Rouille）（加入番紅花水調製）

特定地區的使用方法

印度：印度香料奶茶（Masala Chai）
在牛奶中加入小豆蔻等綜合香料後熬煮而成。

印度：印度香飯（Biryani）
阿拉伯飲食文化中的番紅花米飯料理。

北歐：番紅花麵包（Lussekatt）
以番紅花為麵團上色，是在北歐地區常見的S型小麵包。

西班牙：海鮮燉飯
加入番紅花等各種食材一起燉煮的米飯料理。

地中海沿岸～亞洲西部

伊朗：Borani
用菠菜和優格製成的沾醬，完成時會淋上番紅花水，常搭配烤餅享用。

烤酸豆番茄爐魚

以酸豆與番茄展現義大利風味。為使鱸魚的鮮美發揮到極致,不使用其他香料,單純以酸豆來成就這道美味料理。

材料〔3～4人份〕
- 洋蔥…1/4顆
- 番茄…1/2顆
- 醋漬酸豆…2小匙
- 鱸魚…400g
- 鹽…1/2小匙＋1/2小匙
- 砂糖…1/2小匙
- 蛋黃…1顆
- 油…100ml
- 醋…2小匙

作法
❶ 將洋蔥、去蒂頭的番茄都切成1cm塊狀,酸豆切粗末。鱸魚切成適當大小,撒上1/2小匙鹽。

❷ 碗中放入1/2小匙鹽、砂糖、蛋黃,用打蛋器拌勻。待鹽、砂糖溶解後,一點一點加入油攪拌至乳化均勻,接著加入醋拌勻,即完成自製蛋黃醬。

❸ 將鱸魚放在烤盤上,在蛋黃醬中加入酸豆、洋蔥、番茄後,抹在鱸魚上。放入預熱到230℃的烤箱中6～7分鐘,烤到表面略微焦黃即可。

> 材料表中的2小匙酸豆,是指已瀝掉水分的份量。烘烤時間請依照鱸魚厚度及烤箱大小來調整,當鱸魚上的蛋黃醬呈現微焦黃時,就是最美味的時候。蛋黃醬可用市售美乃滋醬取代,鱸魚也可替換成鯛魚或鮭魚。

番紅花海鮮湯

番紅花和海鮮的組合,再加入法國普羅旺斯的經典番紅花蛋黃醬,充分展現地中海風情。

材料〔3～4人份〕
- 鯛魚等的魚骨…2～3尾（小型）
- 洋蔥…1顆
- 白酒…2大匙
- 番茄…1顆
- 西芹葉…少許
- 大蒜…1整顆
- 鹽…1/2小匙＋1/2小匙
- 月桂葉…1片
- 辣椒（切圓片）…2、3片
- 番紅花…5～10枝
- 醋…1/2小匙
- 橄欖油…2大匙
- 砂糖…1/2小匙
- 紅蝦…5尾
- 自製蛋黃醬*…3大匙

作法
❶ 魚骨洗淨切大塊。洋蔥和去蒂頭的番茄切大塊。將1/4顆大蒜磨泥。月桂葉折一半。番紅花浸泡在1大匙水中約15分鐘。

❷ 鍋中倒入橄欖油及3/4顆大蒜,開大火加熱。油冒泡後加入魚骨及紅蝦,大火炒至蝦子熟後加入白酒、800ml水、1/2小匙鹽,沸騰後撈掉浮沫,接著再加入洋蔥、西芹葉、番茄、月桂葉、辣椒,轉中火煮約1小時,煮到魚骨幾乎能化開,邊煮邊壓碎魚骨。

❸ 用食物調理機打碎,過篩後再倒回鍋中。加入1/2小匙鹽、醋、糖、2/3的番紅花水。

❹ 在自製蛋黃醬中加入蒜泥和剩下的番紅花水拌勻。＊自製蛋黃醬作法請參考左方食譜。

❺ 將❸的湯汁加熱盛入碗中,淋上❹。

> 魚骨需煮到能用食物調理機打碎的程度。湯撈掉浮沫後再加入香料,較不會有雜味。使用西芹葉,會比西芹籽的香氣更溫和。

CHAPTER 2-4
辣味香料

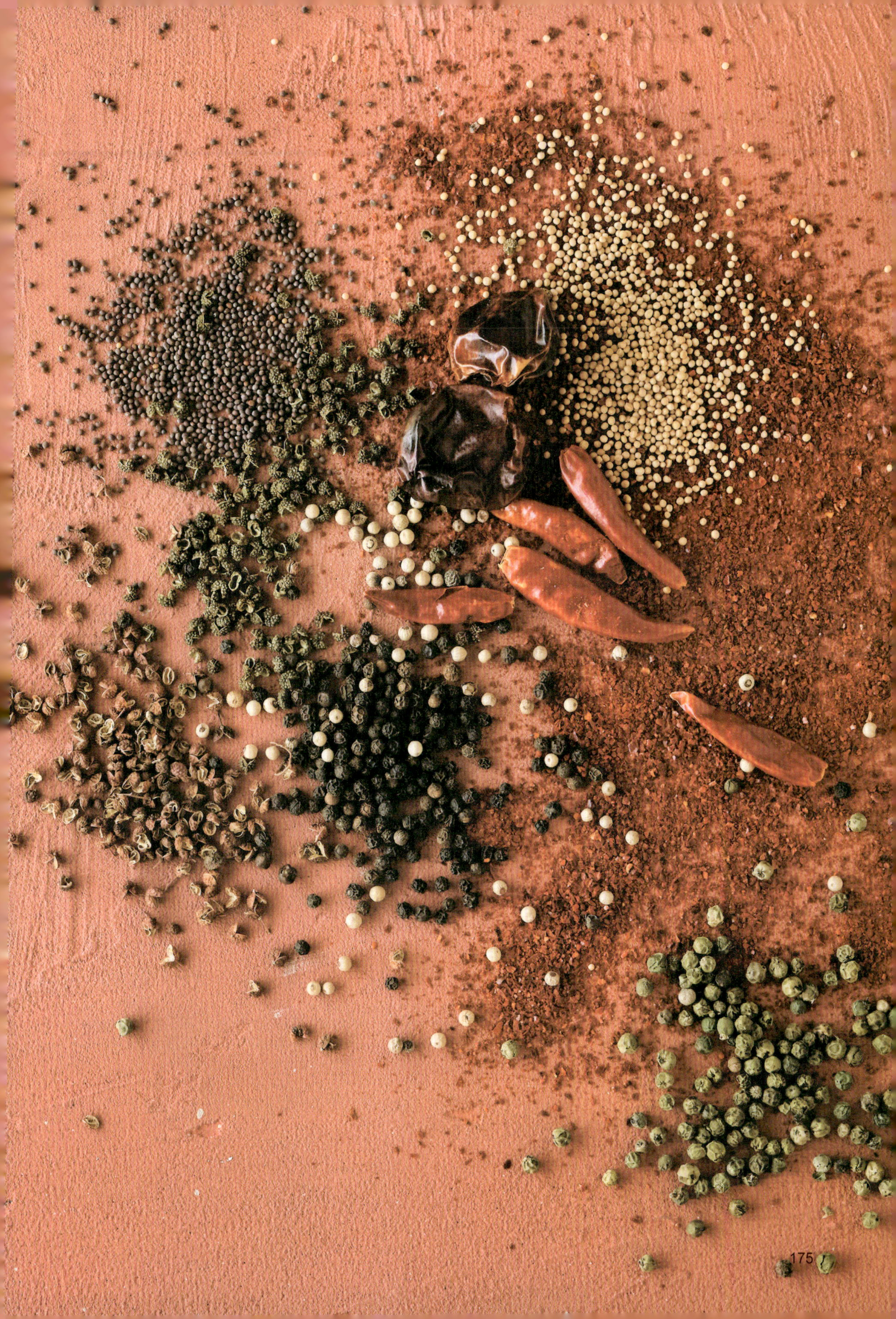

辣味香料矩陣

- 增添辣味……為料理加入辛香與辣味。
- 豐富料理層次……適度的辣味,讓人一口接一口。

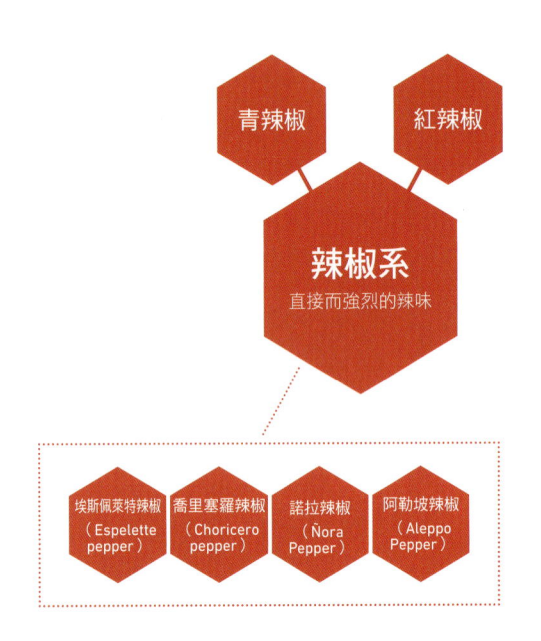

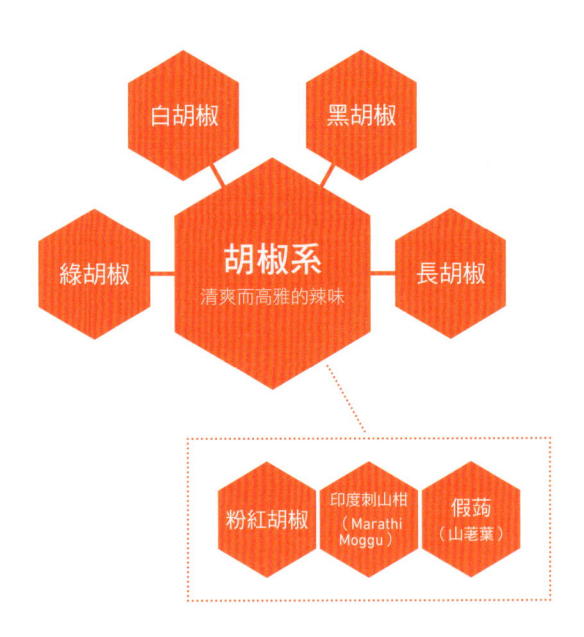

辣椒系
直接而強烈的辣味

- 青辣椒
- 紅辣椒

- 埃斯佩萊特辣椒(Espelette pepper)
- 喬里塞羅辣椒(Choricero pepper)
- 諾拉辣椒(Ñora Pepper)
- 阿勒坡辣椒(Aleppo Pepper)

胡椒系
清爽而高雅的辣味

- 白胡椒
- 黑胡椒
- 綠胡椒
- 長胡椒

- 粉紅胡椒
- 印度刺山柑(Marathi Moggu)
- 假蓽(山荖葉)

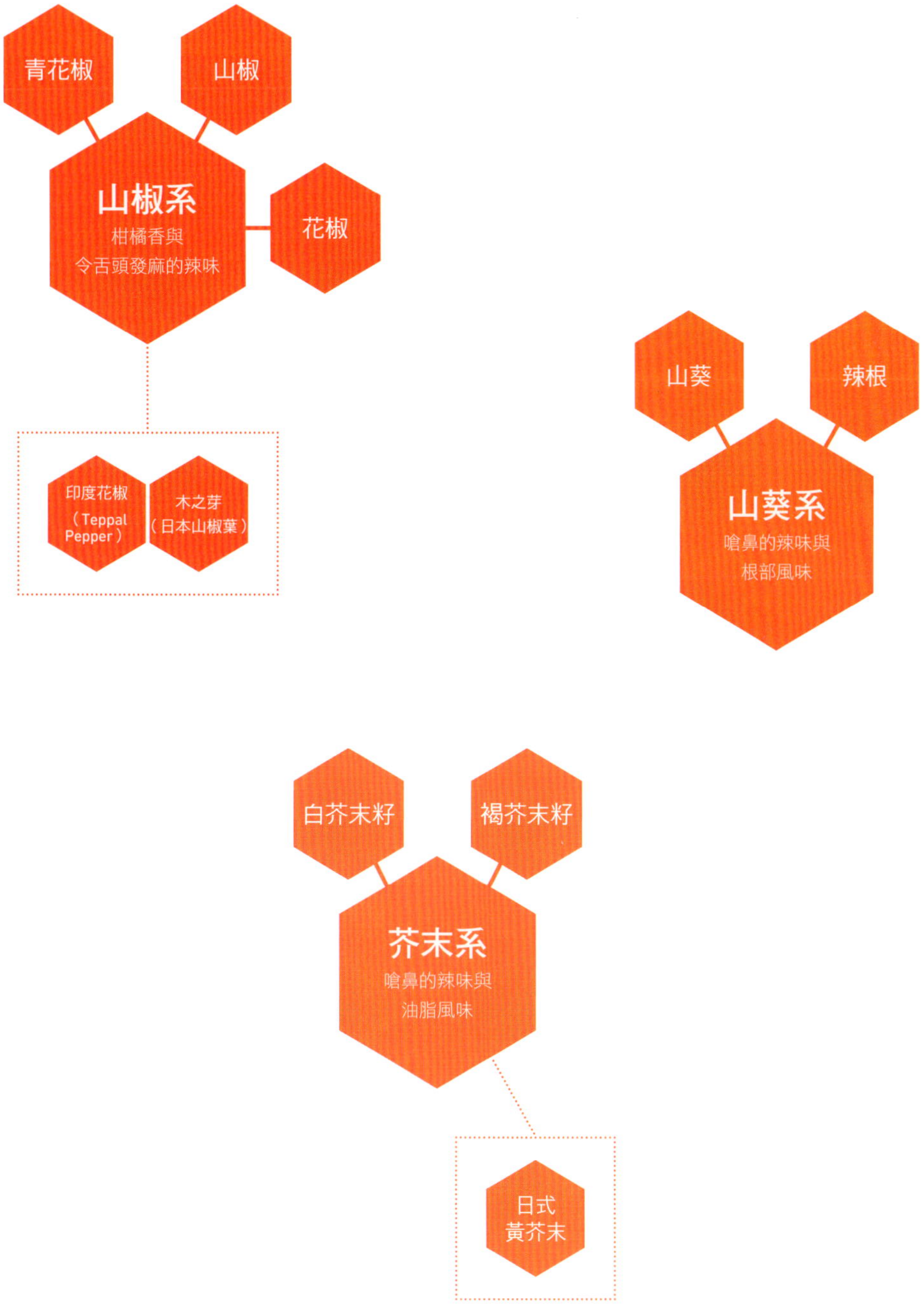

山椒系
柑橘香與令舌頭發麻的辣味

- 青花椒
- 山椒
- 花椒

（延伸）
- 印度花椒（Teppal Pepper）
- 木之芽（日本山椒葉）

山葵系
嗆鼻的辣味與根部風味

- 山葵
- 辣根

芥末系
嗆鼻的辣味與油脂風味

- 白芥末籽
- 褐芥末籽

（延伸）
- 日式黃芥末

香料圖表——辣味／辣椒系

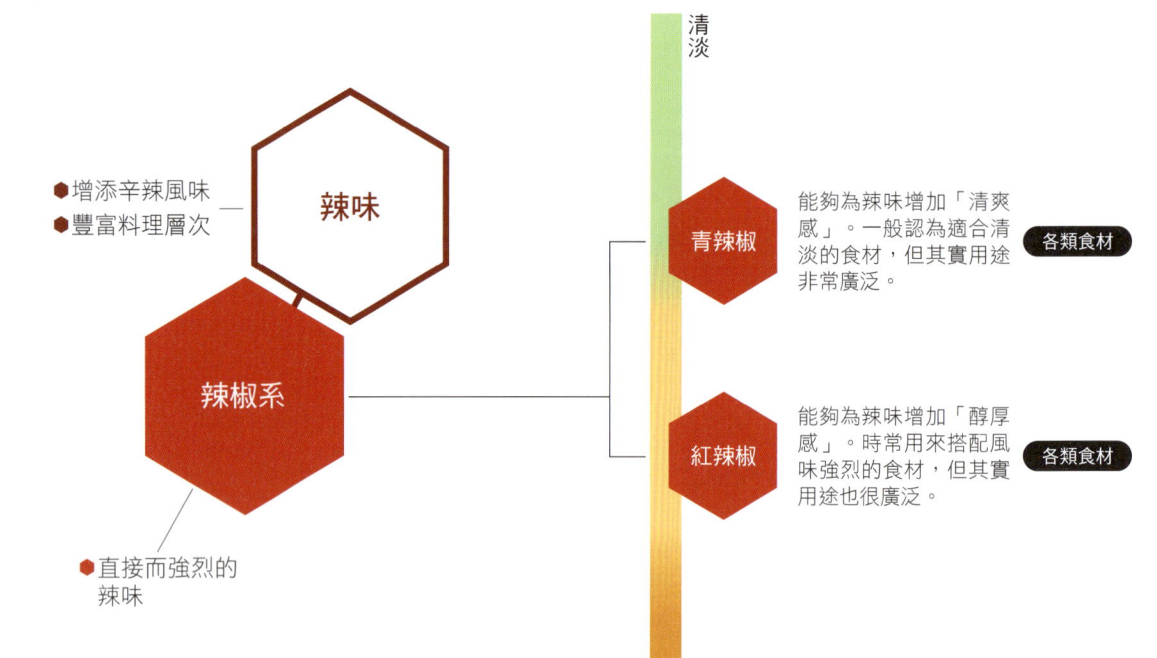

- 增添辛辣風味
- 豐富料理層次

辣味

辣椒系

- 直接而強烈的辣味

清淡

青辣椒：能夠為辣味增加「清爽感」。一般認為適合清淡的食材，但其實用途非常廣泛。 　各類食材

紅辣椒：能夠為辣味增加「醇厚感」。時常用來搭配風味強烈的食材，但其實用途也很廣泛。 　各類食材

濃郁

群組特徵

此群組香料的風味持續性強，能帶來火辣而直接的香氣與味道，是十分受歡迎的香料之一。雖然種類豐富，不過可以依據風味大致分為青辣椒、紅辣椒兩類。

此群組的運用型態廣泛，有新鮮的、乾燥的、完整的、粉末的、粗磨的等。依據品種甚至個體不同，辣度差異很大，建議先了解手邊辣椒的辣度等級再行運用。

料理中加點辣味，能提升美味度，但如果使用過量反而會掩蓋食材原味，需特別留意。

青辣椒

〔學名〕*Capsicum annuum/C.chinense/C.frutescens/C.baccatum/C.pubescens*

青椒
萊姆

- 增添辛辣風味
- 豐富料理層次 —— 辣味

- 直接而強烈的辣味 —— 辣椒系

青辣椒

- 帶來清爽的辣味
- 雖說適合清淡的食材，其實用途非常廣泛

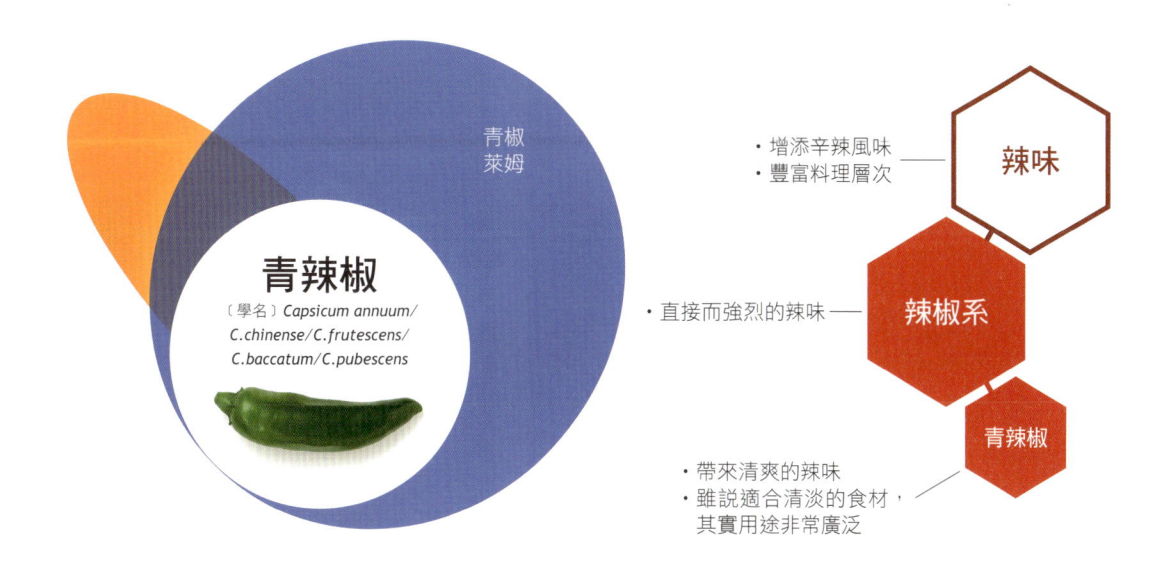

新鮮整根　生的青辣椒可以直接使用，也可以醃漬再使用。能夠冷凍保存。

新鮮切碎　切末後比較方便調味。請避免用碰過辣椒的手揉眼睛。

乾燥粉末　部分辣椒如哈瓦那辣椒會以粉末形式販售。

最佳組合食材、料理、使用時機

小黃瓜　萊姆　比目魚　水針魚　**各類食材**

\絕配/
預先調味
- 醃辣椒（加入醃漬液中一起浸泡）
- 紫蘇漬味噌（加入米糠床中一起醃漬）

烹調過程
- 炙烤白肉魚（和其他香料混合後抹在魚上烤）
- 橄欖油泡烏賊（和油一起加熱）

\絕配/
最後盛盤
- 檸汁拌海鮮（加入涼拌）
- 醋漬蒸牡蠣小黃瓜（加入涼拌）
- 白肉魚南蠻漬（加入涼拌）

特定地區的使用方法

墨西哥：綠莎莎醬（Salsa Verde）
以青辣椒為原料的綠色醬汁，常用來搭配烤肉等食用。

突尼西亞：Mechouia salad
將青辣椒、洋蔥、茄子等烤熟的食材切碎後拌勻製成的沙拉。

中南美～加勒比海群島

印度：Thecha
將青辣椒和堅果等食材一起炒過，再磨碎製成的酸辣醬。

葉門：蘇胡克（Zhug）
當地的特色青辣椒醬。可當調味料或醬料使用。

辣味／辣椒系／紅辣椒

紅辣椒

〔學名〕 Capsicum annuum/
C.chinense/C.frutescens/
C.baccatum/C.pubescens

乾草
番茄

- 增添辛辣風味
- 豐富料理層次 ── 辣味

- 直接而強烈的辣味 ── 辣椒系

- 帶來醇厚的辣味
- 雖說適合風味強烈的食材，其實用途非常廣泛 ── 紅辣椒

新鮮整根	乾燥整根	乾燥粗磨	乾燥粉末
要留意種類不同，辣度也有差異。	除了整條販售，也有切段或切絲的市售品。	也有磨成粗粉販售的產品，例如韓國粗辣椒粉。	由於辣味會直接刺激舌頭，須注意用量。建議從約一耳勺的量開始添加。

最佳組合食材、料理、使用時機

柑橘　豬肉　牛肉　各類食材

\絕配/
預先調味
- 醃漬食品（加入醃漬液中）
- 辣烤牛肉（混合其他香料撒在牛肉上）

\絕配/
烹調過程
- 麻婆豆腐（爆香後一起炒）
- 蒜香辣椒義大利麵（和大蒜一起炒）

\絕配/
最後盛盤
- 烤雞佐莎莎醬（拌入醬料中）
- 玉米沙拉（拌入沙拉醬中）

特定地區的使用方法

西班牙：辣味香腸（Chorizo）
添加辣椒風味的香腸。

泰國：辣椒醬（Nam Phrik Phao）
以紅辣椒與海鮮等製成的醬料，作為調味料使用。

奈及利亞：加羅夫飯（Jollof Rice）
以紅辣椒調味的燉飯。

中南美〜加勒比海群島

墨西哥：青辣椒莎莎醬（Salsa Mecaña）
大眾熟知的莎莎醬。辣味濃郁，可作為佐餐調味醬。

墨西哥：辣味熱巧克力
加入了紅辣椒來增添風味。

越南：甜魚露（Nuoc Cham）
以紅辣椒、魚露等製成的酸甜醬汁，用來搭配生春捲等。

180

檸汁醃魚片生春捲

使用青辣椒、芫荽、檸檬,再加上南美風格的檸汁醃海鮮,便是一道無國界料理。以清新香氣的香料搭配青辣椒,格外爽口。

材料〔4個生春捲的量〕
鯛魚(生魚片用)…120g
● 檸檬…1顆
● 芫荽…4、5根
● 洋蔥…1/8顆
● 青辣椒…1/2根
鹽…1/3小匙
越南生春捲皮(越南米紙)…4片

作法
❶ 鯛魚切成2cm塊狀。檸檬切成非常薄的圓片8片。芫荽切掉根部後,切成和春捲同樣長度。洋蔥和青辣椒都切成細末。
❷ 碗中放入鯛魚、青辣椒、洋蔥、鹽、1/4顆檸檬的汁,一起拌勻。
❸ 春捲皮稍微泡水沾濕後,平鋪在乾淨的作業台上,鋪上2片檸檬片並排放置,上面再放上芫荽、1/4的❷,捲起來。重複這個步驟四次,做成4捲。

> 青辣椒每一根的辣度多少有些差異,建議邊試味道邊少量添加。檸檬皮帶有苦味,所以切得越薄越好。

香煎豬五花佐韓式辣味噌

利用香料自製韓國辣椒醬,搭配香脆的五花肉與清爽的生菜,簡單又美味。

材料〔3～4人份〕
● 大蒜…1/2瓣
● 生薑…1/2片
A ┌ ● 韓國粗辣椒粉…2小匙
  │ 乾櫻花蝦…2大匙
  │ 紅味噌…1大匙
  │ 田舍味噌…1大匙
  └ 味醂…2小匙
豬五花肉…400g
鹽…1/2小匙
美生菜(包肉用)…1～2顆
油…適量

作法
❶ 大蒜和生薑去皮磨泥後和A一起拌勻。
❷ 五花肉切成1cm厚片,均勻抹上鹽。美生菜泡水備用。
❸ 烤盤上抹油,開大火。烤盤充分加熱後,放入五花肉煎熟。最後再用擦乾水分的美生菜,包入五花肉和❶一起食用。

> 把櫻花蝦稍微剁一下,味噌的味道比較容易進去。將A拌勻後靜置約10分鐘,味道會更融合。

香料圖表──辣味／胡椒系

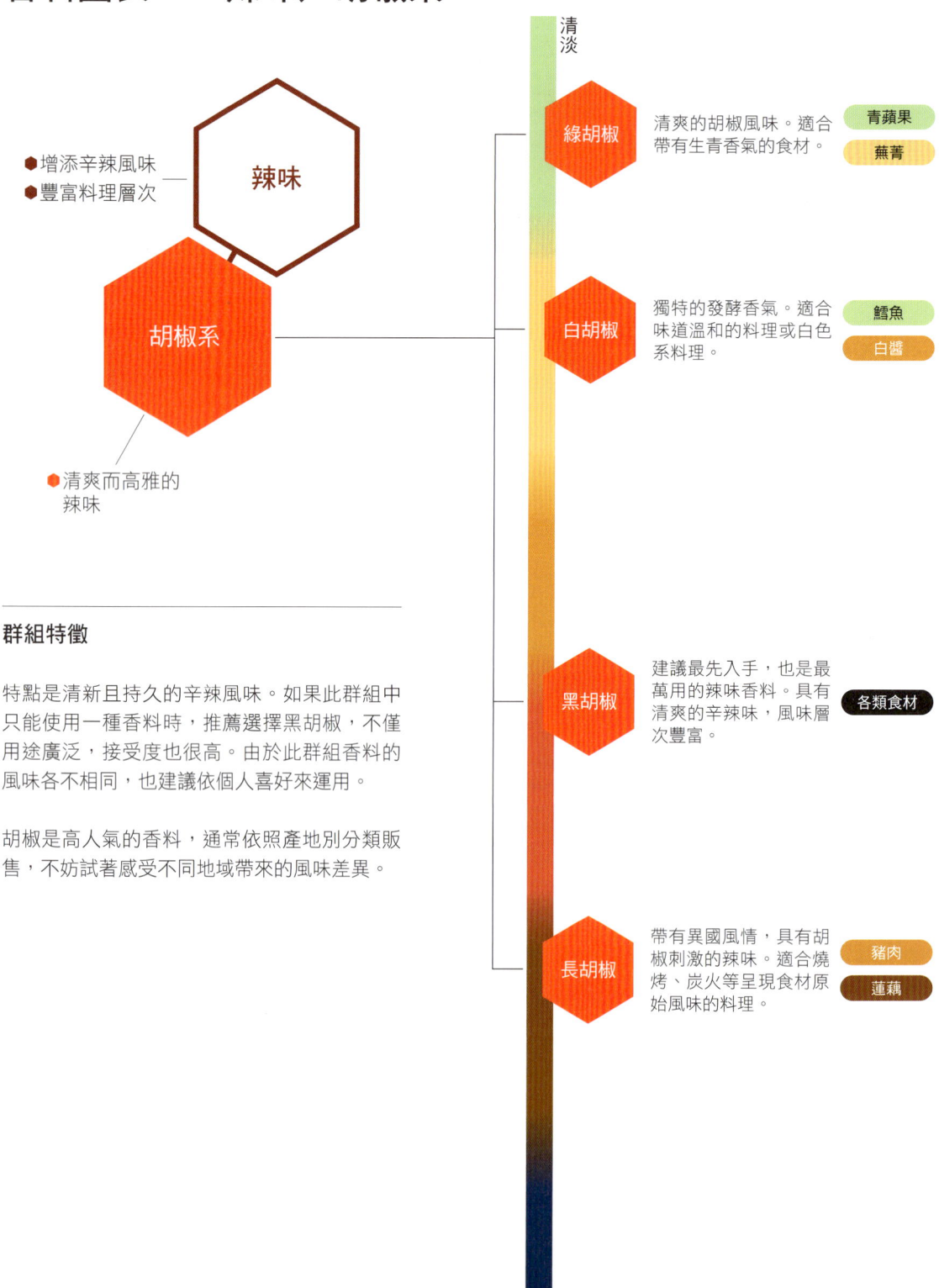

- ●增添辛辣風味
- ●豐富料理層次

辣味

胡椒系

- ●清爽而高雅的辣味

清淡 ↑

綠胡椒：清爽的胡椒風味。適合帶有生青香氣的食材。　青蘋果／蕪菁

白胡椒：獨特的發酵香氣。適合味道溫和的料理或白色系料理。　鱈魚／白醬

黑胡椒：建議最先入手，也是最萬用的辣味香料。具有清爽的辛辣味，風味層次豐富。　各類食材

長胡椒：帶有異國風情，具有胡椒刺激的辣味。適合燒烤、炭火等呈現食材原始風味的料理。　豬肉／蓮藕

↓ 濃郁

群組特徵

特點是清新且持久的辛辣風味。如果此群組中只能使用一種香料時，推薦選擇黑胡椒，不僅用途廣泛，接受度也很高。由於此群組香料的風味各不相同，也建議依個人喜好來運用。

胡椒是高人氣的香料，通常依照產地別分類販售，不妨試著感受不同地域帶來的風味差異。

辣味／胡椒系／綠胡椒

綠茶

綠胡椒
〔學名〕*Piper nigrum*

- 增添辛辣風味
- 豐富料理層次 ── 辣味

- 清爽而高雅的辣味 ── 胡椒系

- 清爽的胡椒風味
- 適合帶有生青香氣的食材 ── 綠胡椒

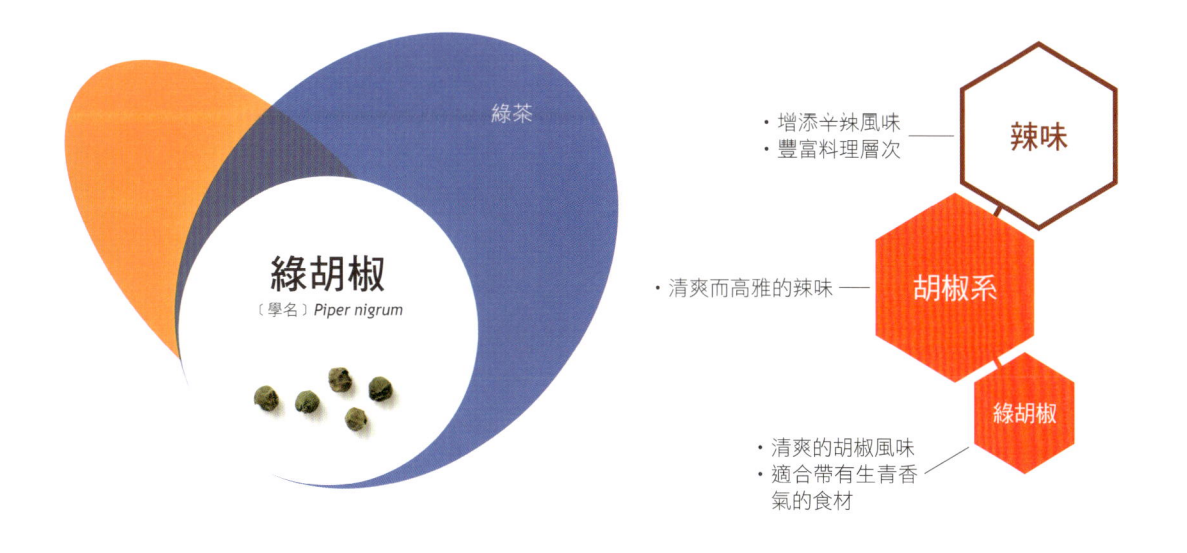

乾燥整顆 市面上有維持原色陰乾的，也有冷凍乾燥的。

乾燥粗磨 用研磨機等研磨後使用。

水煮 質地柔軟好入口，可以直接整粒使用。也適合作為裝飾配料。

最佳組合食材、料理、使用時機

青蘋果　小黃瓜　水針魚　蕪菁　各類食材

預先調味
- 醬油醃白蘿蔔（一起醃）

烹調過程
- 鹽煮牛肉（一起燉煮）

\絕配/
最後盛盤
- 青蘋果沙拉（當作配料）
- 青海苔魩仔魚鬆（拌在一起）
- 水煮 義式小黃瓜生魚卡爾帕喬（當作配料）

特定地區的使用方法

法國：排餐佐綠胡椒醬汁
奶油醬中加入綠胡椒，是排餐的經典醬汁之一。

印度

綠胡椒是隨著乾燥技術發達而誕生的新香料，因此沒有傳統料理的紀錄。

辣味／胡椒系／白胡椒

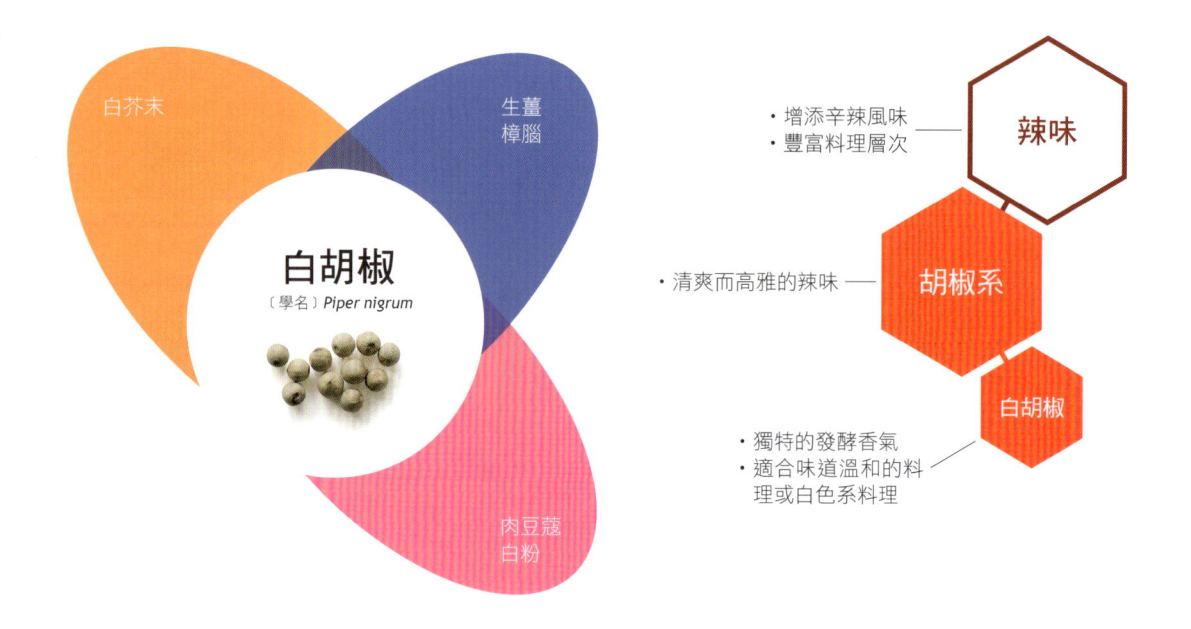

白胡椒
〔學名〕Piper nigrum

- 白芥末
- 生薑 樟腦
- 肉豆蔻 白粉

- 增添辛辣風味
- 豐富料理層次 —— 辣味

- 清爽而高雅的辣味 —— 胡椒系

- 獨特的發酵香氣
- 適合味道溫和的料理或白色系料理 —— 白胡椒

乾燥整顆　成熟果實乾燥後去皮而成。風味細緻。

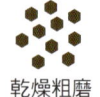

乾燥粗磨　味道較黑胡椒溫和，顏色也較不醒目。

乾燥粉末　粉末狀的香氣明顯。常用於中式料理。

最佳組合食材、料理、使用時機

鱈魚　雞胸肉　豬腿肉　鮮奶油　白醬

\絕配/
預先調味
- 法式香煎白肉魚（醃魚時撒上）
- 燒賣（拌入餡料中）

\絕配/
烹調過程
- 美乃滋烤鱈魚（拌入美乃滋後一起烤）
- 炒雞胸肉（熄火後再加入）

\絕配/
最後盛盤
- 栗子義大利麵（撒在表面）
- 酸辣湯（撒在表面）

特定地區的使用方法

法國：綜合胡椒粒
以白胡椒及黑胡椒碎粒構成，有時也會加入多香果、芫荽籽等的綜合香料。

印度

使用區域沒有黑胡椒廣泛，市面上也經常將白胡椒和黑胡椒混合販售。

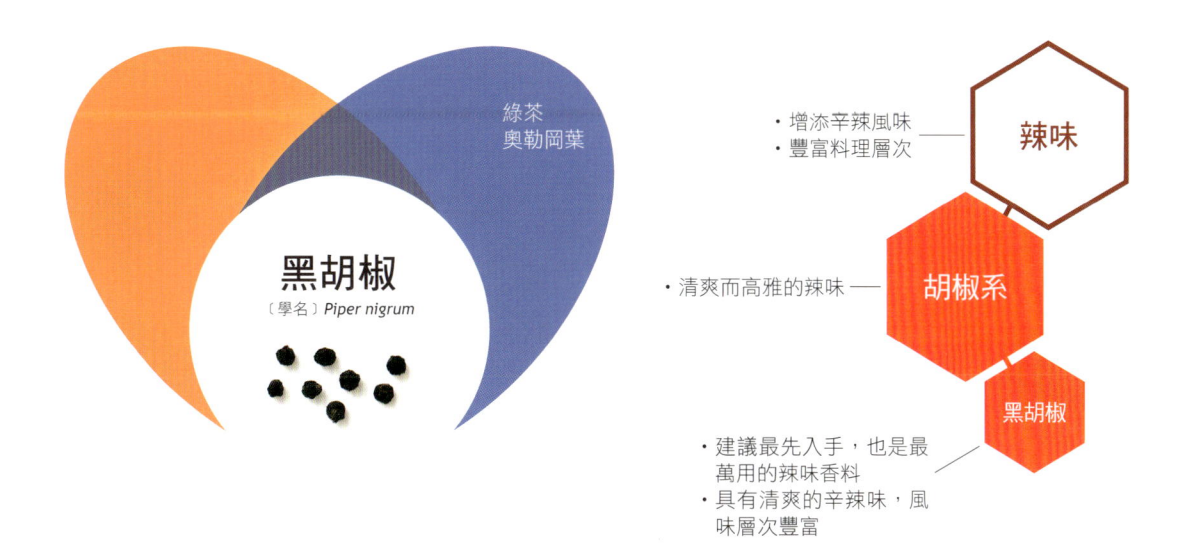

黑胡椒
〔學名〕*Piper nigrum*

綠茶
奧勒岡葉

- 增添辛辣風味
- 豐富料理層次 → 辣味

- 清爽而高雅的辣味 → 胡椒系

- 建議最先入手,也是最萬用的辣味香料
- 具有清爽的辛辣味,風味層次豐富 → 黑胡椒

乾燥整顆 風味強烈。帶有清爽的辣味。

乾燥粗磨 香氣濃郁。建議現磨現用。可使用市售產品,顆粒大小會比較平均。

乾燥粉末 粉末狀的香氣較明顯。建議現磨現用。

最佳組合食材、料理、使用時機

各類食材

\絕配/ **預先調味**
- 起司麵包（揉入麵團中）
- 漢堡排（拌入絞肉中）

\絕配/ **烹調過程**
- 醬煮豬肉（一起燉煮）
- 法式蔬菜燉牛肉鍋（一起燉煮）

\絕配/ **最後盛盤**
- 凱薩沙拉（拌入沙拉醬中）
- 牛排（撒在表面）

特定地區的使用方法

西班牙：義大利香腸
帶有胡椒風味的香腸。

法國：Poivre Gris
黑胡椒粉的法文名稱。

義大利：胡椒乳酪義大利麵（Cacio e Pepe）
以胡椒風味為主的義大利麵。

台灣：胡椒餅
以帶有濃郁胡椒風味的絞肉製成的餡餅。

印度：胡椒雞（Pepper Chicken）
帶有胡椒風味的咖哩。

辣味／胡椒系／黑胡椒

185

辣味／胡椒系／長胡椒

長胡椒
〔學名〕*Piper longum* / *Piper retrofractum*

- 黑胡椒
- 綠茶
- 木桶牛蒡
- 八角麝香

- 增添辛辣風味
- 豐富料理層次 ── **辣味**

- 清爽而高雅的辣味 ── **胡椒系**

- 帶有異國風情，具有胡椒刺激的辣味
- 適合燒烤、炭火等呈現食材原始風味的料理 ── **長胡椒**

乾燥整顆：品種眾多，大小也各不相同。

乾燥粉末：除了長胡椒以外，也會以 Long Pepper、Pippali、蓽拔、蓽撥等名稱販售。

最佳組合食材、料理、使用時機

豬肉　羊肉　蓮藕　菇類　山菜　西洋菜

\絕配／ 預先調味
- 異國風漬白蘿蔔（一起醃漬）
- 異國風炒豬肉（醃肉時使用）

\絕配／ 烹調過程
- 鹽煮豬五花（一起燉煮）
- 沖繩雜炒（熄火前再加入）

\絕配／ 最後盛盤
- 蓮藕串燒（撒在表面）
- 烤魷魚（撒在表面）

特定地區的使用方法

印度：尼哈里（Nihari）
以帶骨肉燉煮的印度北方咖哩。

印度～印尼

日本：沖繩雜炒
沖繩常見的炒菜料理。此外，長胡椒也經常作為佐餐調味料，撒在沖繩炒麵等料理上。

舒肥雞佐綠胡椒醬

利用檸檬百里香去除雞肉腥味，再以洋蔥增添甜味。加入綠胡椒讓整道冷盤料理的風味更加清爽。

材料〔2〜3人份〕

A
- ●洋蔥…1/4顆
- 雞腿肉…1塊（350g）
- 香瓜…1/2顆
- 白酒…1大匙
- ●新鮮檸檬百里香…4枝
- 鹽…1/2小匙

B
- ●綠胡椒粗粒…1小匙
- 蜂蜜…2大匙
- 鹽…1/4小匙
- 白酒…80ml

香瓜就像甜度稍低的哈密瓜，在這裡當作蔬菜使用。如果沒有香瓜，也可用其他甜度較低的瓜類代替。若沒有檸檬百里香，也可用一般百里香。舒肥時間請視雞肉的厚度來調整。

作法

1. 洋蔥切薄片。雞腿肉去筋膜，使整塊厚度均勻。香瓜削皮去籽，切成5mm寬的薄片。
2. 將雞腿肉、洋蔥和A一起加入耐熱保鮮袋內，壓出空氣後密封。以66℃低溫加熱50分鐘，雞肉不需取出，整袋靜置放涼。
3. 將B加入小鍋中煮，沸騰後轉小火，讓酒精揮發，煮至剩一半的量時倒入碗中放涼。
4. 雞腿肉切成5mm厚，一片香瓜、一片肉交疊擺盤，最後淋上③。

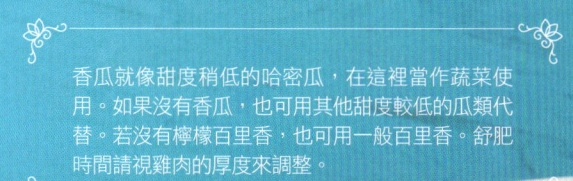

竹筍佐味噌胡椒白醬

肉豆蔻的甜香為竹筍與白醬的鮮甜更添層次，再搭配上白胡椒，以溫和的辣味來襯托竹筍的細緻風味，也不致搶了風采。

材料〔2～3人份〕
竹筍…1根
奶油…30g
低筋麵粉…1大匙
牛奶…5大匙
鹽…1撮
白味噌…1小匙
鮮奶油…5大匙
● 肉豆蔻…少許
● 白胡椒粗粒…少許

作法
❶ 竹筍燙過後去皮、切薄片。
❷ 將奶油加入平底鍋中，開小火。奶油開始融化時加入低筋麵粉拌勻，邊攪拌的同時邊倒入牛奶，接著加入白味噌、鹽調味，最後加入鮮奶油。
❸ 將竹筍盛盤，淋上❷，撒上現磨的肉豆蔻和白胡椒。

肉豆蔻的香氣濃郁，建議用研磨機或刨絲器輕磨成細粉即可。白胡椒注意勿磨得太細，以免風味過於強烈，請用研磨機稍微磨成粗粒狀即可。

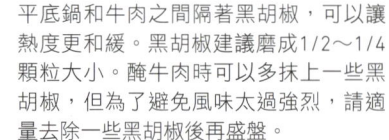

黑胡椒牛排

厚切牛肉與粗顆粒的黑胡椒相當對味。奶油與黑胡椒的組合展現法式風味。

材料〔2人份〕
牛菲力…200g
鹽…1/3小匙＋1/3小匙
● 黑胡椒…1大匙
橄欖油…1大匙
紅酒…60ml
奶油…20g

作法
❶ 牛肉切成兩個厚塊，均勻撒上1/3小匙鹽，醃一下。
❷ 黑胡椒放入研磨缽稍微搗碎後，均勻抹在牛肉表面，靜置約30分鐘。
❸ 平底鍋中倒入橄欖油，開大火。溫度上來後放入牛肉，煎到表面出現焦痕後翻面。
❹ 鍋中加入紅酒、1/3小匙鹽繼續加熱，煮到收汁後加入奶油，續煮到醬汁呈現光澤感。先將牛排表面2/3的胡椒去除後，盛盤，將過濾後的醬汁淋在牛排上。

平底鍋和牛肉之間隔著黑胡椒，可以讓熱度更和緩。黑胡椒建議磨成1/2～1/4顆粒大小。醃牛肉時可以多抹上一些黑胡椒，但為了避免風味太過強烈，請適量去除一些黑胡椒後再盛盤。

長胡椒蔥爆豬肉

以長胡椒的特色風味，讓豬肉、青蔥兩項常見食材迸出絕妙新滋味。

材料〔2～3人份〕
豬梅花肉…200g
淡口醬油…1/2小匙＋1大匙
酒…1小匙＋2小匙
●青蔥…2枝
油…2大匙
●長胡椒…1/2根

作法
❶ 將豬梅花肉切絲，以1/2小匙醬油、1小匙酒醃過。青蔥切掉根部後切成5cm長段。
❷ 平底鍋中倒入油，開大火。油溫上來後放入豬肉翻炒，炒至熟。接著加入青蔥稍微翻炒一下，加入1大匙醬油、2小匙酒繼續翻炒。盛盤，撒上現磨的長胡椒。

最後再撒上現磨的長胡椒，能展現明顯的異國風香氣。也可以加入烤麩等食材，做成類似沖繩雜炒的料理。

香料圖表──辣味／山椒系

- 增添辛辣風味
- 豐富料理層次

辣味

山椒系

- 柑橘香與令舌頭發麻的辣味

清淡 → 濃郁

青花椒：帶有鮮明的麻辣滋味與清新的香氣。適合搭配中式料理當中風味清淡的食材。— 白帶魚、蕪菁

山椒：清新的柑橘香氣，麻辣度比青花椒溫和一些，適合日式料理。— 雞肉、鰻魚

花椒：帶有溫潤的香氣與麻辣感。花椒粉可廣泛用於鹹味為主的中式料理。— 絞肉、味噌

群組特徵

此群組的香料會在口腔中產生麻麻的感覺，而且自身風味和辣味都很強烈，必須注意用量。

青花椒的特徵是同時擁有如山椒般的清爽辛香，以及如花椒般令人發麻的口感。

這類香料主要分布於亞洲地區，並根據各自的特色發展出獨特的料理，由於帶有異國風情，在美食界十分受到重視。

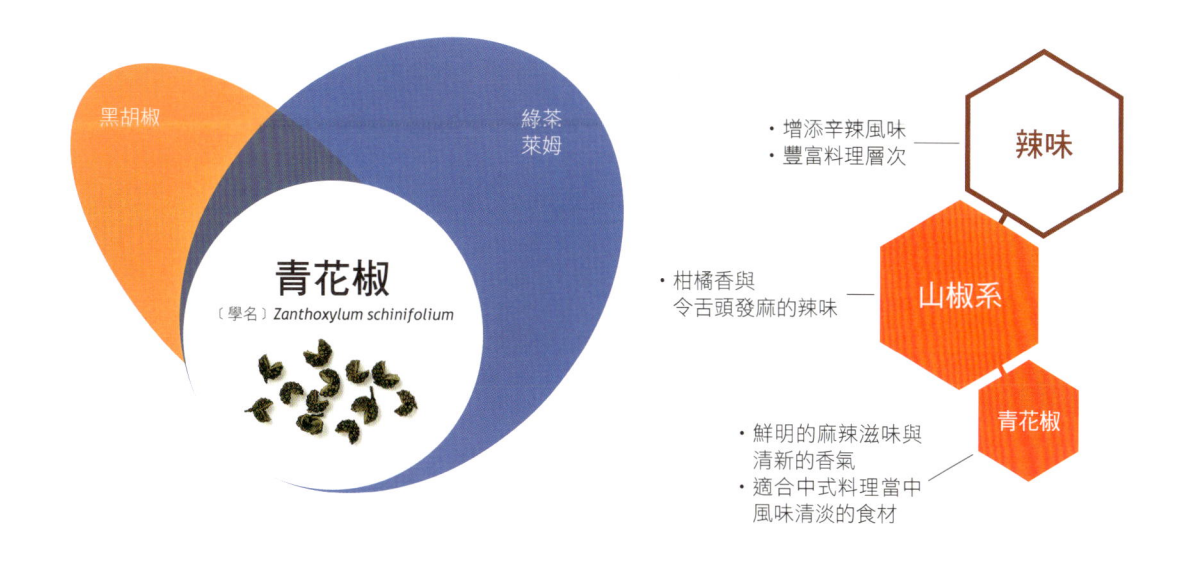

青花椒
〔學名〕Zanthoxylum schinifolium

- 黑胡椒
- 綠茶、萊姆

- 增添辛辣風味
- 豐富料理層次 — 辣味

- 柑橘香與令舌頭發麻的辣味 — 山椒系

- 鮮明的麻辣滋味與清新的香氣
- 適合中式料理當中風味清淡的食材 — 青花椒

乾燥整顆：請挑選色澤較鮮豔的。

乾燥粉末：由於香氣易散失，儘可能在使用前再搗碎。內皮較硬，用電動研磨器為佳。

最佳組合食材、料理、使用時機

小黃瓜　白菜　白帶魚　比目魚　蕪菁

預先調味
- 中式涼拌菜（一起醃漬）
- 中式蒸蛋（醃製放入蛋液中的魚肉）

烹調過程 \絕配/
- 炒蕪菁雞絞肉（爆香後，與食材一起炒）
- 炒小黃瓜牛肉（熄火前再加入）

最後盛盤 \絕配/
- 蒸魚（淋上煉製的青花椒油）
- 燴干貝（撒在表面）

特定地區的使用方法

中國

中國四川：青花椒油
提取青花椒香氣的油，使用方便。

中國四川：麻辣魚
加入辣椒、青花椒、花椒等燉煮而成的魚料理。

除了中國四川之外，其他地區以青花椒入菜的例子較少。多見於餐廳的創意料理。

辣味／山椒系／青花椒

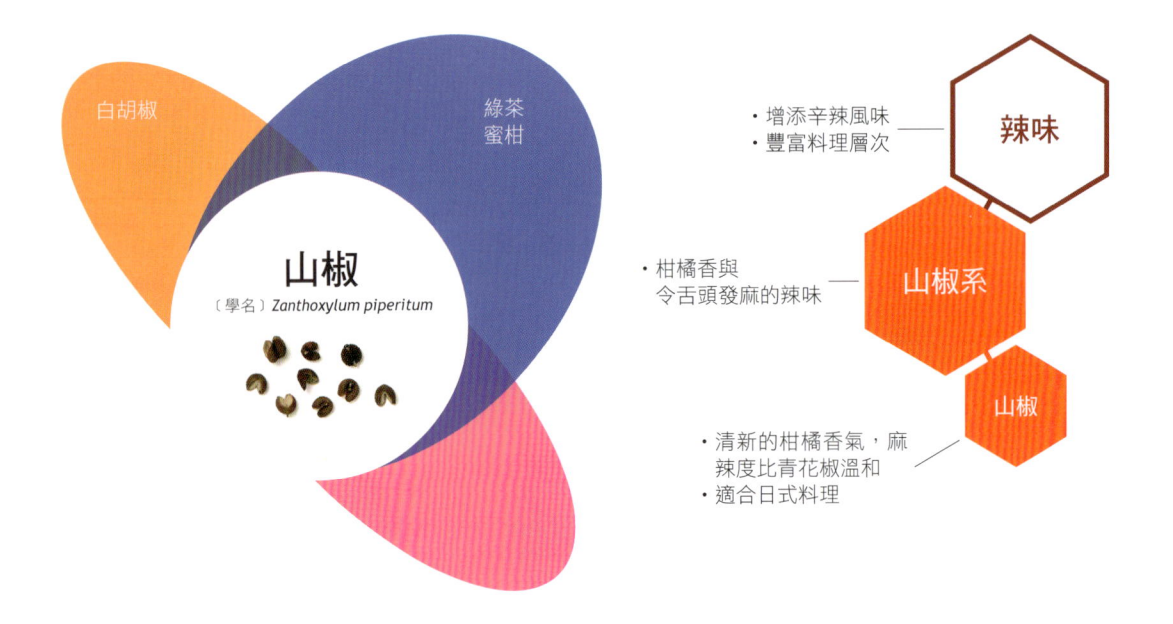

辣味／山椒系／山椒

山椒
〔學名〕*Zanthoxylum piperitum*

- 白胡椒
- 綠茶、蜜柑

- 增添辛辣風味
- 豐富料理層次 ── **辣味**

- 柑橘香與令舌頭發麻的辣味 ── **山椒系**

- 清新的柑橘香氣，麻辣度比青花椒溫和
- 適合日式料理 ── **山椒**

乾燥整顆：採收尚未成熟的果實乾燥製成。

新鮮整顆：每年5～6月上市。放入水中汆燙去除澀味後使用。可冷凍保存。

乾燥粉末：在超市即可購得，但價格過低者可能是摻有青花椒的產品。

最佳組合食材、料理、使用時機

雞肉　柴魚高湯　醬油　鰻魚

預先調味
- 山椒漬蕪菁（一起醃漬）

\絕配／
烹調過程
- 山椒味噌燉鯖魚（一起燉煮）
- 山椒燉牛肉（一起燉煮）

\絕配／
最後盛盤
- 紅味噌冷湯（撒在表面）
- 雞肉串燒（撒在表面）

特定地區的使用方法

東亞

日本：山椒佃煮
把山椒果實混合小魚乾燉煮，像香鬆般配飯食用。

日本：蒲燒鰻魚
山椒和鰻魚味道相當契合，是絕配組合。

日本：山椒漬鯡魚
為山形縣特產。將鯡魚乾以山椒葉（木之芽）醃漬。

192

花椒
〔學名〕*Zanthoxylum schinifolium*

- 黑胡椒
- 紅辣椒
- 蜜柑
- 牛蒡
- 乾草

- 增添辛辣風味
- 豐富料理層次 ── 辣味
- 柑橘香與令舌頭發麻的辣味 ── 山椒系
- 帶有溫潤的香氣與麻辣滋味
- 花椒粉可廣泛用於鹹味為主的中式料理 ── 花椒

乾燥整顆：特徵是會令舌頭發麻的辣味。常見於中國四川的「麻辣」料理。

乾燥粉末：使用少量即可呈現「中華料理感」。適合鹹香型料理。

最佳組合食材、料理、使用時機

鹽　豬肉　絞肉　醬油　茄子　羊肉　牛肉　味噌

\絕配/
預先調味
- 餛飩（拌入絞肉中）
- 中華炒蝦仁（醃蝦仁時撒上）

\絕配/
烹調過程
- 味噌炒青椒（爆香後一起炒）
- 八寶菜（熄火前再加入）

\絕配/
最後盛盤
- 口水雞（淋上煉製的花椒油）
- 青蔥拌麵（撒在表面）

特定地區的使用方法

中國四川：麻辣火鍋
麻辣料理的代表。在加了辣椒和花椒、充滿麻辣香氣的高湯中烹煮食材。

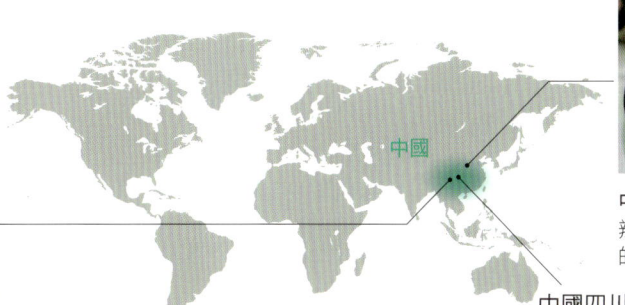

中國西安：油潑扯麵
辣椒和花椒風味尤為突出的拌麵。

中國四川：麻婆豆腐
花椒為此料理不可或缺的香料。將現磨花椒粉和豆腐一起煮入味，最後上桌前再撒一點增香。

辣味／山椒系／花椒

193

青花椒漬白蘿蔔

若是短時間醃漬，吃起來能感受到淡雅香氣；若冷藏靜置一晚，青花椒香氣則更鮮明濃郁。同樣是展現中式料理風格，但以青花椒取代花椒，讓風味更清爽。

❀ 材料〔2〜3人份〕
白蘿蔔…1/4根
鹽…1/3小匙
砂糖…1小匙
醋…1大匙
● 青花椒…1/2小匙

❀ 作法
❶ 白蘿蔔切成5mm寬的條狀，撒上鹽、裝入保鮮袋中，靜置10分鐘。
❷ 待白蘿蔔稍微軟化後，加入砂糖、醋、青花椒，在袋中充分混合，擠出袋內空氣後封口，放入冰箱冷藏。視喜歡的入味程度和口感，冷藏1小時至1天。

若有確實擠出保鮮袋的空氣，少量調味料也能充分入味。醃漬時間越長，青花椒的香氣會越濃郁，亦可根據醃漬時間調整青花椒的用量。

山椒風味雞肉義大利麵

白酒、橄欖油、義大利麵，再搭配山椒與醬油，是一道和洋融合的料理。山椒和小黃瓜的組合，入口彷彿迎來一道涼風。

❀ 材料〔2〜3人份〕
● 大蒜…1/2瓣
● 生薑…1/2片
小黃瓜…1/2條
橄欖油…2大匙
雞腿絞肉…200g
鹽…1/4小匙＋1大匙
白酒…2大匙
淡口醬油…1小匙
義大利麵（1.6mm）…160g
● 山椒粉…1/2小匙

❀ 作法
❶ 將大蒜、去皮的薑以及小黃瓜分別切成碎末狀。
❷ 平底鍋中倒入橄欖油、大蒜、生薑，開中火。待油冒出小泡泡後再加入雞肉翻炒。雞肉炒熟後，加入1/4小匙鹽、白酒、醬油，翻炒均勻。
❸ 用另一個鍋子煮義大利麵。鍋中倒入2公升水、1大匙鹽，開大火煮至沸騰後，放入義大利麵，煮至麵芯剛剛好熟的程度，撈起並放入②的平底鍋中，最後加入小黃瓜稍微拌一下即可盛盤。撒上山椒粉。

小黃瓜只需少量作為點綴。山椒粉可依個人喜好調整用量。

花椒花生味噌飯糰

花椒的辣味與清新香氣，襯托了花生與味噌的甜味，怎麼也吃不膩。

🌸 材料〔容易做的份量〕
熟花生仁（去皮）…30g
● 花椒…1小匙
A ┌ 田舍味噌…3大匙
　├ 砂糖…2大匙
　└ 味醂…1大匙
鹽味飯糰…適量

🌸 作法
❶ 用菜刀將花生切成粗末。
❷ 小鍋中放入花椒開小火，輕輕拌炒去除表面濕氣，炒到乾燥後，放入研磨缽中研磨，約磨成2～3mm的粗顆粒。
❸ 將A和①放入鍋中，開中火，待砂糖溶解且呈現光澤感時，加入②拌勻，倒入碗中。
❹ 將③抹在鹽味飯糰上，炙燒味噌表面。

碎花生粒不需要大小一致，落在約5mm塊狀至粉末狀皆可，大小不一能增添甜味與堅果香，讓口感更豐富。花椒炒過再磨較容易磨碎，粗磨能呈現如胡椒般的嗆辣風味。

香料圖表──辣味／山葵系

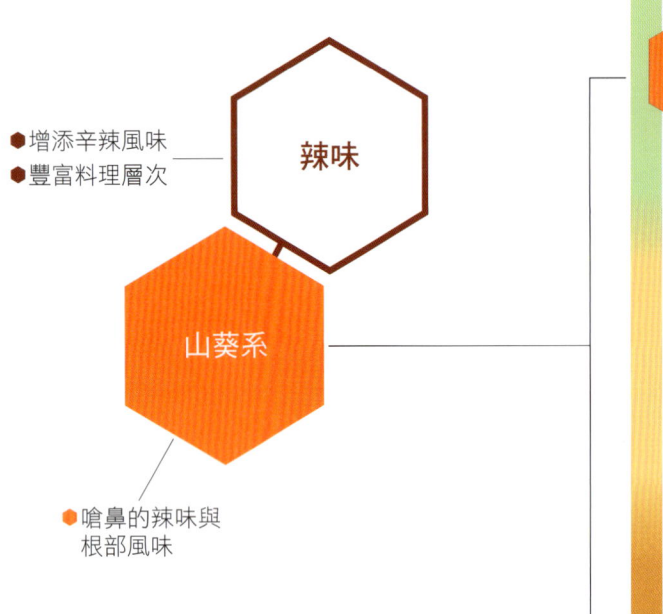

- 增添辛辣風味
- 豐富料理層次

辣味

山葵系

- 嗆鼻的辣味與根部風味

清淡

山葵 — 展現日式風味。適合清爽風味的料理。　生魚　醬油

辣根 — 無特殊香氣。適合肉類料理。　牛肉

濃郁

群組特徵

此群組香料的共通特徵是具有嗆鼻的辛辣風味，且加熱後香氣容易散失，因此適合在烹調最後再加入，或是盛盤後作為配料使用。

原則上，山葵屬於和風口味，適合魚類料理；辣根則是歐式口味，適合肉類料理。不過大可不必受侷限，想呈現新鮮清爽風味時，可以使用山葵；想突顯牛蒡般的根部風味時，就利用辣根。以個人喜好及料理方向靈活運用吧。

山葵
〔學名〕Eutrema japonicum

西洋菜

砂糖

- 增添辛辣風味
- 豐富料理層次

辣味

- 嗆鼻的辣味與根部風味

山葵系

山葵

- 展現日式風味
- 適合清爽風味的料理

辣味／山葵系／山葵

新鮮整根
挑選沒有變黑且重量較重者為佳。

新鮮磨泥
建議使用鯊魚皮磨泥器（或類似質地），能夠研磨得很細緻。

山葵粉、山葵膏
成分並非山葵，而是以辣根或芥末籽等混合加工製成的產品，方便運用。

最佳組合食材、料理、使用時機

鹽味　海苔　生魚　醬油

預先調味
- 漬鮪魚（加入醃漬醬油中）
- 醬油漬山藥（加入醃漬醬油中）

烹調過程
加熱會讓山葵風味散失，不適合此階段使用

＼絕配／
最後盛盤
- 山葵沙拉醬（加入醬油基底的醬汁中）
- 和風醬汁生魚片（加入醬汁中）
- 山葵拌飯（撒在飯上）

特定地區的使用方法

日本：雞里肌串燒
山葵和清淡的鹽烤雞柳是經典搭配。

日本：醬油漬山葵葉
春天至初夏的美味醃漬品。

日本：壽司
山葵是壽司中不可少的元素。通常將山葵泥夾在飯與生魚片中間食用。

日本：漬山葵
以酒粕混合山葵、山葵葉製成的醃漬品。

197

辣味／山葵系／辣根

白芥末　白蘿蔔

辣根
〔學名〕*Armoracia rusticana*

砂糖

- 增添辛辣風味
- 豐富料理層次　　**辣味**

- 嗆鼻的辣味與根部風味　　**山葵系**

- 無特殊香氣
- 適合肉料理　　**辣根**

新鮮整根 挑選時以重量較重者為佳。因山葵價格較高，辣根常被作為替代山葵製品的調味材料。

新鮮研磨 建議選擇鯊魚皮磨泥器（或類似質地），能夠研磨得很細緻。

最佳組合食材、料理、使用時機

白蘿蔔　牛肉　鴨肉

預先調味
- 牛肉半敲燒（醃牛肉時使用）
- 醋漬甜菜根（拌入醃漬液中）

烹調過程
加熱會使辣根風味散失，不適合此階段使用

\絕配/
最後盛盤
- 炸牛排（拌入醬汁中）
- 烤牛肉（拌入醬汁中）

特定地區的使用方法

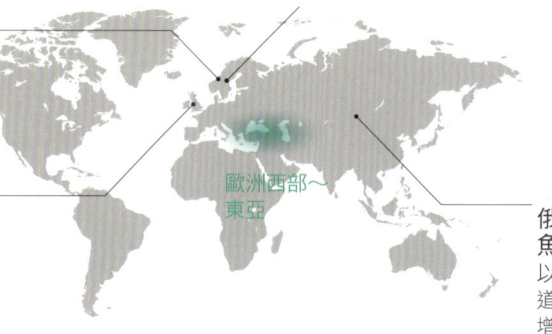

北歐
用在鮭魚、淡菜料理等的醬汁中。

瑞典：甜菜根韃靼（Beet Tartare）
辣根搭配甜菜根等製作而成的料理。

歐洲西部～東亞

英國：烤牛肉
以牛肉直接沾取辣根泥，或是以鮮奶油製成的辣根醬。

俄羅斯：毛皮大衣下的鯡魚（Dressed Herring）
以鯡魚與甜菜根等製作的一道分層沙拉，常搭配辣根來增添風味。

山葵酸豆漬生魚片

山葵、醬油與生魚片本就是王道組合，加入酸豆、柳橙、洋蔥注入義式風味，為經典搭配帶來驚喜感。

❀ 材料〔2～3人份〕
紅魽（生魚片用）…100g
● 洋蔥…1/12顆
● 醋漬酸豆…2小匙
● 柳橙…1/8顆
● 山葵（磨泥）…1/2小匙
淡口醬油…2小匙

❀ 作法
❶ 將紅魽切成生魚片大小。洋蔥切細末後泡水，酸豆也切成細末。
❷ 碗中擠入柳橙汁，磨入柳橙皮，放入瀝乾水分的洋蔥與酸豆，再加入山葵泥、醬油，充分拌勻。
❸ 生魚片放入❷中醃約1分鐘即可食用。

山葵的風味和辣度個別差異大，建議試過味道後再調整用量。酸豆的用量為切末前的2小匙量即可。可用鰤魚、青魽來代替紅魽，也很好吃。

烤牛肉佐辣根

象徵著西洋料理的辣根，以其清爽的辣味提升牛肉的風味，配上日式調味料，就是一道和洋協奏的美味。

❀ 材料〔容易做的份量〕
牛腿肉塊…500g
鹽…1小匙
● 洋蔥…1/2顆
● 辣根…1根
油…適量
淡口醬油…2大匙
味醂…1.5大匙

❀ 作法
❶ 牛肉均勻抹鹽，用廚房紙巾包起來冷藏一晚，料理前取出靜置至回到常溫狀態。洋蔥順纖維方向切絲後泡水。辣根削皮磨泥。
❷ 平底鍋中倒入薄薄一層油，開大火，放入牛肉，表面各煎1～2分鐘至完全上色後取出，關火。將牛肉用折皺的鋁箔紙包裹兩層，再放回平底鍋中靜置30分鐘，偶爾翻動即可。
❸ 開小火，將牛肉繼續包在鋁箔紙內，兩面各煎1～2分鐘。煎完取出，不拆掉鋁箔紙，常溫靜置30分鐘。
❹ 拆去鋁箔紙，將牛肉切成薄片，沾裹混合醬油和味醂的醬汁後盛盤。最後放上瀝乾的洋蔥和辣根。

可多放一些辣根當作佐料。比起柚子醋，混合味醂與醬油的醬汁更能突顯牛肉的鮮甜。

香料圖表──辣味／芥末系

- 增添辛辣風味
- 豐富料理層次

辣味

芥末系

- 嗆鼻的辣味與油脂風味

清淡

白芥末籽 — 風味層次豐富，帶溫和的辣味。適合用於海鮮與蔬菜料理的提味。 白花椰菜 / 鯖魚

褐芥末籽 — 帶有苦味，爆香後使用為佳。適合蔬菜料理。 紫高麗菜 / 菠菜

濃郁

群組特徵

此群組香料具有嗆鼻的辛香、辣味與獨特的鮮味。雖然其中的辣味經過加熱、時間一久就會散失，但正好可以利用該特點，在料理中只留下香氣與鮮味。

市售產品的型態主要是芥末籽。另外也有混合英式芥末、日式黃芥末或其他香料後，以粉末狀販售的產品。

除了直接以種子形式加入料理中，也有與醋等調味料混合成糊狀後使用的方式。

白芥末有時會被作為黃芥末的替代品，以加工或混合成黃芥末的形式販售。

白芥末籽
〔學名〕*Sinapis alba*

白蘿蔔
美乃滋

- 增添辛辣風味
- 豐富料理層次 —— 辣味

- 嗆鼻的辣味與油脂風味 —— 芥末系

- 風味層次豐富，帶溫和的辣味
- 適合用於海鮮與蔬菜料理的提味 —— 白芥末籽

辣味／芥末系／白芥末籽

乾燥種子　種子質地硬，適合加入醃漬液或爆香後使用。

乾燥粉末　帶有苦味，可加入調味醋中做成芥末醬使用。

最佳組合食材、料理、使用時機

高麗菜　白花椰菜　雞肉　鯖魚　鯡魚

＼絕配／ 預先調味
- 醃漬食品（加入醃漬液中）
- 醃漬紅魽（拌入醃漬液中）

＼絕配／ 烹調過程
- 白酒燉高麗菜（一起燉煮）
- 芥末烤鯖魚（抹上厚厚的第戎芥末醬再烤）

＼絕配／ 最後盛盤
- 白花椰菜拌芥末（拌入醬汁中）
- 芝麻涼拌菠菜（拌入芝麻醬中）

特定地區的使用方法

歐洲～美國：醃漬香料
醃漬食材時經常使用的香料。適合搭配各種食材。

歐洲南部～西亞

法國：烤兔肉佐第戎芥末醬
也可用於雞肉，做法相同。

印度：咖哩魚
將泡水變軟的芥末籽混合其他香料等製成咖哩醬，搭配魚肉燉煮而成。

印度～孟加拉：芒果泡菜
使用芥末籽、辣椒粉等香料醃漬青芒果。

印度：印度泡菜（Achar）
把蔬菜、芥末籽以及其他調味料等一起醃漬。

201

辣味／芥末系／褐芥末籽

褐芥末籽
〔學名〕*Brassica juncea*

- 白蘿蔔
- 菇類 牛蒡

- 增添辛辣風味
- 豐富料理層次 —— 辣味

- 嗆鼻的辣味與油脂風味 —— 芥末系

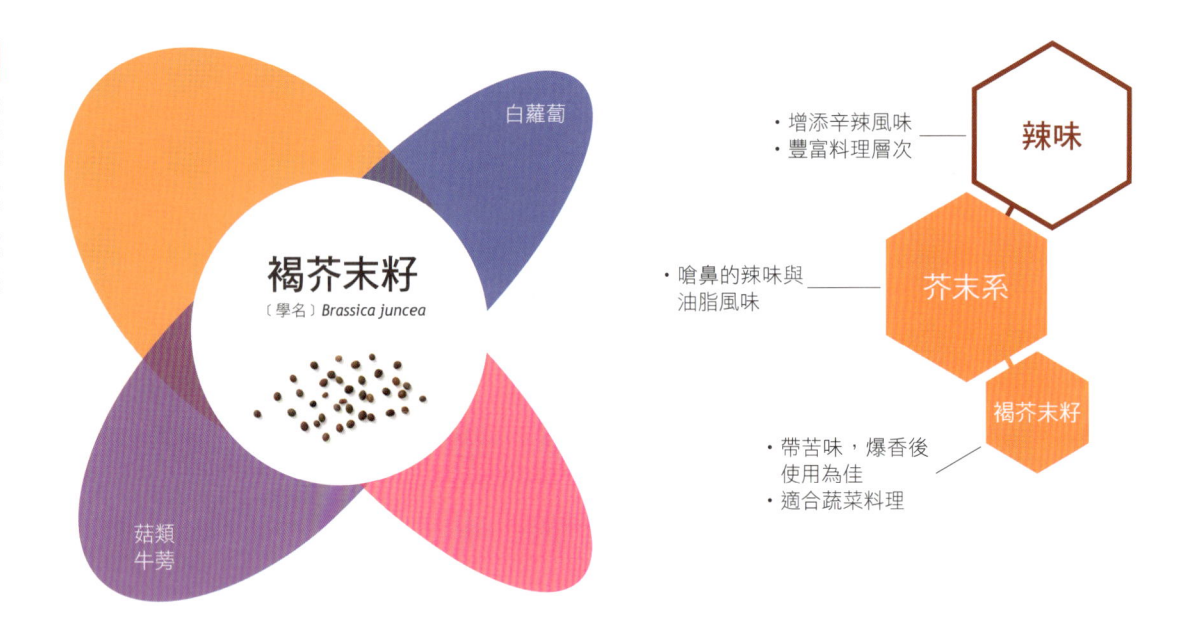

- 帶苦味，爆香後使用為佳
- 適合蔬菜料理 —— 褐芥末籽

乾燥種子
質地硬且味苦，和其他香料一起爆香後再使用為佳。

乾燥粉末的苦味強烈，不適合單獨使用，通常與白芥末籽混合後使用。

最佳組合食材、料理、使用時機

胡蘿蔔　紫高麗菜　菠菜　茼蒿

＼絕配／
預先調味
- 胡蘿蔔天婦羅（拌入麵衣中）

＼絕配／
烹調過程
- 炒馬鈴薯（爆香後一起炒）
- 香料風味炸雞（和其他香料一起爆香後再拌入醬中，裹在雞肉上）

＼絕配／
最後盛盤
- 胡蘿蔔濃湯（加入香料油）
- 涼拌茼蒿（拌入香料油）

特定地區的使用方法

德國：芥末籽醬
歐洲各地都有。單獨使用會有苦味，常搭配白芥末籽一起製成。

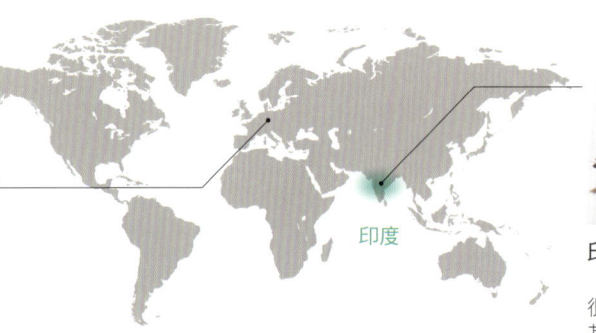

印度

印度：孟加拉五香（Panch Phoron）
很少單獨使用，多為搭配其他香料使用。

202

芝麻芥末涼拌小豆苗

以現磨白芝麻來提升香氣，同時降低小豆苗的青草味。白芝麻的油分能緩和芥末的辣度，讓料理更溫和順口。

材料〔3～4人份〕
豆苗…2包
A ┌ ●白芥末籽…1/2小匙
　├ 白芝麻…1大匙
　├ 淡口醬油…1/2小匙
　└ 白味噌…1小匙

作法
❶切掉豆苗根部，長度切對半，用熱水快速汆燙一下後撈起，放入冷水中冷卻，接著取出，確實擰掉水分。
❷用電動研磨機將白芥末籽和白芝麻粗略研磨一下。
❸將A混合拌勻製成和風醬，再拌入豆苗中。

也可用小松菜、菠菜代替豆苗。若沒有電動研磨機，可以直接用芥末粉，不過由於辣味較明顯，請注意用量。

芥末香草布利尼

香料炒過後辣度降低，同時帶出堅果風味，適合作為沙拉的重點調味。黑種草的獨特風味搭配醬油，展現出無國界料理風格。

材料〔容易做的份量〕
A ┌ 低筋麵粉…100g
　├ 泡打粉…1/3小匙
　├ 牛奶…150ml
　├ 鹽…1撮
　└ 砂糖…1小匙
油…適量
生菜葉…1/2顆
●青紫蘇…10片
●洋蔥…1/12顆
B ┌ ●黑種草…1/4小匙
　├ ●褐芥末籽…1/4小匙
　└ 油…1大匙
C ┌ 淡口醬油…2小匙
　├ 砂糖…1小匙
　└ 醋…1小匙
希臘優格…100g

作法
❶首先製作布利尼薄餅。將A放入碗中拌勻成麵團。平底鍋中倒入薄薄一層油，加入1大匙麵團，攤成直徑5cm的薄餅。煎至一面凝固後翻面再煎，兩面都煎乾後即可取出。
❷取一大碗，放入沙拉葉、切絲的洋蔥、撕碎的青紫蘇。
❸小鍋中倒入B，開小火，等芥末籽因受熱而在鍋底跳動時，淋到❷上。接著加入混合好的C，再次拌勻。
❹將希臘優格抹在❶的薄餅上，再放上❸。

正統的布利尼帶有厚度，但這裡改成薄餅，使口感更清爽、也更容易食用。將甜味薄餅與清爽沙拉的風味，藉由油脂與堅果香氣的香料融合起來。

203

Column 07 | **自製芥末醬**

市售的芥末醬種類多元，有瓶裝也有管狀等，使用上相當方便，
不過，自製的香氣還是最好。作法很簡單，推薦大家試試看！

材料
- 芥末籽…50g
- 鹽…7g
- 砂糖…35g
- 醋…100ml

作法
將所有材料放入保存容器中拌勻，常溫（夏季需冷藏）保存2～3天，過程中要不時攪拌。

＊褐芥末籽會帶苦味，約使用佔整體1/5的量即可。

A. 研磨後醃漬法
芥末籽粗磨後再醃漬。由於水分吸收快，建議需要立刻運用時再採用此方法。家中若有電動研磨機會比較輕鬆。

B. 整顆醃漬法
直接將芥末籽整顆泡入醃漬液中醃漬。約2～3天就會變軟，特點是能保留顆粒口感。

C. 整顆醃漬再研磨法
將芥末籽整顆泡入醃漬液中，醃漬約2～3天。再用食物調理機或研磨缽搗碎，處理成喜歡的顆粒大小即可。

芥末海鮮丼

使用自製芥末醬，新鮮的辛辣感與清新的香氣，不僅能消除魚腥味，還能提升食欲。透過搭配巴西里，讓本以為是日式走向的料理，展現出意料之外的無國界美食風貌。最後以巴西里花點綴，增添華麗感。

若沒有巴西里花，可以將巴西里切末，撒上一點點即可。想做成明確的日式風味時，可以撒上紫蘇、生薑等日式佐料；若是撒上芫荽，也會別有一番風味。

材料〔3～4人份〕
生魚片（鯛魚、鮪魚等）…150g

A
- 自製芥末醬…1小匙
- 淡口醬油…2小匙
- 味醂…1小匙

白飯…米1杯半的量

B
- 鹽…1/2小匙
- 砂糖…1.5大匙
- 醋…1大匙

- 巴西里花…適量

作法
1. 將魚肉切成容易食用的大小，並加入拌勻的A中醃漬。
2. 將B加入煮得硬一點的白飯中，用飯匙切拌均勻，飯稍微放涼後即可盛入碗中。
3. 將①鋪在白飯上，撒上巴西里花即完成。

Column 08 | 世界各地的芥末醬

早在一世紀的羅馬,就有以芥末籽搭配酒醋、堅果製成的芥末醬。
如今,世界各地的芥末醬已經大量商品化,成為家家戶戶餐桌上常見的調味料。

法國
在法國國內的紅酒產地,衍生出以紅酒醋、芥末籽為原料,並添加香草或黑醋栗等各式各樣風味的芥末醬,深受喜愛。

*第戎芥末醬(Dijon Mustard)
口感圓潤、香氣濃郁的芥末醬。其中標有「勃艮第芥末」名稱者,表示其原料的芥末籽和酒醋均為勃艮第所產。

*紫芥末醬(Moutarde Violette)
以葡萄汁取代油醋,與紫芥末籽等製成的芥末醬。適合搭配血腸或內臟香腸食用。

*黑醋栗芥末醬(Cassis Mustard)
一種風味芥末醬。適合搭配肉類料理食用。

德國
在德國,芥末醬是搭配德式香腸、肉類料理時不可或缺的調味料。

*德式芥末醬(Dusseldorf Mustard)
和第戎芥末醬口感類似,加入褐芥末籽混合研磨而成,甜味較少。

*巴伐利亞芥末醬(Bavarian Mustard)
為留有顆粒感的芥末醬。其特徵是甜味較明顯。

英國
主要使用以薑黃上色的薑黃芥末粉,或是將薑黃芥末粉加水製成的糊狀芥末醬。由於非葡萄酒產地,所以芥末醬中幾乎不會添加酒醋。

美國
主要使用以薑黃上色的糊狀芥末醬。

日本
用溫水將粉狀的「日式黃芥末」調成糊狀後沾取食用,是關東煮、醋味噌涼拌菜等不可少的調味料。

黑醋栗芥末涼拌鮪魚芽菜

加入帶有果香的黑醋栗芥末醬,
平凡的食材組合令人瞬間眼睛一亮。

材料〔2~3人份〕
青花菜芽…2盒
● 巴西里…4、5枝
● 洋蔥…1/8顆
● 黑醋栗芥末醬…1小匙
淡口醬油…1/2小匙
砂糖…1/2小匙
鮪魚罐頭…1/2罐

作法
❶ 青花菜芽切掉根部後洗淨。巴西里葉切成3~4cm段狀。洋蔥順纖維方向切絲。將青花菜芽、巴西里葉、洋蔥都放入水中浸泡,稍微混合。
❷ 將黑醋栗芥末醬、醬油、砂糖倒入碗中拌勻。最後再加入瀝去水分的①和鮪魚拌勻。

由於蔬菜涼拌後就會開始出水,建議在食用前再拌。若使用一般的芥末醬,可減少砂糖量,並加入一點黑醋栗醬或草莓醬調味。巴西里切得稍大一些,會更爽口。

CHAPTER 2-5
鮮味香料

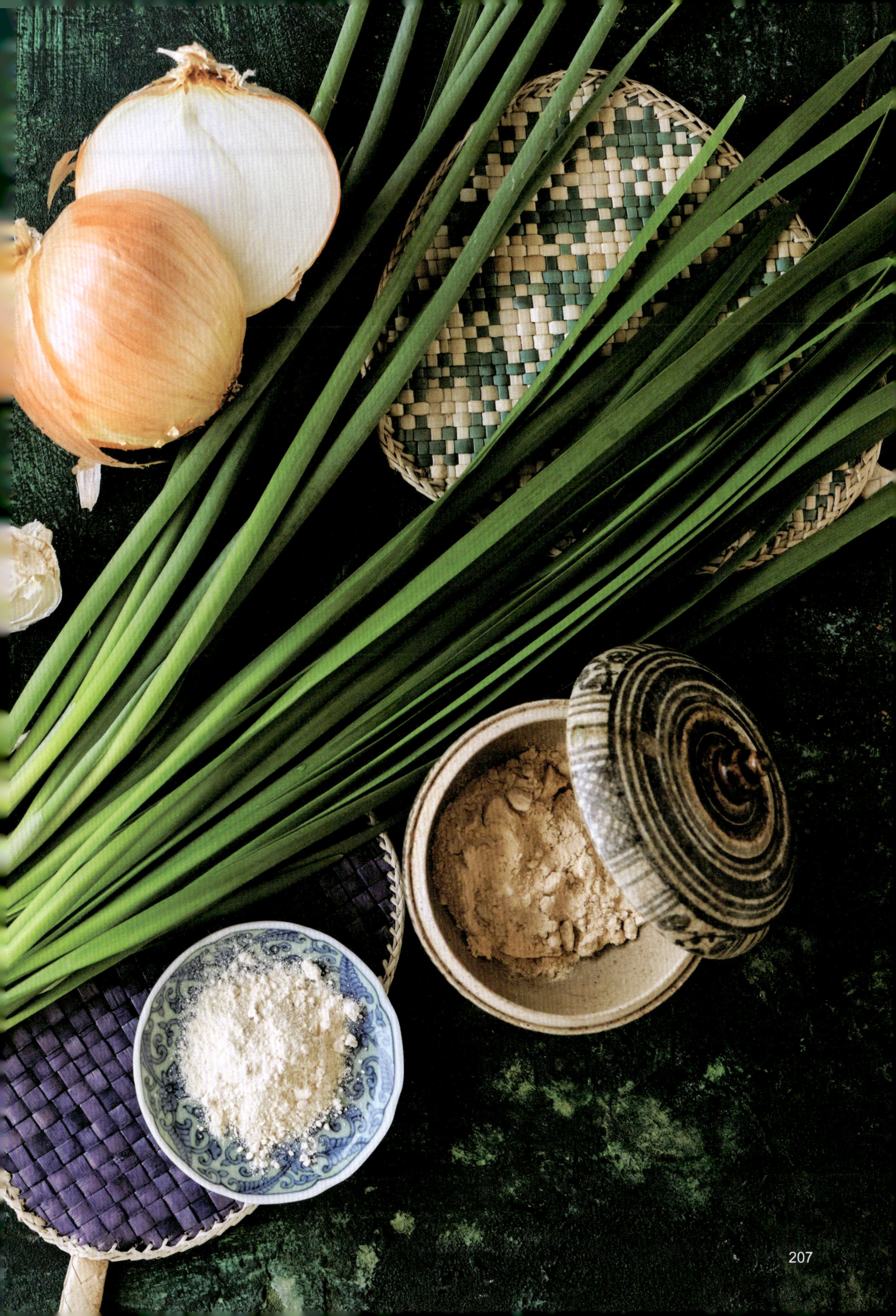

鮮味香料矩陣

- 消除腥味……一起加熱烹調時,能與食材中的蛋白質產生化學反應,消除食材本身可能帶有的腥味。
- 增添鮮味……香料經過加熱後,會釋放出特有的鮮味與甜味,使料理整體更加美味。

＊這些香料加熱前往往帶辛辣風味,因此具有類似辣味香料的作用。

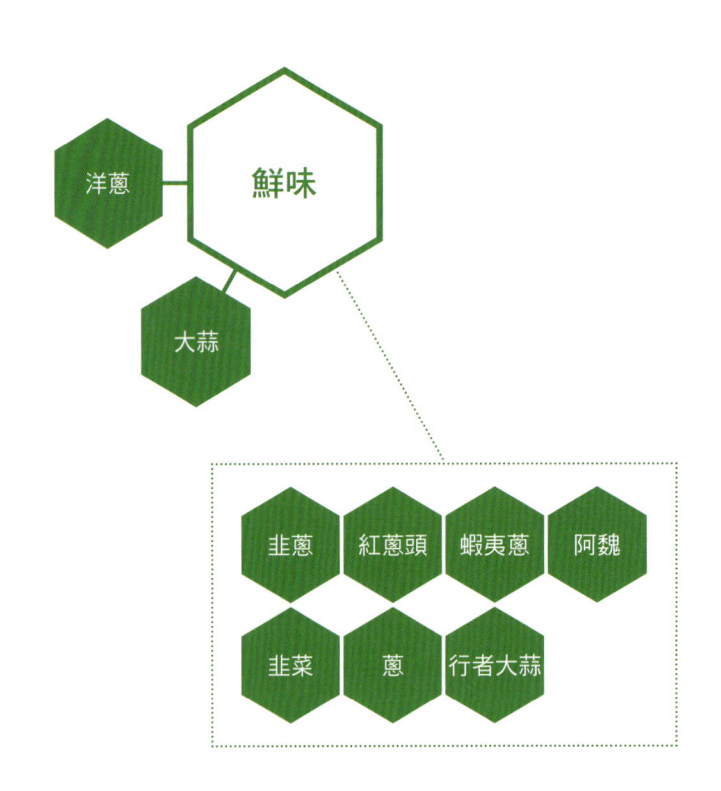

鮮味

洋蔥
大蒜

韭蔥　紅蔥頭　蝦夷蔥　阿魏
韭菜　蔥　行者大蒜

香料圖表──鮮味

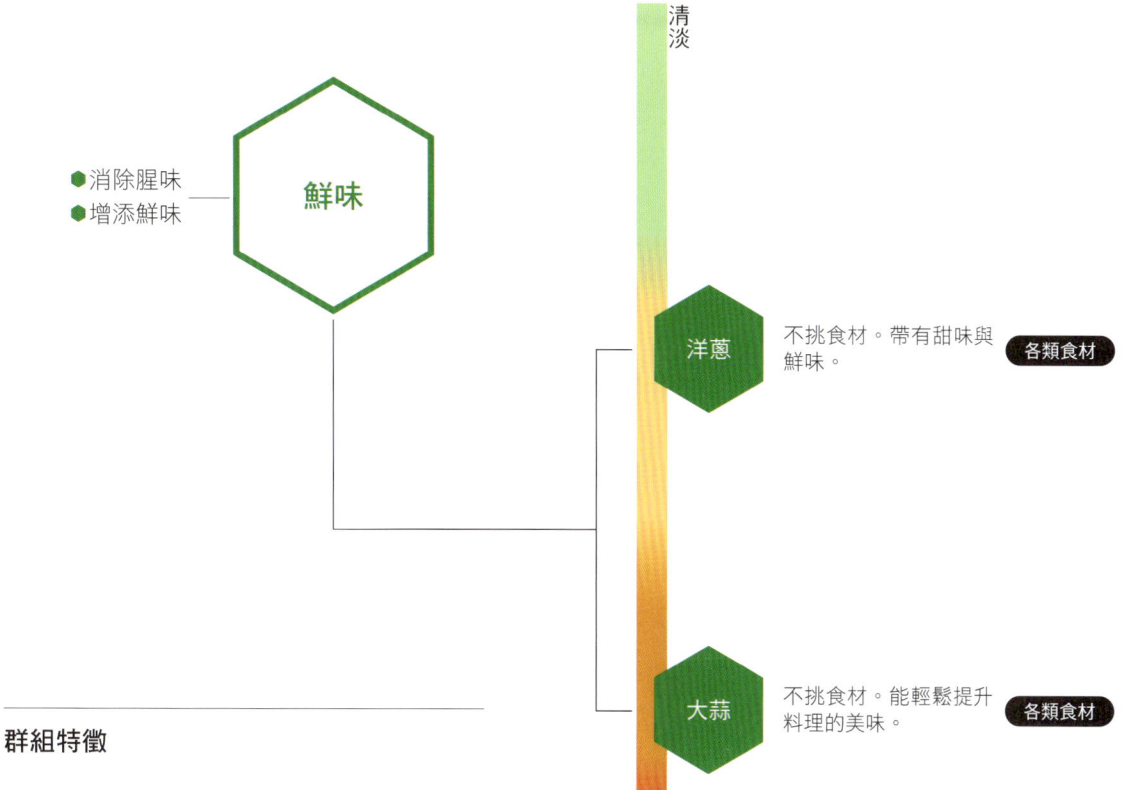

- 消除腥味
- 增添鮮味

鮮味

清淡 ↑

洋蔥 — 不挑食材。帶有甜味與鮮味。 　各類食材

大蒜 — 不挑食材。能輕鬆提升料理的美味。 　各類食材

↓ 濃郁

群組特徵

能賦予料理獨特鮮味的群組。以新鮮狀態、類似蔬菜般廣泛運用在料理中。由於在世界各地都普遍運用，所以不容易展現地域性，而是屬於日常容易取得、能夠輕鬆運用於各種料理的香料。

新鮮狀態下含有辛辣成分，因此與其他食材一起加熱時，產生的化學反應能去除其他食材的腥味。即使是現成的乾燥粉末，或者將新鮮食材乾燥後磨成粉末，也有去腥的功效。經烘烤再乾燥的粉末會改變其原有的特性，建議了解其特性後再使用。

其中，蔥、大蒜切得越細碎，越容易釋放出氣味；切成段狀或大塊使用時，則能保留較多甜味與鮮味。

鮮味／洋蔥

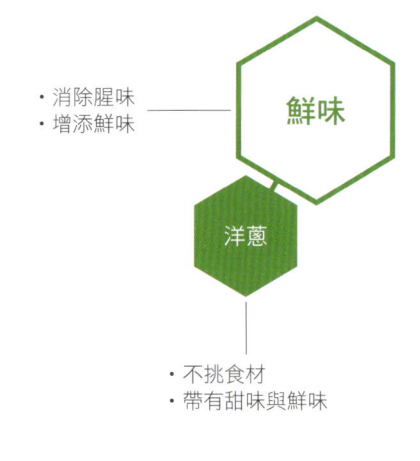

洋蔥
〔學名〕Allium cepa

- 青椒
- 美乃滋
- 乾草味醂

- 消除腥味
- 增添鮮味

鮮味

洋蔥
- 不挑食材
- 帶有甜味與鮮味

新鮮整顆 可作為蔬菜運用在所有料理中，生食或加熱後皆可食用。	**新鮮切碎** 藉由過油熱炒來帶出甜味，切末比磨泥的風味來得明顯。	**新鮮研磨** 搭配其他香料或調味料一起磨泥後，運用在各種香料料理中。	**乾燥粉末** 常用在綜合香料當中或調味時使用。可為料理增添鮮味。

最佳組合食材、料理、使用時機

各類食材

〜絕配〜 預先調味
- 炸雞塊（作為雞肉醃料使用）
- 泰式烤魚（搭配其他香料作為醃料使用）

〜絕配〜 烹調過程
- 印度咖哩（搭配其他香料製成咖哩醬後一起燉煮）

另外，也可當作蔬菜燉煮，為料理增添甜味與鮮味

〜絕配〜 最後盛盤
- 沙拉（切絲後拌在一起）
- 南蠻漬（切絲後拌在醃汁中）

特定地區的使用方法

美國
常運用乾燥洋蔥粉末作為簡便的調味料。

歐洲
將炒過的洋蔥作為燉煮料理的基底，以增添鮮味與甜味。

西亞～中亞

印度
加入咖哩中。可生食或製成醃菜。

中東
烤肉中加入切絲的洋蔥，作為配料使用。

210

大蒜

〔學名〕Allium sativum

蔥
牛蒡
美乃滋

- 消除腥味
- 增添鮮味

鮮味

大蒜

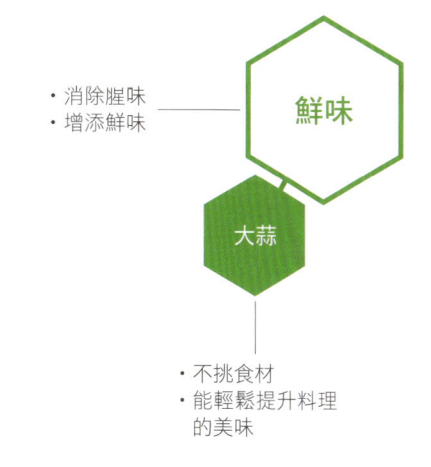

- 不挑食材
- 能輕鬆提升料理的美味

新鮮整顆：氣味強烈。生大蒜帶有辣味，加熱後能增添甜味與鮮味。

新鮮切碎：切得越細，越能感受到特有的強烈氣味。

新鮮研磨：搭配其他香料或調味料製成泥狀後，運用在香料料理中。

乾燥粉末：和乾燥洋蔥粉末一樣，能為料理增添鮮味。

最佳組合食材、料理、使用時機

各類食材

絕配 / 預先調味
- 醃漬大蒜（醃漬在醬油中）
- 餃子（拌入餡料中）

絕配 / 烹調過程
- 整瓣放入鍋中，和其他食材一起燉煮，能去腥，同時增添鮮味

絕配 / 最後盛盤
- 鰹魚半敲燒（切薄片後當作配料）
- 生馬肉（作為配料）

特定地區的使用方法

希臘：Scordalia
由馬鈴薯、麵包搭配堅果和大蒜製成的醬料。

西班牙：麵包香蒜湯（Sopa de Ajo）
加入滿滿大蒜的簡易湯品，其中還會放入麵包塊與蛋。

土耳其：大蒜優格醬
和芝麻醬（Tahini）類似，作為調味料使用。

喬治亞：齊亞美露里（Shkmeruli）
一種大蒜奶油燉雞料理。

土耳其：芝麻醬（Tahini）
將大蒜拌入芝麻醬中以增添風味，為一種調味料。

滿滿洋蔥燒賣

洋蔥除了能消除肉的腥味，其甜味與五香粉的甜香，更是提升了肉脂的香甜味。
這是一道運用少少的食材就創造出美味的簡單料理。

材料〔3～4人份〕

低筋麵粉…100g
●洋蔥…1/2顆
麵粉…適量
水餃醬汁…適量

A ─ 豬絞肉…400g
●五香粉…1/4小匙
砂糖…1/2小匙
太白粉…2小匙
濃口醬油…1小匙
酒…1小匙

作法

❶碗中加入低筋麵粉，倒入70ml熱水，用筷子迅速攪拌成碎塊狀，接著用手揉成團。約揉2～3分鐘至麵團變得光滑時，將麵團集中成一團，輕蓋上濕布，靜置30分鐘。

❷洋蔥切成5mm大小的丁狀。

❸在另一個碗中加入A和❷，揉到出現黏稠感。

❹將①麵團分成16等分，並搓成球形。工作檯撒上麵粉，再用擀麵棍將每個球形麵團延展成直徑7～8cm的圓片麵皮。接下來為了避免麵團過於乾燥，要用濕布蓋起來。

❺將③絞肉餡用麵皮一個個包起。包好後，放入已預熱、冒出蒸氣的蒸籠裡，蒸約10分鐘。蒸熟後即可盛盤，連同水餃醬汁一起上桌。

> 也可用市售的燒賣皮。若是使用水分較多的「新洋蔥」，就切成5mm丁狀，若是一般洋蔥則切細末。豬絞肉不要絞過細，才吃得到肉的鮮甜。如果沒有五香粉，以八角粉和黑胡椒粗粒1:1的比例來取代之。

滿滿大蒜冬粉鍋

用大量大蒜營造強烈風味，即使使用少少的食材也能製作出鮮美的湯底。
使用少量的辣椒，為湯汁帶來令人回味的美味。

材料〔2～3人份〕

白菜…1/8顆
冬粉…80g
油…2大匙
● 大蒜…8瓣
豬絞肉…100g

A ─ 砂糖…1小匙
　　魚露…2大匙
　　醋…1小匙
　　酒…2大匙

● 辣椒（切圓片）…2、3片

不同品牌的魚露鹹度有異，請先少量加入，邊試味道邊調整。加入的辣椒量，是幾乎感覺不到辣的程度，卻能為料理帶來餘韻，所以若是在嚐味道時已感覺到辣，請先把辣椒挑出。

作法

❶ 切掉白菜根部，對半切開後再縱切成薄片。冬粉先用熱水泡軟。

❷ 鍋中倒入油，開大火。油溫上來後加入大蒜、絞肉，拌炒至稍微變色。

❸ 將A和400ml水加入❷中，煮滾後撈掉浮沫，加入辣椒和白菜，蓋上鍋蓋，等到再次沸騰後轉中火煮約10分鐘，至白菜變軟。

❹ 最後加入冬粉，續煮5分鐘即完成。

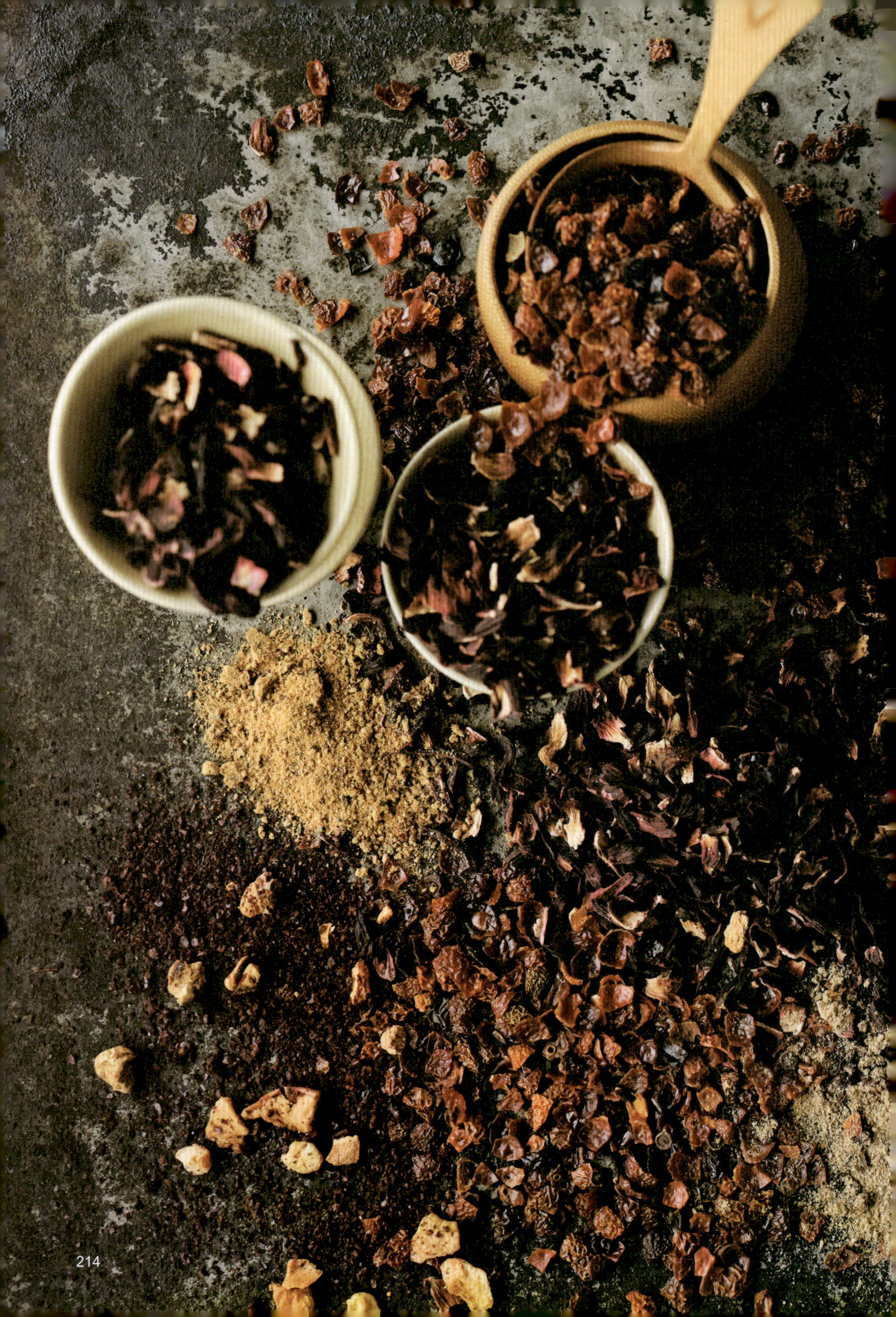

CHAPTER 2-6
酸味香料

酸味香料矩陣

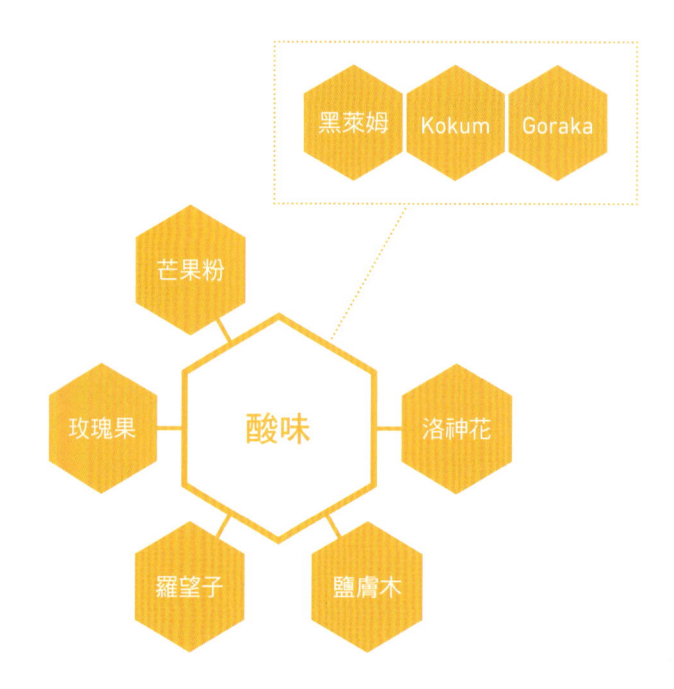

●增添酸味……為料理添加酸味。

- 黑萊姆
- Kokum
- Goraka
- 芒果粉
- 玫瑰果
- 酸味
- 洛神花
- 羅望子
- 鹽膚木

香料圖表──酸味

● 增添酸味 ── 酸味

清淡 → 濃郁

香料	說明	食材
芒果粉	清爽的酸味。在搭配孜然、辣椒使用時，能展現濃厚印度風味。	瓜類食材／馬鈴薯
玫瑰果	帶有水果香氣與溫和的酸味。適合用於甜點。	白豆沙／白巧克力
羅望子	屬於不挑食材的萬用型香料。帶有杏桃般的果香與酸味。	蝦子／雞肉
鹽膚木	帶有類似梅乾的風味，具鹹味。適合作為撒在料理上點綴的配料。	羊肉／巧克力
洛神花	具強烈的酸味。能為料理增添豔紅色澤。非常適合肉類料理。	豬肉／鰹魚

群組特徵

為料理增添酸味的香料群組。這些香料不僅帶有酸味，還具有特殊的水果風味，因此相較於醋，更能增加料理的風味層次。除了提供酸味，其中的洛神花、鹽膚木還具備將料理染成深紅色澤的效用，不妨以此特點活用。

印度的芒果粉，印度與東南亞地區的羅望子、中東地區的鹽膚木等，這幾個香料看似有「地域限定」的特性，不過因為氣味並不強烈，比想像中更能夠廣泛運用於其他料理。

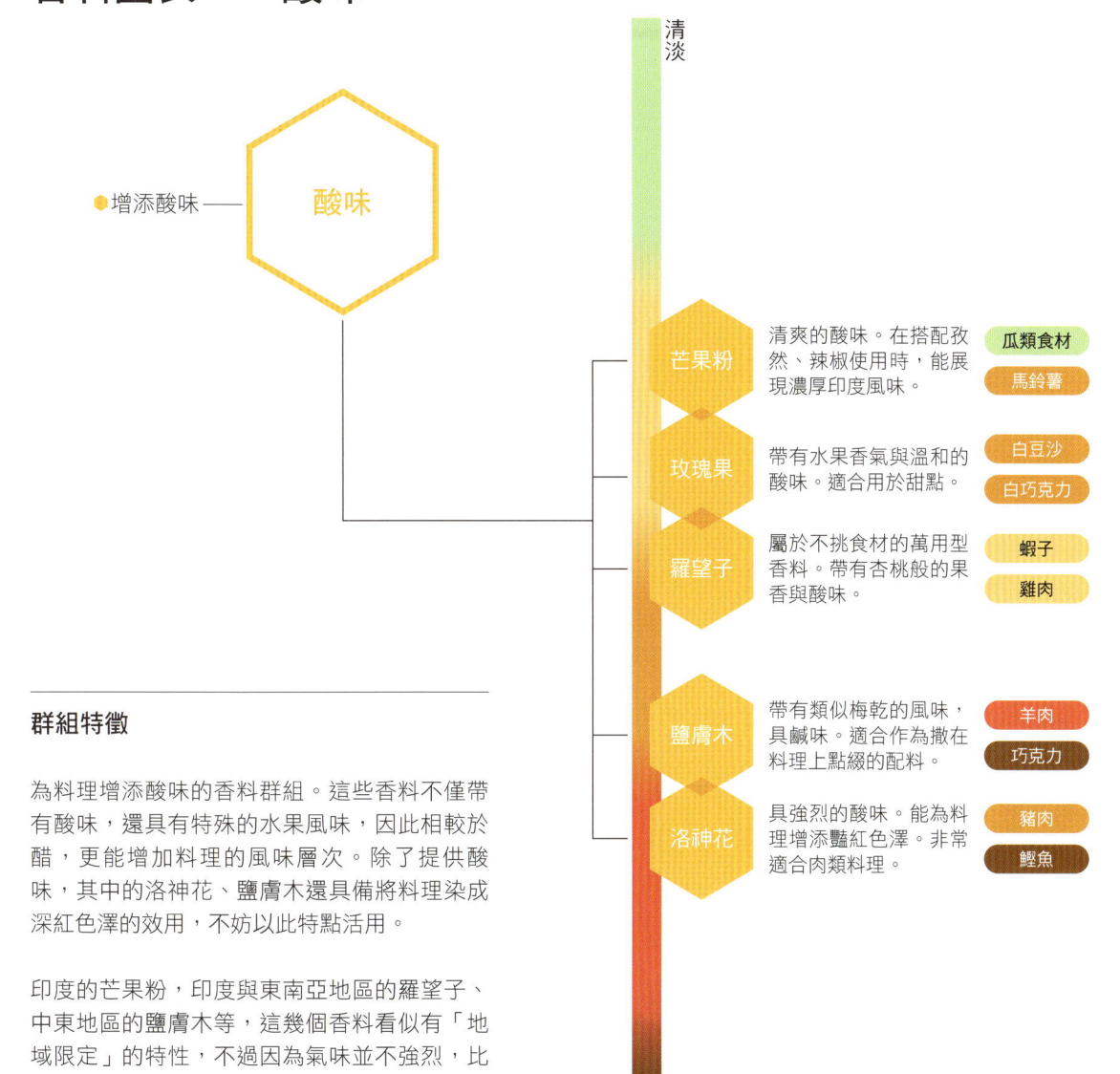

217

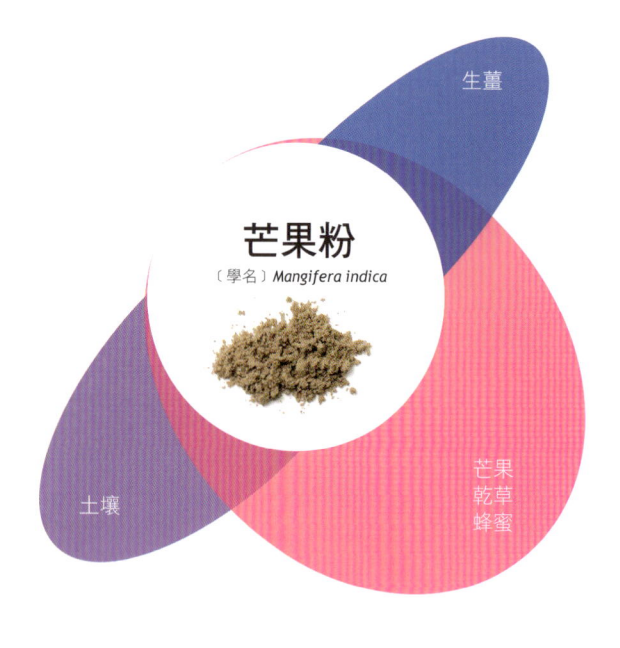

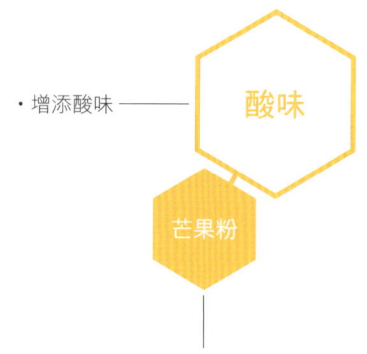

酸味／芒果粉

生薑

芒果粉
〔學名〕Mangifera indica

土壤

芒果乾草蜂蜜

・增添酸味 ── 酸味

芒果粉

・清爽的酸味
・搭配孜然、辣椒使用時，能展現濃厚印度風味

乾燥粉末　容易因潮濕而結塊，少量購買為佳。

最佳組合食材、料理、使用時機

瓜類食材　鱈魚　鳳梨　芒果　馬鈴薯　豆類

\絕配/
預先調味
- 鱈魚馬鈴薯咖哩餃（加入餡料中）
- 風味烤雞（加入醃料中）

\絕配/
烹調過程
- 咖哩風味青椒馬鈴薯（熄火前再加入）
- 燉冬瓜（熄火前再加入）

\絕配/
最後盛盤
- 小黃瓜洋蔥芒果沙拉（一起拌勻）
- 干貝芫荽沙拉（一起拌勻）

特定地區的使用方法

印度：恰馬薩拉（Chaat Masala）
以芒果粉和薄荷為基底的綜合香料，由於添加了其他香料，芒果粉的風味不會過於突出。

印度～東南亞

印度：馬薩拉香料捲餅（Masala Dosa）
以類似可麗餅的米製餅皮包入配料食用。配料則以混合了芒果粉、恰馬薩拉綜合香料與其他食材製作而成。

印度：燉豆咖哩
將芒果粉加入豆類咖哩中一起燉煮，以增添酸味。

酸味／玫瑰果

紅紫蘇

玫瑰果
〔學名〕*Rosa canina*

李子
櫻桃

・增添酸味 ── 酸味

玫瑰果

・帶有水果香氣與溫和的酸味
・適合用於甜點

乾燥整粒　含有豐富的維生素C。風味溫和、接受度高。

乾燥粉末　適合用於預先調味或作為配料使用。料理中不必添加水果，也能賦予相似的風味。

最佳組合食材、料理、使用時機

蘋果　麻糬　蝦子　荔枝　白豆沙　白巧克力

\絕配/
預先調味
- 玫瑰果生巧克力（拌入白巧克力中）
- 蘋果蝦子串燒（加入醃料中）

\絕配/
烹調過程
- 鳳梨玫瑰果雞尾酒（熬煮成糖漿）
- 荔枝茶（一起用熱水沖泡）

\絕配/
最後盛盤
- 玫瑰聖代（撒在表面）
- 蒙布朗（撒在表面）

特定地區的使用方法

比起用於料理，玫瑰果更常用於茶飲。能為香草茶增添水果般的風味，通常還會搭配洛神花一起沖泡。

南美、歐洲

219

酸味／羅望子

羅望子
〔學名〕*Tamarindus indica*

蜜柑　杏桃　鹹梅乾

酸味
・增添酸味 ── 羅望子

・不挑食材的萬用型香料
・帶有杏桃般的果香與酸味

乾燥整塊
通常為帶殼整盒或整袋販售。去殼後泡水、搓揉後，擠壓過濾即成羅望子汁。由於略帶澀感，建議加熱後食用。

糊狀
即羅望子醬，是將羅望子泥、過濾後的羅望子汁加工裝瓶而得。部分會添加檸檬酸，使得風味有所變化。

最佳組合食材、料理、使用時機

蝦子　雞肉　香蕉　芒果　番茄　茄子

預先調味 ＼絕配／
- 烤雞（以羅望子汁醃雞肉）
- 烤白花椰菜（以羅望子汁醃花椰菜）

烹調過程 ＼絕配／
- 羅望子冰淇淋（熬煮成糖漿）
- 蝦湯（加入羅望子汁一起煮）

最後盛盤
- 芒果沙拉（將羅望子汁拌入沙拉醬中）
- 雞肉沙嗲（將羅望子汁拌入醬料中）

特定地區的使用方法

馬來西亞、印尼：羅惹（Rojak）
以羅望子醬和水果混合拌勻製成的沙拉小吃。

墨西哥等中南美地區：羅望子果汁

南印度：拉薩姆（Rasam）
加入羅望子、帶清爽酸味的香料湯，通常淋在飯上拌著食用。

非洲東部

印尼：加多加多（Gado-gado）
將花生羅望子醬淋在蔬菜上攪拌後食用的料理。

印尼：Sayur Asem
一種酸酸甜甜、以蔬菜為主的湯品。為增添酸味，會加入羅望子醬熬煮。

220

鹽膚木
〔學名〕*Rhus coriaria*

- 紅紫蘇
- 鹹梅乾 土壤
- 李子 可可

酸味
・增添酸味 ── 鹽膚木

- 帶有類似梅乾的風味
- 具鹹味
- 適合作為裝飾配料

乾燥粗磨：一般磨成粗顆粒使用，如同帶有鹽味的香鬆般撒在料理上。

最佳組合食材、料理、使用時機

起司　巧克力　西瓜　羊肉　鮪魚

預先調味
- 淺漬小黃瓜（一起醃漬）
- 鮪魚串燒（預先醃魚用）

烹調過程
- 香料炒茄子（熄火前再加入）
- 炒葡萄乾堅果絞肉（與肉桂一起在熄火前加入）

最後盛盤 \絕配/
- 涼拌西瓜小番茄（拌在一起）
- 烤羔羊佐優格醬（撒在表面）
- 起司歐姆蛋（撒在表面）

特定地區的使用方法

地中海沿岸

土耳其周邊：洋蔥沙拉
當地常見的沙拉，作為烤肉的配菜。

土耳其周邊：烤羊肉串
將鹽膚木撒在烤肉串或炙烤料理上，也可拌入食材中。

土耳其周邊：炸鷹嘴豆球（Falafel）
和其他香料與鷹嘴豆一起製成球狀或餅狀，或是直接撒在上面食用。

221

酸味／洛神花

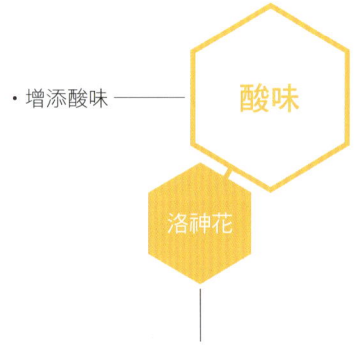

洛神花
〔學名〕Hibiscus sabdariffa

紅紫蘇

李子
黑醋栗

- 增添酸味 ── 酸味

洛神花
- 具強烈的酸味
- 能為料理增添艷紅色澤
- 非常適合肉類料理

乾燥整粒　以整顆型態或切過後販售者皆有。挑選色澤鮮艷的為佳。

最佳組合食材、料理、使用時機

豬肉　羊肉　藍莓　黑醋栗　菠菜　鰹魚　鮪魚

\絕配/
預先調味
- 無酒精紅酒風味調酒
  （浸泡在糖漿中）
- 漬葡萄
  （加入醃漬液中再熬煮）

\絕配/
烹調過程
- 香煎豬肉佐洛神花醬
  （煮成醬汁）
- 半熟鰹魚佐洛神花醬
  （煮成醬汁）

最後盛盤
洛神花需要經過醃漬、加熱等處理後，才能凸顯出風味，因此不適合在上桌前才使用

特定地區的使用方法

相較於料理，洛神花更常用於茶類調製或沖泡，其中「洛神花＋玫瑰果」更是花草茶的經典組合。

中南美
當作果汁飲用。

馬來西亞～印度

埃及等非洲東部：洛神花果汁
非常受歡迎的飲品。

222

印度香料鳳梨沙拉

這道菜使用印度恰馬薩拉綜合香料（Chaat Masala），其中帶有芒果粉的酸味與薄荷的清涼感，就像沙拉醬一般，把所有風味融合得恰到好處。

🌿 **材料〔2～3人份〕**
鳳梨⋯1/8顆
⬢ 洋蔥⋯1/8顆
小黃瓜⋯1條
鹽⋯1/4小匙
● 恰馬薩拉⋯1/2小匙
櫻花蝦乾⋯1小匙
油⋯1小匙

🌿 **作法**
❶ 鳳梨切一口大小。洋蔥順著纖維方向切薄片。小黃瓜皮不全部削掉，而改削成斑馬紋狀，接著切成5mm厚的圓片。
❷ 碗中放入❶的所有食材，再加入鹽、恰馬薩拉、櫻花蝦乾拌勻。最後加入油拌勻。

> 小黃瓜皮削成斑馬紋狀較容易入味，也能適度保留特有的生青味。加入一點油，有助於增添料理的豐潤口感。

玫瑰果麻糬

玫瑰果帶有水果般的酸香，能讓和菓子呈現有別平常印象的風味，令人為之一亮。

🌿 **材料〔6個份〕**
白豆沙⋯100g
● 玫瑰果粉⋯1小匙
白玉粉⋯50g
砂糖⋯50g

🌿 **作法**
❶ 將玫瑰果粉加入白豆沙中拌勻，分成6等分，置於盤子上。
❷ 白玉粉中加入80ml水，攪拌至粉末完全溶解。接著加入砂糖攪拌。放入耐熱容器中微波（600W）加熱1分鐘，取出再次充分攪拌後，再微波1分鐘。
❸ 取另一個盤子，放入玫瑰果粉（材料表以外），倒入❷，分成6等分後，輕拍去表面的玫瑰果粉，蓋在❶豆沙餡上面。

> 玫瑰果粉直接食用會感覺到苦味，因此請留意麻糬表面的粉末量。微波加熱時間視白玉粉的狀態調整，加熱到整體呈現透明感就行了。

羅望子醬照燒雞肉

羅望子和一般醋不同的是，在酸味之外還多了果香。以羅望子搭配芫荽，展現濃厚的南洋料理風味。

❀ 材料〔3～4人份〕
- 羅望子（去殼整塊）…30g
- 雞腿肉…2片
- 芫荽…2、3支
- 洋蔥…1/4顆
- 油…1大匙
- A ┌ 砂糖…2大匙
　　└ 醬油…1.5大匙

❀ 作法
❶將羅望子放入小碗中，加入2大匙水。不時搓揉，接著靜置20分鐘，等羅望子變軟後去掉種子，做成羅望子泥。
❷雞肉去筋膜，使厚度均勻。芫荽切小段。洋蔥切絲後泡水。
❸平底鍋中倒入油，開大火。油溫上來後，將雞皮朝下放入鍋中，邊壓邊煎。待雞皮焦黃後翻面，蓋上鍋蓋續煎至全熟，過程中若有煙冒出就轉小火。
❹雞肉熟透後，擦去多餘的油，加入拌好的A和❶一起煮，煮至雞肉全都裹上醬汁後，取出放在砧板上。稍微放涼後再切塊、盛盤，最後擺上瀝乾水分的洋蔥和芫荽。

羅望子和其他調味料要一起熬煮到出現光澤感。若要保留洋蔥的辛辣味，不必泡水，直接使用即可。

鹽膚木巧克力蛋糕

鹽膚木的酸味為甜點增添風味特色，玫瑰讓香氣更優雅，少量薑黃則為甜點外觀增色。

❀ 材料〔1個15cm蛋糕模具〕
- 奶油…40g
- 低筋麵粉…20g
- 可可粉…35g
- 鮮奶油…60ml＋2大匙
- 巧克力（可可含量70%）…65g
- 蛋黃…2顆
- 蛋白…2顆
- 砂糖…80g＋3大匙
- 鹽膚木粉…1小匙
- 薑黃粉…1小匙
- 玫瑰粉…1小匙
- 鹽…1撮

❀ 作法
❶融化奶油。低筋麵粉和可可粉混合過篩。模具裡鋪上一張烘焙紙。
❷巧克力倒入碗中。將60ml鮮奶油以小鍋加熱後，倒入碗中，使巧克力融化。接著加入奶油攪拌後，再加入蛋黃拌勻。
❸將蛋白和80g砂糖打發，打到蛋白能立起不倒。將一半量的打發蛋白加入❷的碗中，用橡皮刮刀拌勻，不能有一點結塊。接著加入低筋麵粉和可可粉拌勻。
❹加入剩下的打發蛋白拌勻，倒入模具中，用150℃烤45分鐘。烤好後脫模冷卻。
❺小鍋中加入3大匙砂糖，開中火，加熱至砂糖溶解並呈現焦糖色時，加入2大匙鮮奶油，關火，倒入碗中。
❻將❹切片、盛盤，分別撒上❺的焦糖醬、鹽膚木粉、薑黃粉、玫瑰粉和鹽。

材料中香料和鹽的份量是一整個蛋糕的量，每塊切片蛋糕只需要撒上少量。將蛋糕放入冰箱冷藏一晚，味道會更融合而加倍美味。

法式洛神花熟肉抹醬

使用了多種香料製成的抹醬。以洛神花的酸味為豬肉醬增添風味，同時染上鮮亮色彩。使用月桂葉來去除豬肉腥味。丁香則能提升油脂的甜味，並且去除洛神花在陽光曝曬下產生的特有氣味。

材料〔容易做的份量〕

- 豬梅花肉…300g
- 鹽…2/3小匙＋1/4小匙
- 黑胡椒粒…10粒
- 白酒…2大匙＋50ml
- 洋蔥…1/4顆
- 月桂葉…1片
- 丁香…6粒
- 洛神花…1小匙
- 砂糖…1大匙

作法

① 豬肉切成一口大小，撒上2/3小匙鹽。黑胡椒搗碎成約半顆大小。

② 小鍋中加入豬肉、2大匙白酒、250ml水，開中火。水沸騰後撈掉浮沫，再加入洋蔥、月桂葉、3粒丁香，轉小火後鍋蓋半掩，煮約1.5小時，煮到肉軟、收汁。

③ 將②的月桂葉、丁香挑出，剩餘食材放入食物調理機打成泥狀，倒入保鮮容器中放涼。

④ 小鍋洗淨，加入50ml白酒、洛神花、黑胡椒、3粒丁香，開小火。煮2～3分鐘至水滾後，加入砂糖、1/4小匙鹽，鹽溶解後過濾到碗中，放涼。

⑤ 將③豬肉醬盛盤，淋上④洛神花醬，即可搭配麵包（材料表之外）享用。

豬肉要煮到很軟爛。煮的過程中若水分不夠可適時加點水。食譜中的水是加入250ml，不過請以能淹過豬肉的程度來調整水量，才容易煮得爛。如感覺豬肉已經變柴，請在③裡加入橄欖油，讓整體口感濕潤一些。

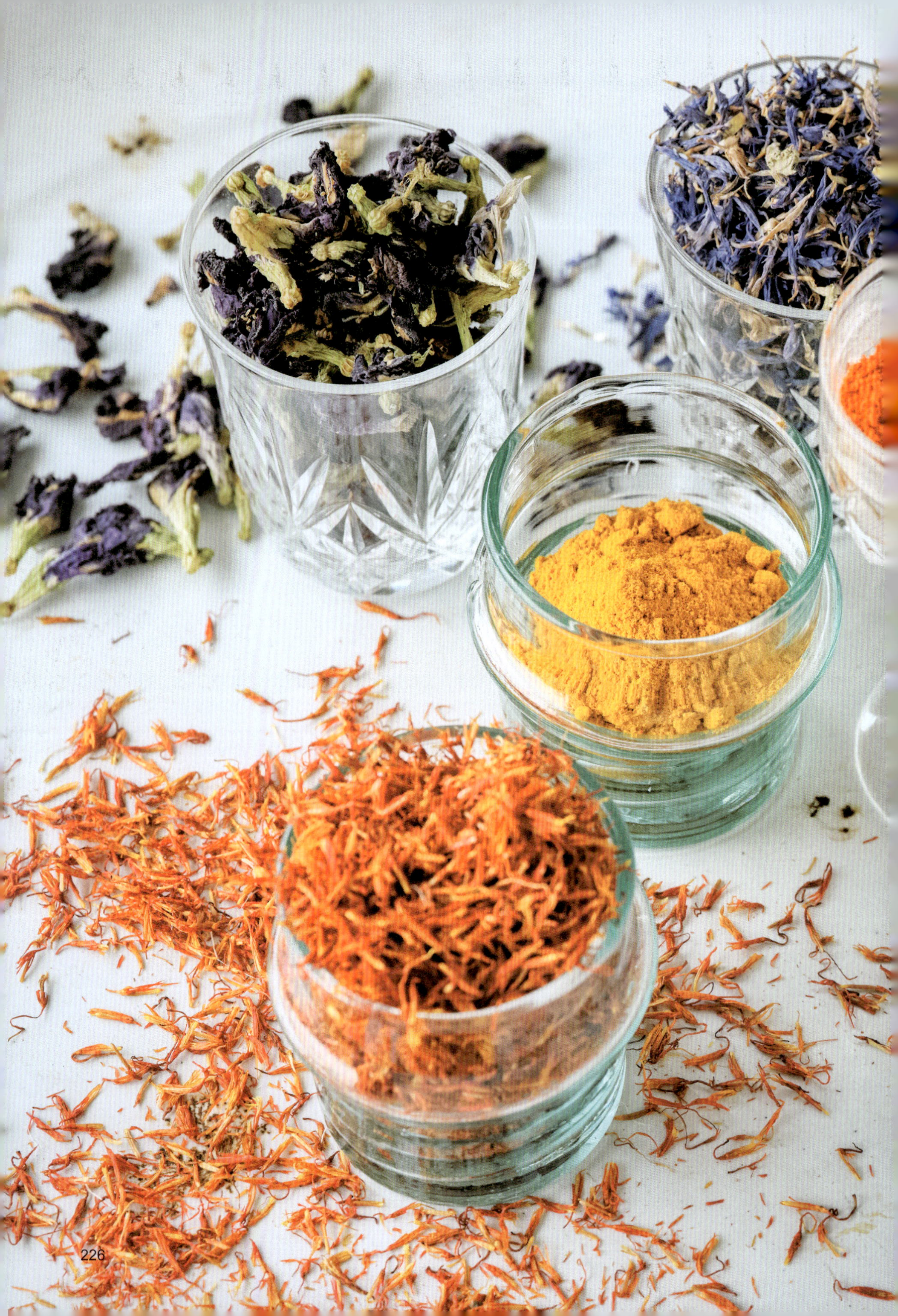

CHAPTER 2-7
增色香料

增色香料矩陣

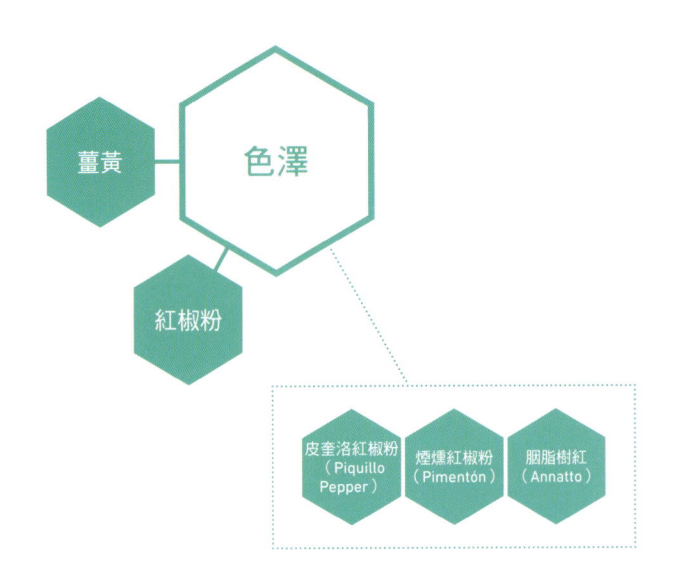

● 增添色澤……增添色澤，帶來視覺和味覺的協調感。

- 色澤
  - 薑黃
  - 紅椒粉
    - 皮奎洛紅椒粉（Piquillo Pepper）
    - 煙燻紅椒粉（Pimentón）
    - 胭脂樹紅（Annatto）

香料圖表──色澤

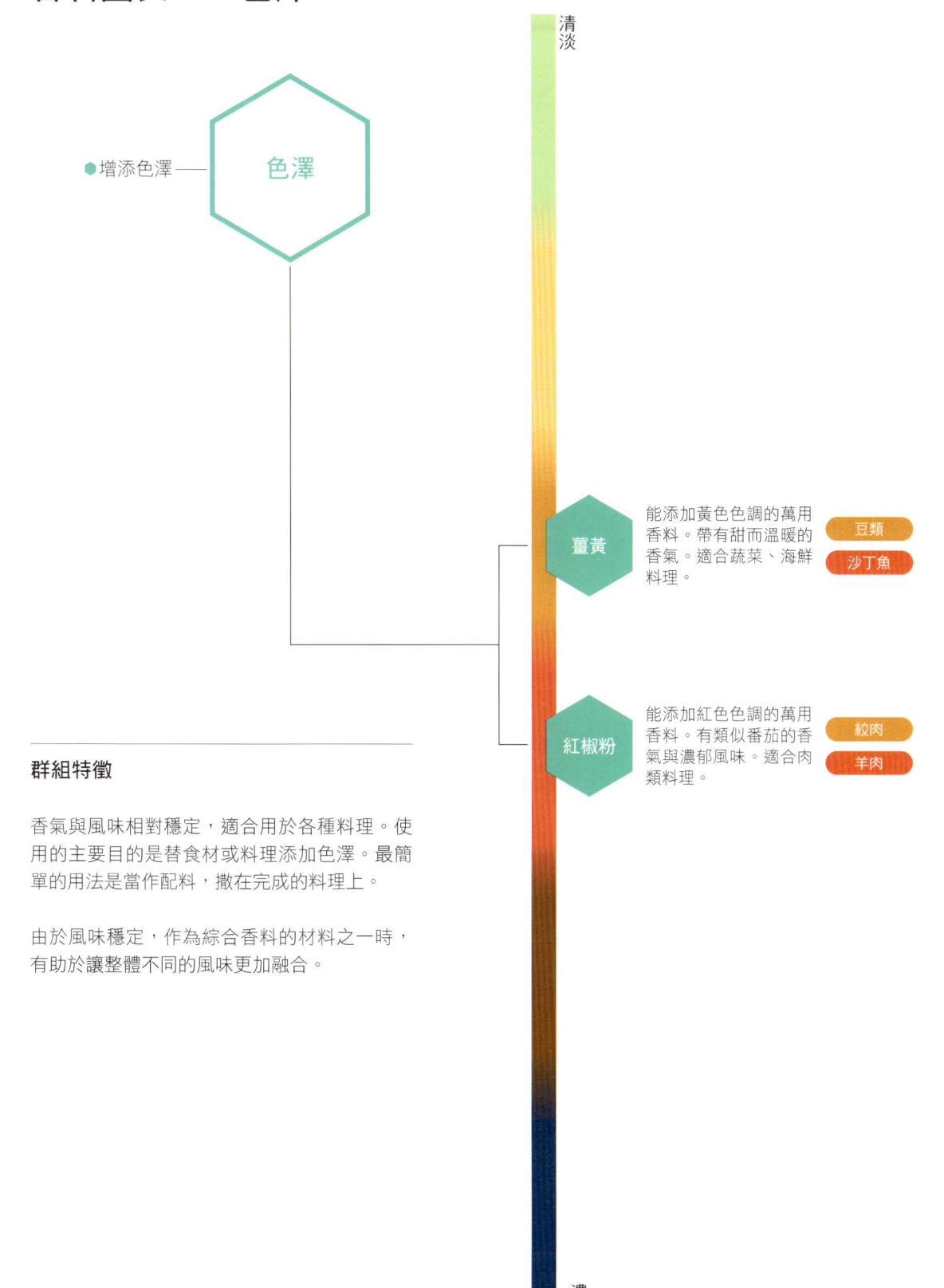

●增添色澤 ─── 色澤

清淡

薑黃　能添加黃色色調的萬用香料。帶有甜而溫暖的香氣。適合蔬菜、海鮮料理。　豆類　沙丁魚

紅椒粉　能添加紅色色調的萬用香料。有類似番茄的香氣與濃郁風味。適合肉類料理。　絞肉　羊肉

群組特徵

香氣與風味相對穩定，適合用於各種料理。使用的主要目的是替食材或料理添加色澤。最簡單的用法是當作配料，撒在完成的料理上。

由於風味穩定，作為綜合香料的材料之一時，有助於讓整體不同的風味更加融合。

濃郁

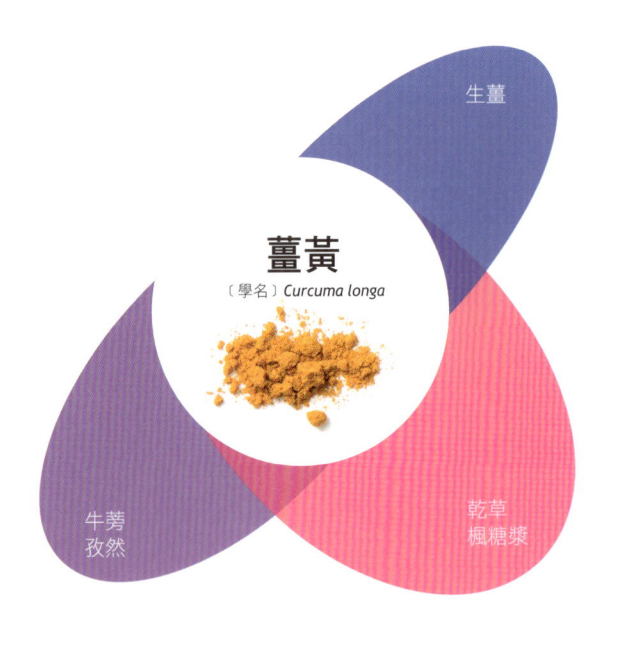

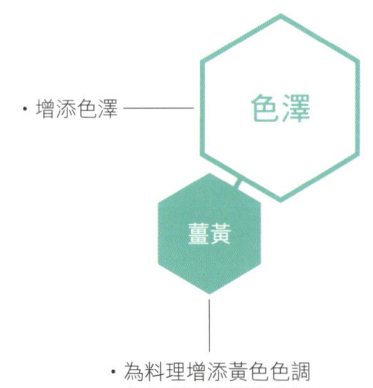

色澤／薑黃

薑黃
〔學名〕*Curcuma longa*

- 生薑
- 牛蒡、孜然
- 乾草、楓糖漿

色澤
・增添色澤 ── 薑黃

・為料理增添黃色色調
・帶有甜而溫暖的香氣
・適合蔬菜、海鮮料理

乾燥整塊　幾乎不會以整塊方式使用，多為研磨後使用。

乾燥粉末　顆粒細小。容易因照光而褪色，需留意保存空間。因有上色作用，要注意別沾到衣物。

＊東南亞等產地亦使用新鮮薑黃。

最佳組合食材、料理、使用時機

干貝　馬鈴薯　豆類　茄子　沙丁魚　鯖魚

\絕配/
預先調味
- 椰漿蒸白肉魚（醃魚時撒上）
- 炸胡蘿蔔蔬菜餅（拌入麵衣中）

\絕配/
烹調過程
- 豆子湯（一起燉煮）
- 香料燉鯖魚（一起燉煮）

\絕配/
最後盛盤
- 優格沙拉（撒在表面）
- 櫻餅（撒在表面）

特定地區的使用方法

伊朗周邊：黃金飯
用薑黃上色的鍋巴飯。

印度：咖哩
薑黃是各種咖哩的基本香料。

伊朗周邊：烤雞肉
製作串燒或烤雞時，用於醃肉。

摩洛哥周邊：燉煮料理
薑黃搭配肉桂、孜然等製成綜合香料加入料理中。

印度：魚料理
印度東部地區，會將魚以薑黃等香料醃過後再蒸或烤。

亞洲南部

印尼：黃薑飯（Nasi kuning）
加入薑黃和椰奶等煮成的米飯，再和配菜一起食用。

紅椒粉
〔學名〕*Capsicum annuum*

乾草
番茄

色澤
・增添色澤 ── 紅椒粉

・為料理增添紅色色調
・有類似番茄的香氣與濃郁風味
・適合肉類料理

乾燥粉末　由於會帶苦味，用量上要注意。

＊另有煙燻紅椒粉，兩者香氣不同。

最佳組合食材、料理、使用時機

大蒜 ・ 章魚 ・ 豬肉 ・ 絞肉 ・ 羊肉

預先調味
- 炸鱈魚（醃魚時使用）
- 烤章魚（醃章魚時使用。若用醃燻紅椒粉，香氣會更明顯）

烹調過程 ＼絕配／
- 日式牛肉燴飯（一起燉煮）
- 雞肉飯（一起炊煮）

最後盛盤 ＼絕配／
- 烤沙丁魚（撒在表面）
- 燉煮肉丸（撒在表面）

特定地區的使用方法

西班牙：Escabeche
指把煮熟的食材放入醋、油、香料（常加入煙燻紅椒粉）等中醃漬的料理。

西班牙：加利西亞風章魚（Pulpo a la Gallega）
章魚燙熟、調理盛盤後撒上。

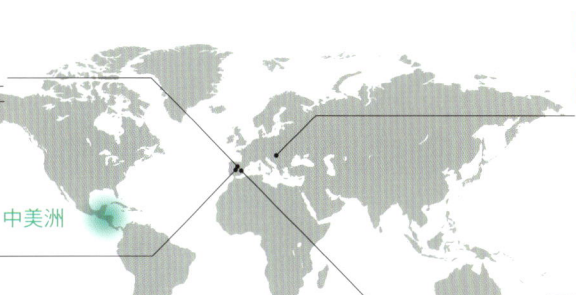

中美洲

匈牙利：匈牙利湯（Gulyás）
在肉和蔬菜中加入紅椒粉燉煮而成的紅色湯品。

西班牙：羅曼斯可醬（Romesco）
使用堅果、紅椒粉製成的醬料。用以沾烤肉、蔬菜吃。

231

酥炸薑黃鯖魚

把薑黃拌入炸物麵糊中,讓炸物瞬間轉換為異國風味。加入少量辣椒粉,微微的辣味讓人一口接一口。

材料〔4～5人份〕

鯖魚…2尾
鹽…1/2小匙

A ─ 低筋麵粉…10大匙
　　● 咖哩葉…2、3片
　　● 韓國粗辣椒粉…1小匙
　 └ 薑黃粉…1小匙

● 芥子油…適量

作法

❶ 鯖魚去除魚骨,切成條狀,撒上鹽。咖哩葉只留下葉片、去除莖部。

❷ 碗中放入A,攪拌均勻,完成炸衣麵糊。接著放入鯖魚,一點一點加水進去,讓麵衣均勻沾裹在每個魚條上。

❸ 以180℃的芥子油將鯖魚炸到酥脆。

> 使用家裡既有的油也行,但用芥子油會有獨特的香氣,增添異國風味。

香草烤雞紅椒飯

鼠尾草、百里香的清新香氣，搭配紅椒粉來增添濃郁風味，加上大蒜，就成了一道地中海美饌。

材料〔2～3人份〕

- 米…2杯
- 雞腿肉…2塊
- 大蒜…2瓣
- 新鮮鼠尾草葉…5、6片
- 新鮮百里香…5、6枝
- 鹽…1小匙＋1/2小匙
- 橄欖油…2大匙
- 紅椒粉…1小匙＋1撮
- 巴西里…2、3枝
- 檸檬…1顆

作法

❶ 米洗淨泡水。雞肉去筋膜。大蒜切對半。
❷ 去除鼠尾草和百里香的硬莖後切末，拌入1小匙鹽，撒在雞肉上。
❸ 平底鍋倒入橄欖油、大蒜，開大火爆香，香味逸出後加入雞肉，邊壓著雞肉邊煎到雞皮焦黃。將雞肉翻面，蓋上鍋蓋繼續煎到全熟。取出雞肉，放在料理盤。肉汁和油留在鍋中。
❹ 同一個平底鍋中加入瀝掉水的米、1/2小匙鹽、1小匙紅椒粉、220ml水，拌勻後蓋上鍋蓋，開大火。沸騰後轉小火煮3分鐘，接著關火，燜10分鐘。
❺ 開中火，將米續煮3分鐘，待出現啵啵啵的爆音後，關火，燜5分鐘。
❻ 巴西里切末，檸檬切成月牙形。將煮好的❺以鍋巴面朝上盛盤，接著放上切成小塊的雞肉，擺上大蒜、檸檬，撒上巴西里與1撮紅椒粉。

雞肉和飯分開料理，就能煮出鍋巴飯。建議使用平底鍋或類似的寬底鍋子。

萬無一失・適合初學者的5種香料

為了幾乎沒運用過香料，但想慢慢開始嘗試的讀者，我推薦以下5種代表性且運用範圍廣泛的香料，分別是——奧勒岡葉、花椒、黑胡椒、多香果與孜然，並附上各自的主要功能。除此之外，也建議從乾燥粉末或乾燥碎葉等尺寸較小的香料開始運用，尤其是少量使用就能散發香氣的香料，因為方便調整用量，所以特別適合香料新手。如果想了解更詳細的用法，請參考前面CHAPTER 1的內容。

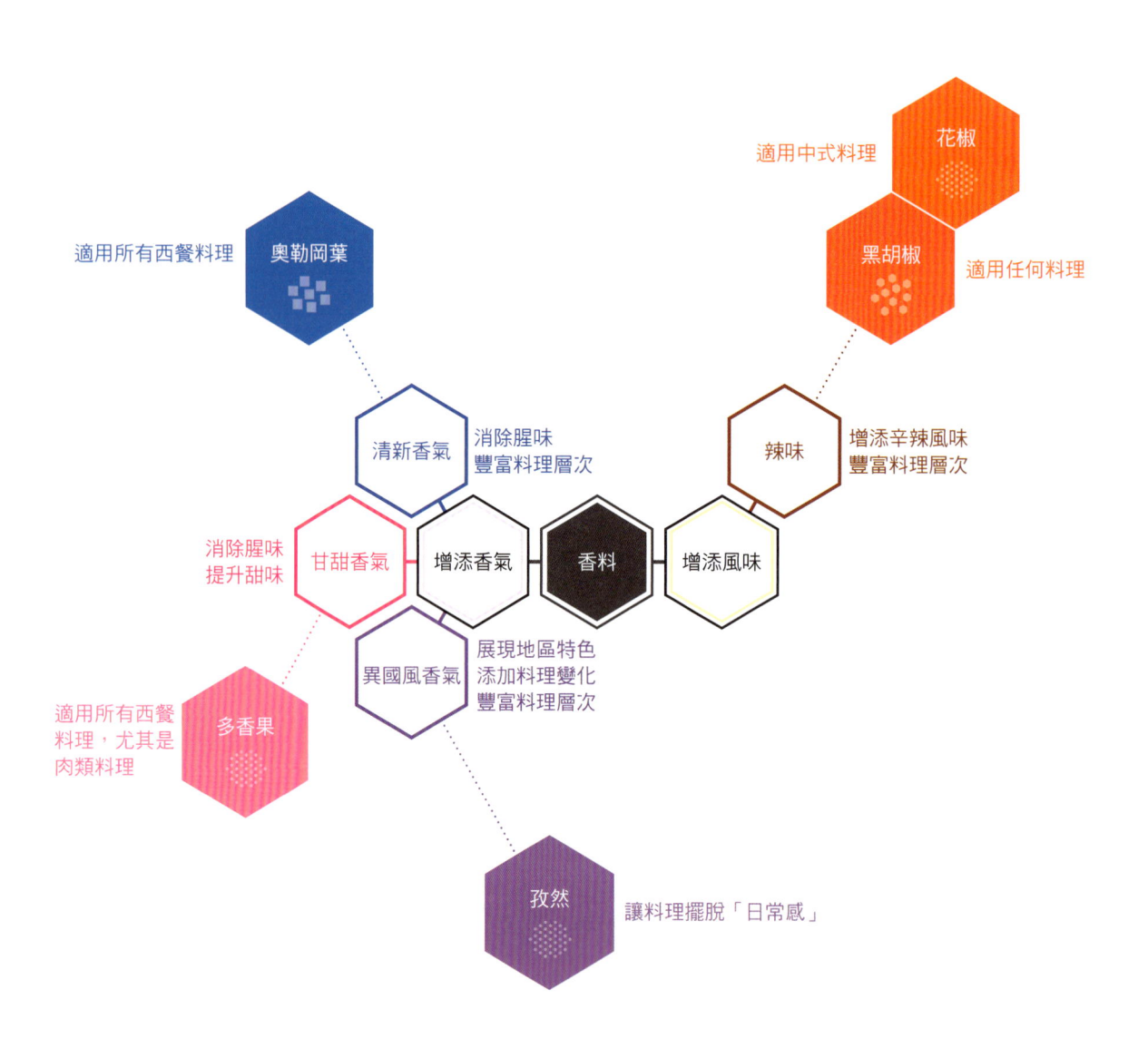

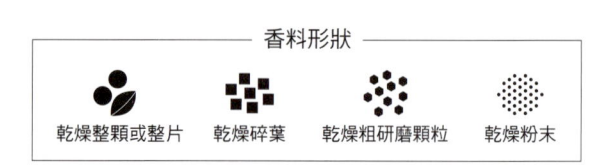

適用中式料理 — 花椒

適用所有西餐料理 — 奧勒岡葉

黑胡椒 — 適用任何料理

清新香氣 — 消除腥味 豐富料理層次

辣味 — 增添辛辣風味 豐富料理層次

消除腥味 提升甜味 — 甘甜香氣 — 增添香氣 — 香料 — 增添風味

異國風香氣 — 展現地區特色 添加料理變化 豐富料理層次

適用所有西餐料理，尤其是肉類料理 — 多香果

孜然 — 讓料理擺脫「日常感」

香料形狀

乾燥整顆或整片　　乾燥碎葉　　乾燥粗研磨顆粒　　乾燥粉末

享受變化・適合探索風味的10種香料

如果已經用慣了前面的5種香料,那麼可以再試試看這10種。即使是同一群組、香氣接近的香料,隨著搭配不同食材、料理類型,會出現不同的風味組合與表現,非常有趣。這一頁列出了容易取得的10種香料,以及各自合適的食材或料理。如果想進一步了解詳細用法,請參考前面CHAPTER 2各個香料的說明頁面。

- 義大利風味 — 羅勒
- 月桂葉 — 燉煮料理
- 百里香 — 法式風味
- → 清新香氣

- 紅辣椒 — 提供刺激性強的辣味
- → 辣味

- 甘甜香氣(對兒童來說接受度較高的香氣)
- 增添香氣
- 香料
- 增添風味
- 異國風香氣
- 增添顏色

- 肉桂
- 肉豆蔻 — 適合豬肉、乳製品、馬鈴薯
- 八角 — 適合中式料理,尤其醬油、肉類料理
- 丁香 — 適合牛肉、紅酒

- 色澤
- 薑黃 — 為料理添加黃色色澤
- 紅椒粉 — 為料理添加紅色色澤

235

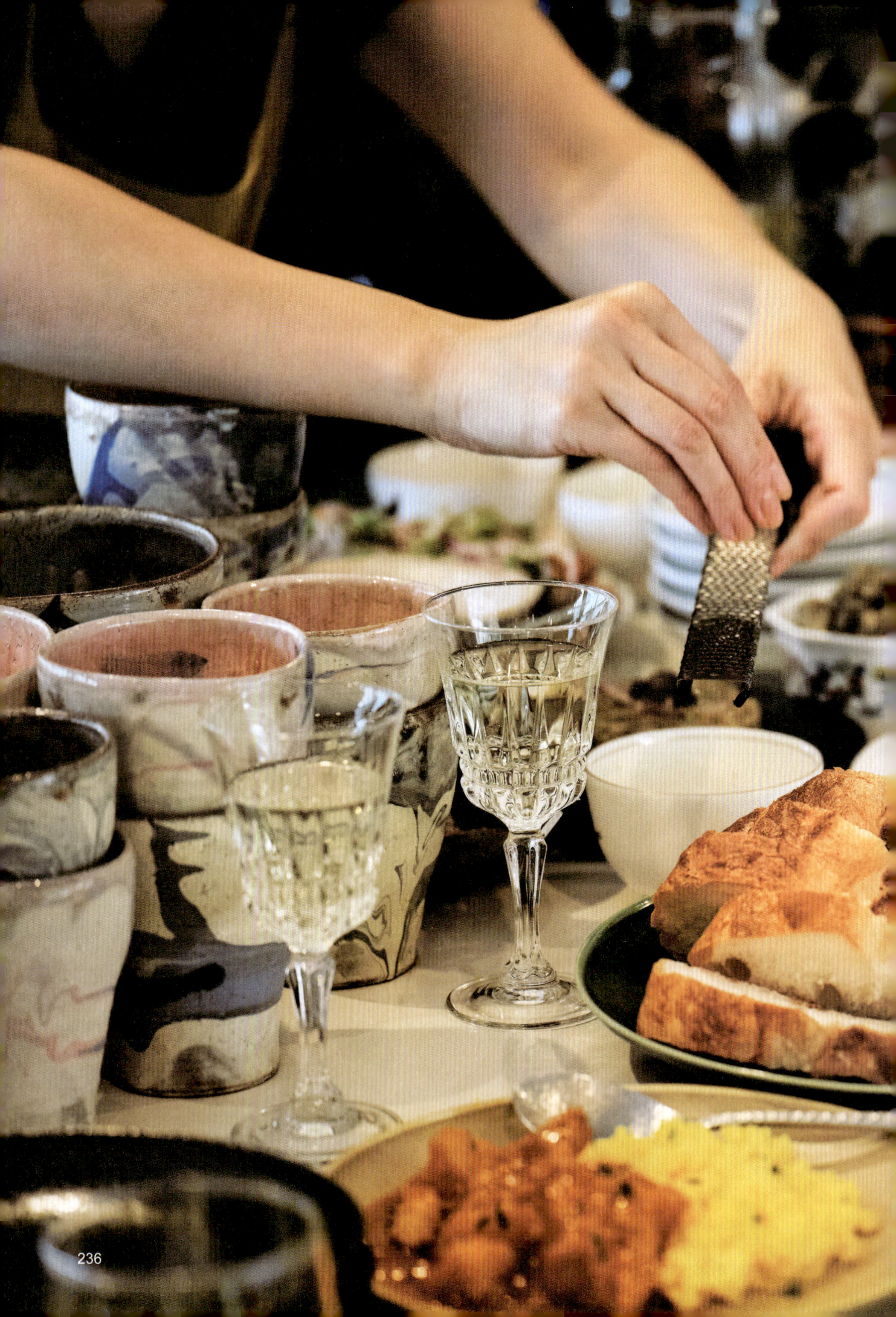

CHAPTER 3
世界各地特色香料與地區特性

只要改變料理的香料組合，
便能巧妙營造出特定區域的風味，
體驗香料的神奇變化。

地區特色香料文化分布圖

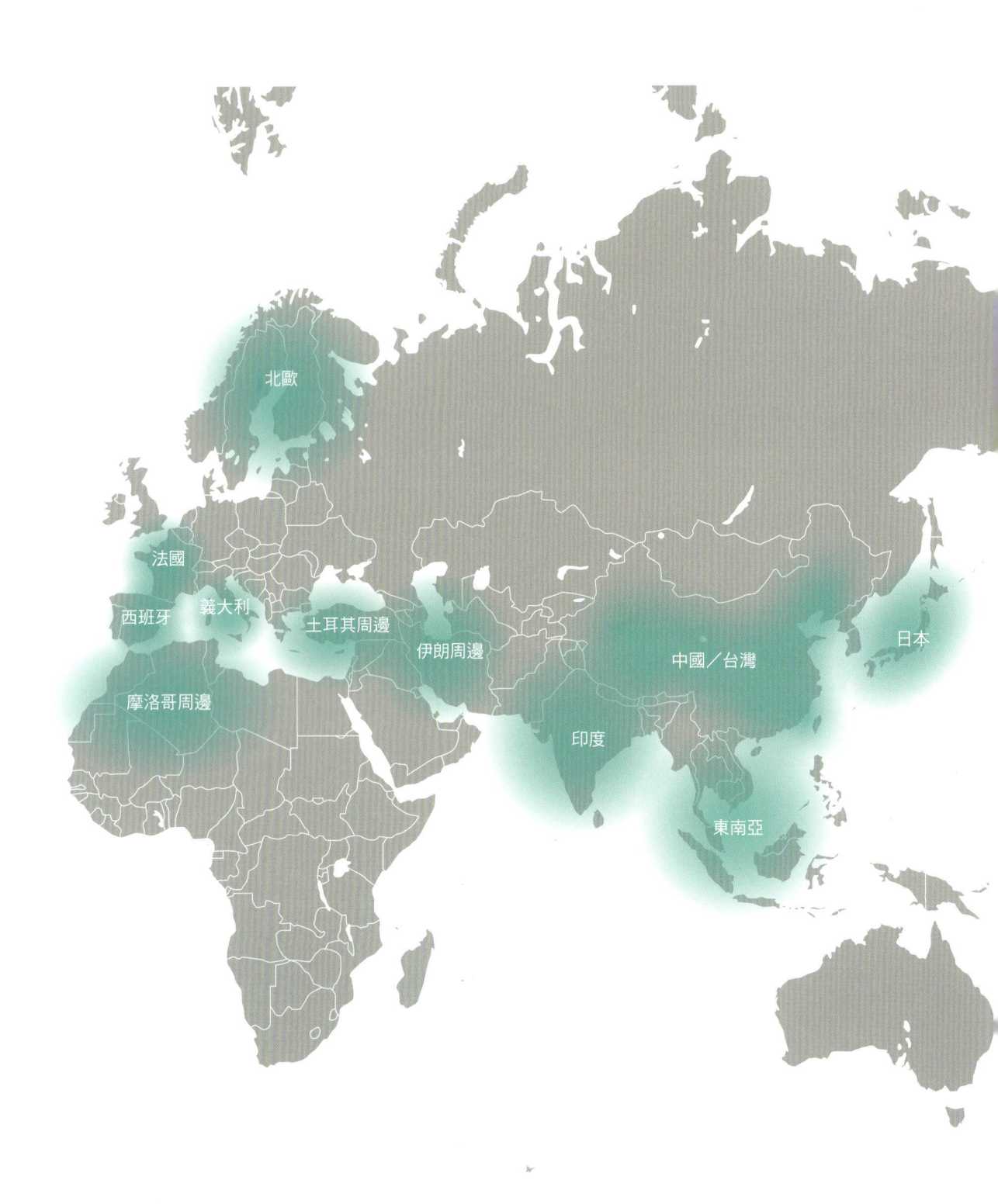

北歐
法國
西班牙
義大利
摩洛哥周邊
土耳其周邊
伊朗周邊
印度
中國／台灣
日本
東南亞

「地區特色香料矩陣」圖示說明

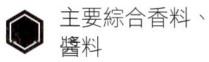

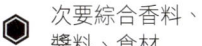

⬣ 主要綜合香料、醬料
⬣ 次要綜合香料、醬料、食材
⬢ 僅限於特定區域使用的香料或特產香料
⬢ 特色單一香料

＊標示：指巴西里、肉桂、胡椒等香料。由於種類多元，且可能同時使用新鮮和乾燥形式，較難以分類。

★標示：玫瑰水、鹹檸檬等。屬於被視為香料使用的香料加工品。

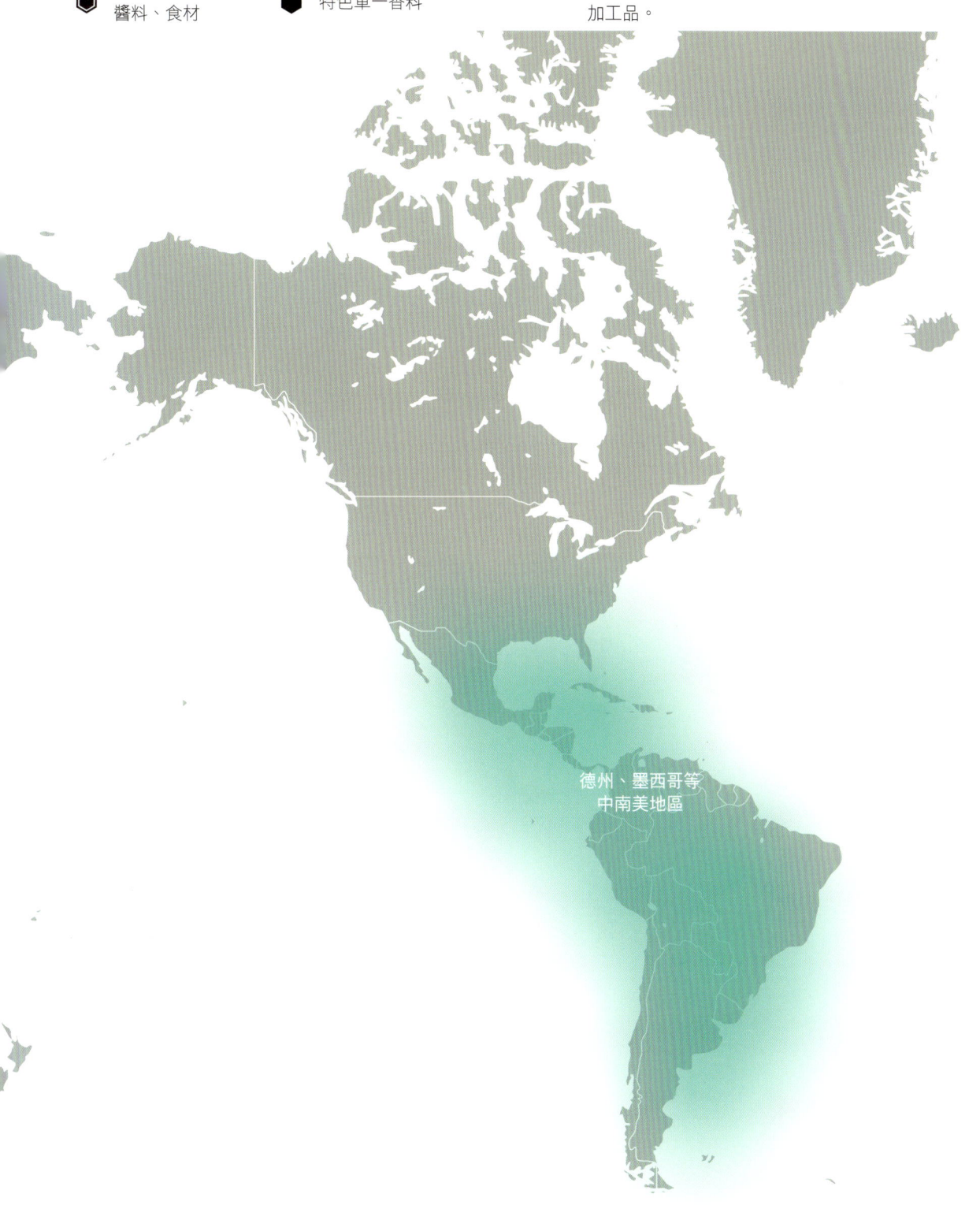

德州、墨西哥等
中南美地區

法國

南法屬於溫暖的地中海型氣候區，也是多數香草的原產地，因此當地的日常生活中少不了香草的蹤跡。例如普羅旺斯燉菜（Ratatouille）、法式鑲菜（Farci）等，將夏季蔬菜搭配百里香、羅勒等香草的組合，都可以說是南法的經典菜色。在大航海時代栽培成功的肉豆蔻、丁香等帶甜香的香料，則經常用於肉類料理中。

- 馬鬱蘭
- 羅勒
- 鼠尾草
- 奧勒岡
- 薰衣草
- 百里香 等

※西芹（Celery）的種子部位（西芹籽）和莖葉部位都有運用。

- 乾薑
- 肉桂
- 肉豆蔻
- 丁香
- 白胡椒 等

法國香草束
將百里香、月桂葉、韭蔥等綁成一束，運用在燉煮料理中。

普羅旺斯綜合香料
使用南法產的香草混合製成，常用於炙烤、燉煮料理中。

Fines Herbes
將細葉芹、巴西里、龍蒿、蝦夷蔥等切末後混合而成，用於調味。

- 多香果
- 白胡椒
- 黑胡椒
- 綠胡椒
- 粉紅胡椒 等

檸檬馬鞭草（馬鞭草屬）

西芹※ ・ 巴西里 ・ 杜松子 ・ 細葉芹

綜合胡椒粒
比單用一種胡椒更能增添色彩與風味層次。超市等地皆有販售。

四香粉
以均衡的比例將甘甜香氣與刺激性氣味的香料調和在一起，主要運用在肉類料理、烘焙點心。

月桂葉 ・ 羅勒 ・ 百里香

埃斯佩萊特辣椒
Espelette pepper，來自巴斯克自治區的A.O.C（法定產區名稱認證）辣椒，特徵是溫和的辣味與豐富的風味。

丁香 ・ 肉豆蔻 ・ 馬鬱蘭 ・ 白胡椒

第戎芥末醬
偏白且質地滑順的芥末醬，常用於調製沙拉醬。也用於芥末風味的燒烤料理等。

- 肉桂
- 肉豆蔻
- 丁香
- 洋茴香 等

香料麵包
一種具濃郁香料香氣的傳統糕點。除了直接食用，也會以切片或磨粉方式加入料理中。

香草 ・ 茴香籽 ・ 肉桂 ・ 黑胡椒

龍蒿 ・ 洋茴香 ・ 番紅花 ・ 洋蔥 ・ 大蒜

- 白芥末籽

酸豆

韭蔥
蔥頭質地紮實，常用於燉煮料理。

紅蔥頭
形狀像小型洋蔥，甜味較洋蔥少，用法同洋蔥。

Tapenade
普羅旺斯地區的酸豆橄欖醬，名稱源自酸豆的地方俗名。

Vadouvan
一種法式咖哩粉，以龍蒿、芥末為特色，常用於提味。

蝦夷蔥
形似蔥的嫩芽部位，形狀細長，風味優雅。

自製簡易版Vadouvan
（用電動研磨機研磨所有材料即成）
- 乾燥橙皮…1g
- 肉豆蔻…2g
- 乾燥龍蒿…1g
- 孜然粉…6g
- 韓國辣椒粉…2g
- 白胡椒…3g
- 白芥末籽…4g
- 薑黃粉…6g

自製Tapenade
（用食物調理機攪打所有材料即成）
黑橄欖…50g
鯷魚…1罐（瀝掉油分）
- 酸豆（醃漬）…30g（瀝掉水分）
- 大蒜…1/2瓣

法國特色香料料理

Hachis Parmentier
- 西芹
- 法國香草束
- 肉豆蔻
- 丁香
- 胡椒 等

焗牛肉馬鈴薯泥。燉牛肉使用了西芹、丁香，馬鈴薯泥則混合了肉豆蔻、白胡椒，再將兩者焗烤而成。

Soupe de poisson
- 洋茴香
- 番紅花
- 胡椒
- 芥末
- 韭蔥
- 大蒜 等

一種魚湯料理，有時會加入洋茴香利口酒（如Pernod）一起烹煮。並且使用芥末來乳化搭配食用的蒜泥蛋黃醬。

茄子韃靼

加入Tapenade（酸豆橄欖醬），為茄子料理添加南法風情，再加入洋蔥來補強甜味。

❦ 材料〔2～3人份〕
茄子…3條
毛豆…約10個豆莢
鹽…1撮
● 洋蔥…1/4顆
● Tapenade…2大匙＋1小匙
橄欖油…2大匙

❦ 作法
❶茄子用220℃的烤箱烤10分鐘，烤到皮焦黃後去皮。毛豆汆燙後取出豆子，再撒上鹽調味。洋蔥一半切碎末、稍微泡水後瀝掉水分；剩下另一半洋蔥順著纖維方向切絲。
❷茄子用菜刀拍打成泥狀，放入碗中，接著加入毛豆、洋蔥碎末、2大匙Tapenade拌勻。
❸在盤中放入圓形模具，再將②倒入模具中，塑型後移開模具，撒上洋蔥絲、1小匙Tapenade，最後淋上橄欖油。

> 茄子要充分烤到變軟。毛豆剝去豆莢再調味，會更入味。這道料理可冷藏保存約1週。

法式風味咖哩飯

加入Vadouvan（法式咖哩粉）、百里香，在去除肉腥味的同時，更增添了異國風情。

❦ 材料〔2～3人份〕
豬梅花肉…500g
● 大蒜…1/2瓣
● 洋蔥…2顆
● 新鮮百里香
…5～6枝、少許
整顆番茄罐頭…1/2罐
● 番紅花…約5枝
米…2杯
鹽…2小匙
橄欖油…3大匙
● Vadouvan
…1.5大匙＋1小匙
蘋果…2顆
白酒…100ml
砂糖…1小匙

❦ 作法
❶豬肉切成一口大小。大蒜、洋蔥切末。百里香只取葉片，切末。番茄罐頭打成糊狀。番紅花浸泡在1大匙水中。米洗淨後泡水。
❷將1/2小匙鹽和切末的百里香混合後，撒在豬肉上。平底鍋中倒入1大匙橄欖油，開大火。油溫上來後放入豬肉煎至金黃，取出備用。
❸同鍋加入2大匙橄欖油，加入大蒜、洋蔥、1/2小匙鹽，開中火拌炒約15分鐘至飄香，加入1.5大匙Vadouvan拌炒，接著加入番茄糊、白酒、1小匙鹽、砂糖、100ml水拌炒。
❹豬肉再次加入鍋中，沸騰後轉小火、蓋上鍋蓋燉煮約1小時後，再加入已削皮去芯、切一口大小的蘋果，繼續煮20分鐘。煮到最後階段再加入1小匙Vadouvan。
❺把瀝掉水分的米加入番紅花水，再補到2杯米的水量，煮成番紅花飯。
❻將④和⑤盛盤，撒上少許百里香葉。

> 蘋果和百里香容易氧化變色，使用前再切即可。加入Vadouvan和食材一起拌炒，其風味較容易進入食材中；而在最後燉煮階段再次加入一點Vadouvan，為的是保留其新鮮香氣。

北歐

此地區的麵包中，有添加小豆蔻或肉桂，也有添加番紅花來製作的。這些外來香料之所以在北歐落地生根，要歸因於大航海時代在此設立據點的東印度公司。而北歐民族狩獵的歷史有多長，他們在野味、肉類料理中加入香料的歷史就有多長，特別是杜松子這類從森林中採集的香料。此外，肉類料理中也會使用多香果，也常將蒔蘿視為調味料運用。

- 葛縷子
- 小豆蔻
- 杜松子
- 蒔蘿
- 辣根
- **粉紅胡椒**：有著類似胡椒和水果風味的漆樹科植物果實。最適合當作配料使用。
- 阿夸維特蒸餾酒
- 肉桂 *
- 芥末 *
- 鹹甘草糖
- 接骨木花
- 多香果
- 番紅花

Aquavit，透過蒸餾馬鈴薯製成的酒，過程中常添加葛縷子、洋茴香來增添風味。

Salmiakki，為北歐地區常見的甘草糖。當地也有相同風味的酒、冰淇淋。

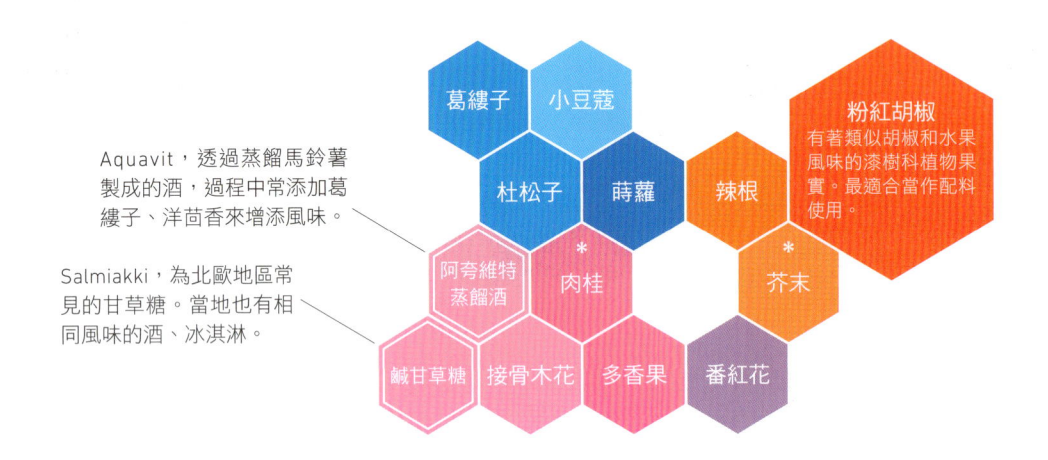

北歐特色香料料理

醃漬鯡魚
- 蒔蘿
- 洋蔥
- 胡椒　等

北歐大部分地區都會吃的醃魚料理，蒔蘿是必定加入的醃漬香料，同時也作為調味料使用。會以酸味強烈的醋來醃漬。

卡累利阿燉肉（Karjalanpaisti）
- 月桂葉
- 多香果
- 杜松子　等

源自卡累利阿地區的料理，將牛肉、豬肉等多種肉類一起燉煮而成。通常會在肉類料理中加入杜松子和多香果。

北歐風炸魚三明治

運用蒔蘿、優格搭配鯖魚，展現濃厚北歐風味。

材料〔3〜4人份〕
- 洋蔥…1/4顆
- 醃黃瓜…1根
- 蒔蘿…2、3枝
- A｜希臘優格…100g
- A｜黑胡椒粗粒…1/4小匙
- A｜鹽…1/2小匙
- 鯖魚（小尾的）…1尾
- 低筋麵粉、蛋、麵包粉…適量
- 油炸用油…適量
- 麵包…適量

作法
1. 洋蔥切末後泡水、瀝乾。醃黃瓜切末。蒔蘿去掉硬莖、切成小段。將洋蔥、醃黃瓜、蒔蘿和A一起拌勻，製成塔塔醬。
2. 鯖魚去除魚骨、魚鰭，切成適合夾在麵包中的大小，先裹上一層低筋麵粉。將蛋和水加入剩下的低筋麵粉中拌勻，做成濃稠的麵糊。將鯖魚均勻裹上麵糊後，再沾上麵包粉，放入180℃的油中炸至金黃。
3. 將②夾入麵包中，再放上①。

塔塔醬容易出水，因此一定要瀝乾洋蔥、醃黃瓜的水分。鯖魚改用烤的也很美味。

義大利

雖然全國皆使用羅勒、迷迭香、大蒜等香料，不過西北部的托斯卡尼、利古里亞地區，更常運用香草系的香料；東北部的威內托、弗里烏爾-威尼斯朱利亞地區，則因為受到香料貿易、東歐阿拉伯料理影響，常在料理中添加孜然、肉桂；曾被多個民族統治的西西里島，則保留了明顯的阿拉伯料理特色，經常使用番紅花與肉桂。

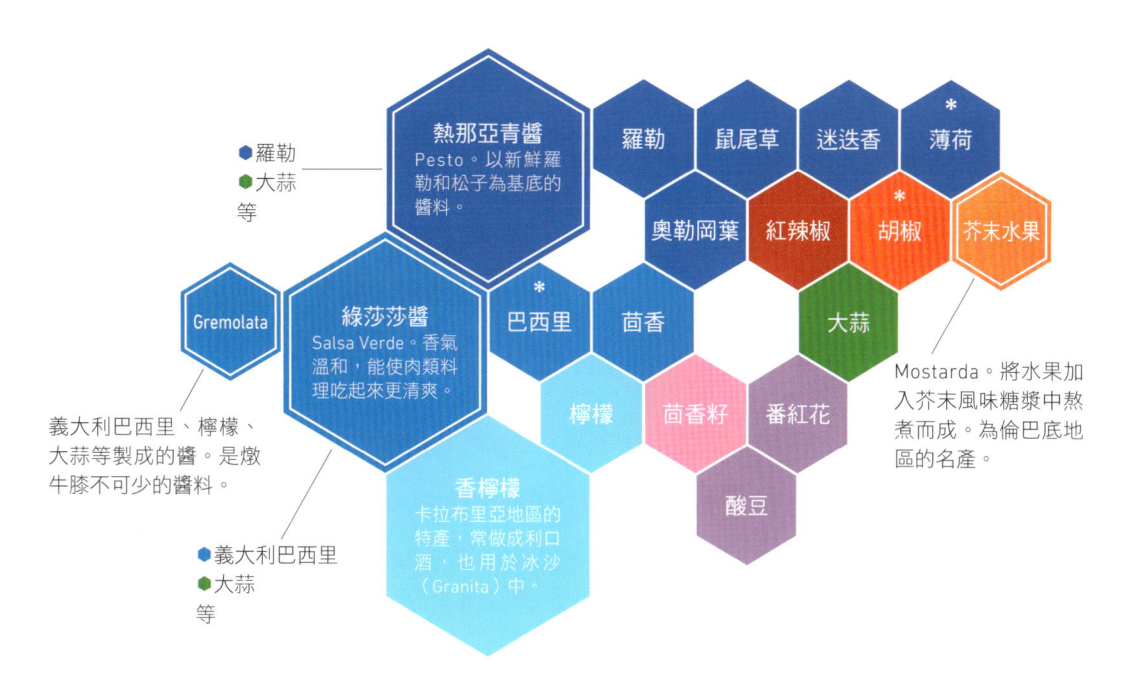

- 🔵 羅勒
- 🟢 大蒜 等

熱那亞青醬
Pesto。以新鮮羅勒和松子為基底的醬料。

羅勒　鼠尾草　迷迭香　薄荷*

奧勒岡葉　紅辣椒　胡椒*　芥末水果

Gremolata

綠莎莎醬
Salsa Verde。香氣溫和，能使肉類料理吃起來更清爽。

巴西里*　茴香　大蒜

檸檬　茴香籽　番紅花

義大利巴西里、檸檬、大蒜等製成的醬。是燉牛膝不可少的醬料。

- 🔵 義大利巴西里
- 🟢 大蒜 等

香檸檬
卡拉布里亞地區的特產，常做成利口酒，也用於冰沙（Granita）中。

酸豆

Mostarda。將水果加入芥末風味糖漿中熬煮而成。為倫巴底地區的名產。

義大利特色香料料理

雞肝開胃菜
- 🔵 鼠尾草
- 🟣 酸豆
- 🔵 迷迭香

托斯卡尼地區美食。以鼠尾草、迷迭香等香氣強烈的香草，緩和雞肝的腥味，再加入酸豆增添地中海風味。

番紅花燉飯
- 🟣 番紅花

米蘭的經典配菜之一。使用產自拉奎拉省受D.O.P.認證（原產地名稱保護制度）的番紅花。

茴香鯷魚義大利麵

番茄、酸豆、茴香的組合展現義大利風情，並以黑胡椒提升整體風味。

材料〔3～4人份〕
- 🟢 大蒜…1瓣
- 小番茄…3顆
- 🟣 醋漬酸豆…2小匙
- 🔵 茴香…3、4枝
- 鹽…1大匙
- 義大利麵（1.6mm）…160g
- 橄欖油…3大匙
- 鯷魚…1/2罐
- 白酒…1大匙
- 🔴 黑胡椒粗粒…1/4小匙
- 🔵 茴香花（若有）…適量

作法
❶ 大蒜拍碎，小番茄十字切開成4等分，酸豆切碎末，茴香切3～4cm長。
❷ 將2公升水、1大匙鹽加入鍋中，開大火。水沸騰後加入義大利麵，煮到麵芯略留有一點硬度即可。
❸ 煮麵的同時，將橄欖油、大蒜放入平底鍋，開大火爆香，香味出來後加入番茄、酸豆、鯷魚輕輕拌炒，將鯷魚炒開後加入白酒。再加入煮好的麵和少許煮麵水、茴香，快速拌一下使醬汁乳化。
❹ 盛盤，撒上現磨黑胡椒、茴香花。

鯷魚容易燒焦，要在燒焦前加入白酒。茴香在煮的過程中就加入，才能讓風味融入整道料理中。

243

西班牙

談到西班牙常用的香料，少不了辣椒，當辣椒被帶進歐洲時，首先踏足的便是西班牙，當地盛產各種品種的紅椒與辣椒，並且以煙燻型為主流；而番紅花，是中部拉曼查地區的特產，常用於米飯、海鮮料理；大蒜，則普遍用於所有料理；檸檬，常用來搭配炸海鮮，以增添香氣和酸味。當地也經常使用迷迭香、百里香，肉桂則多用在甜點。

- 大蒜
- 煙燻紅椒粉（Pimentón）

Romesco
含堅果、香氣溫和的紅椒醬。搭配烤蔬菜和肉類食用。

迷迭香 / 檸檬 / 番紅花 / 百里香 / 紅辣椒 / 肉桂 / 胡椒

喬里塞羅辣椒
Choricero Pepper，西班牙北部所產的大型乾燥紅辣椒。和諾拉辣椒一樣，浸泡後使用內側的果肉。

諾拉辣椒
Ñora Pepper，小球狀的乾燥紅辣椒。較常見於加泰隆尼亞、瓦倫西亞等西班牙東部地區。

煙燻紅椒粉
Pimentón。主流上使用的是La Vera產區的煙燻紅椒粉。

皮奎洛紅椒粉
Piquillo Pepper，為納瓦拉王國產的紅椒。通常加工成瓶裝或罐裝販售。

紅椒粉 / 大蒜

西班牙特色香料料理

麵包香蒜湯（Sopa de Ajo）
- 大蒜
- 煙燻紅椒粉（Pimentón）等

西班牙常見以大蒜和當地特產的煙燻紅椒粉為基底，延伸出各種美味的料理。

瓦倫西亞鐵鍋燉飯（Paella Valenciana）
- 迷迭香 ● 大蒜 ● 番紅花
- 煙燻紅椒粉（Pimentón）等

由兔肉、雞肉、粉豆等製成的燉飯。以迷迭香去除肉腥味，並以番紅花、大蒜、煙燻紅椒粉展現西班牙風味。

亞拉岡風味燉雞（Pollo al Chilindrón）

使用煙燻紅椒粉表現西班牙風味。

材料〔3～4人份〕

雞腿肉…2塊
鹽…1/2小匙
- 大蒜…1/2瓣
- 洋蔥…1/2顆
- 紅椒…1個

A:
- 韓國紅椒粉…1/2小匙
- 煙燻紅椒粉…1/2小匙
- 整顆番茄罐頭…1/2罐
- 鹽…2/3小匙
- 砂糖…1小匙
- 醋…1小匙

橄欖油…2大匙
橄欖…20粒

作法

❶ 把一塊雞肉切成5等分，抹上鹽。大蒜切薄片，洋蔥切末，紅椒去蒂頭和籽後切末。番茄罐頭打成糊狀。將A拌勻。

❷ 橄欖油倒入平底鍋中，開大火。油溫上來後，雞皮朝下放入鍋中煎，煎至雞皮金黃後翻面。加入A、大蒜、洋蔥、紅椒、橄欖，煮至沸騰後轉中火，接著蓋上鍋蓋，燉煮20分鐘至雞肉變軟即完成。

食譜中用的是較不辣的韓國辣椒粉，若使用喬里塞羅辣椒（Choricero）這種乾燥紅辣椒，會更貼近西班牙風味。橄欖可依個人喜好使用綠橄欖或黑橄欖。

Column 09 | 阿拉伯帝國的飲食文化

隨著民族的遷徙,料理也會隨之流動與演變,與遷徙目的地互相影響、融合,孕育出多元樣貌的飲食文化。其中,自七世紀起逐步擴張的伊斯蘭飲食文化,跨越歐亞非各地,逐漸發展出代表性的香料料理,例如:以番紅花、薑黃染色的米飯;添加了橙花水、玫瑰水等帶有金黃色澤與甜香氣息的甜點,還有以孜然、胡椒等香料調味的絞肉、燉肉料理,都是此一文化的特色,這也影響了伊朗、摩洛哥、土耳其等地的周邊,以及印度、西班牙等部分歐洲的飲食。以下將介紹幾個不同的跨區域香料料理。

香料米飯

＊抓飯Pilaf
此種香料飯在不同語言中有不同稱呼,作法也不盡相同。在土耳其地區是將豆類等食材和米一起煮,風味清爽;伊朗地區則通常將番紅花、肉桂、小豆蔻、果乾、肉等和米一起煮,煮成風味濃郁的鍋巴飯。

＊印度香飯Biryani
印度的香料米飯,據說是從伊斯蘭教的蒙兀兒帝國發展出來的。一般是將米和肉類一起煮,但沿海地區也有加入蝦子的印度香飯。部分印度香飯會添加小豆蔻、番紅花等與波斯料理共通的香料。

肉類串燒

＊烤肉串Kebab
將用香料醃製的雞肉、羊肉、蔬菜等串在竹籤上烤製,也有絞肉類的串烤。在土耳其地區主要使用的香料是紅椒粉、孜然;伊朗地區則是以番紅花、優格等醃製。

＊印度烤肉串Seekh Kebab
常見於印度地區。將葛拉姆馬薩拉(Garam Masala)、孜然等具印度特色的綜合香料拌入絞肉中烤製而成。

＊提卡烤雞肉串Chicken Tikka
常見於印度地區。將以葛拉姆馬薩拉等綜合香料醃過的雞肉,以坦都(tandoor)這種泥窯烤爐烤製而成。

＊羊肉串Lamb Skewers
維吾爾地區的烤羊肉料理。由於會使用孜然和辣椒,可見受到中東香料使用方式的影響。

＊沙嗲Satay
常見於印尼地區。雖然眾說紛紜,但有一說是來自蒙兀兒帝國時期的印度發展而來。特色是使用新鮮香料、花生製成風味甜而帶辣的醬料,搭配肉串食用。

金黃色米飯

＊黃金飯Polo
以番紅花染色的鍋巴飯,現今在伊朗地區仍深受歡迎,常作為燉煮料理的配菜。

＊Tahchin
以米、雞蛋、番紅花等食材製成的金黃色蛋糕狀米飯。常見於伊朗周邊地區。

＊番紅花飯
深受印度當地人喜愛。據說是在西元七世紀左右,由從波斯遷至印度的帕西人(Parsi)帶來的。

三角形油炸物

＊Sambousek
常見於伊朗周邊地區的一種油炸餡餅。原為過去波斯帝國的宮廷料理。將以孜然、肉桂等香料調味過的絞肉及堅果,包入麵皮中,捏成類似餃子的形狀,再放入油鍋中油炸而成。

＊Brik、Briouat
常見於馬格里布(西北非地區)的三角形酥餅。以在當地被稱為「warqa」的妃樂酥皮,包入以香料調味的蔬菜、肉類、海鮮等各種餡料,再捏成三角形油炸而成,種類豐富。

＊Samosa
流行於印度的一種炸咖哩餃。在略厚的麵皮中,包入以香料調味的馬鈴薯、絞肉等,製成金字塔形的油炸小吃。

土耳其地區

土耳其料理的基礎形成於鄂圖曼帝國時期，該地區雖然此前深受波斯料理影響，然而自鄂圖曼帝國時期開始，逐漸發展出不同的料理風格。首先是香料的使用變得較為單純，例如烤肉串，雖然會使用紅椒粉、孜然、肉桂等風味強烈的香料，但不太使用綜合香料。另外，在沙拉或是清淡的肉類料理中，會撒上鹽膚木來增添酸味。而著名甜點土耳其軟糖，則以帶有乳香的香氣為特色。

- 薩塔（Za'atar）
- 鹽膚木

薩塔綜合香料
Za'atar。其中含有鹽膚木、芝麻和鹽等。當地會拌入橄欖油做成泥狀，塗抹在麵包上食用。

薩塔
薩塔也可以作為百里香、奧勒岡等香草植物的通稱，主要用以製作薩塔綜合香料。

*巴西里　蒔蘿　黑種草　檸檬

*薄荷　百里香

阿勒坡辣椒
Aleppo Pepper，一種具有獨特鮮味的辣椒。

在阿拉伯語中，薩塔也可以單指一種香草植物。因此薩塔除了是單一香料的名稱，也是綜合香料的名稱。

丁香　肉豆蔻　鼠尾草　大蒜

香草　多香果　*肉桂　鹽膚木

Mahleb
和堅果的使用方式很接近的香料。用於為米飯、麵包增添香氣。

乳香
具有煙燻般的香氣和動物性甜香，主要用於製作甜點。

孜然　紅椒粉

芫荽籽　番紅花

土耳其地區特色香料料理

小黃瓜薄荷優格沙拉
- 薄荷
- 胡椒 等

加入優格的料理常見於遊牧民族的飲食中。搭配薄荷、阿勒坡辣椒能展現土耳其風味。

烤羊肉串（Shish Kebab）
- 乾燥奧勒岡葉
- 肉桂
- 孜然
- 鹽膚木
- 紅椒
- 等

肉類料理常搭配紅椒粉、肉桂等香氣強烈的香料。

土耳其浪馬軍

浪馬軍（Lahmacun）是土耳其著名的碎肉薄餅。中東地區經常以孜然、多香果來搭配肉類料理。最後使用紅椒粉、鹽膚木、巴西里做裝飾，更突顯了地區料理特色。

材料〔3～4人份〕

A
- 高筋麵粉…100g
- 鹽…1g
- 砂糖…3g

- 洋蔥…1/4顆
- 甜椒…1/4個

B
- 羊絞肉…100g
- 多香果粉末…2撮
- 孜然粉…2撮
- 鹽…1/4小匙

- 紫洋蔥…1/2顆
- 巴西里（義大利巴西里為佳）…1撮
- 橄欖油…2大匙
- 紅椒粉…1/2小匙
- 鹽膚木…1/2小匙

作法

❶將A加入碗中拌勻，接著加入70ml、40℃的水，開始揉捏成麵團，揉到麵團沒有結塊為止。將麵團分成4等分、各揉成圓形，接著放回碗中，蓋上濕布，靜置30分鐘以上。

❷洋蔥切末；甜椒去蒂頭和籽，切成7～8mm小丁。和B一起放入碗中充分拌勻。

❸紫洋蔥切成絲、泡水。巴西里切末。

❹用擀麵棍將①的麵團擀成10×20cm的薄橢圓形。鋪上②後再擀薄，整齊排放在烤盤上，淋上橄欖油。放進250℃的烤箱中烤6～7分鐘，烤到餡料熟透、麵團表面微焦的程度。撒上紫洋蔥、巴西里、紅椒粉、鹽膚木。

> 麵團不需要發酵，直接烤會比較容易食用，而且很快就能烤好。如果沒有鹽膚木，也可用紅紫蘇粉代替。

蒔蘿薄荷薄餅佐優格醬

以薄荷、蒔蘿和櫛瓜的清新香氣為主，吃起來無負擔的一道料理。作為配料的香料和優格充分突顯了中東風味。

材料〔3～4人份〕

- 櫛瓜…2條
- 蒔蘿…3枝
- 新鮮綠薄荷葉…20片
- 低筋麵粉…4大匙
- 孜然粉…1/4小匙＋1撮
- 鹽…2撮
- 大蒜…1/2瓣
- 希臘優格…100g
- 橄欖油…3大匙
- 紅椒粉…1撮

作法

❶櫛瓜用刨絲器刨成粗絲。蒔蘿和薄荷葉切段。碗中加入低筋麵粉、1/4小匙孜然、1撮鹽，混合。

❷取另一碗，加入磨泥的大蒜、優格、1撮鹽，拌勻。

❸平底鍋中倒入橄欖油，開大火。油溫上來後用湯勺一勺一勺地將①加入鍋中鋪平，一面煎好後翻面再煎，完成後盛盤。

❹將②淋入，最後撒上1撮孜然粉和紅椒粉。

> 這道菜非常適合搭配烤魚一起吃。因為麵糊偏稀，煎的時候最好不要一直碰觸，定型後再翻面。孜然的用量要斟酌，若加太多，味道會變得過重。

247

伊朗地區

傳承了波斯帝國薩珊王朝時期的香料運用方式，主要使用番紅花、肉桂、薑黃等香料。常見在米中加入番紅花一同烹煮，或是在燉肉中加入肉桂、丁香、孜然、胡椒等香料。此外，將使用香料調味的肉類和米飯一起煮成的抓飯（Pilaf），也是從波斯帝國時期逐漸發展而來的料理。另一方面，當地習慣將蒔蘿、薄荷、芫荽等新鮮香草視為蔬菜運用，而在甜食中加入小豆蔻、玫瑰也是一大特點。

香料圖解

Golpar
使用的是種子部位，Golpar有時會被誤譯為白芷或當歸，但兩者是不同的香料。常撒在蔬菜料理上。

藍葫蘆巴
和葫蘆巴為不同種的植物。當地將其葉片視為蔬菜食用，乾燥種子當作香料使用。

小豆蔻 ／ 巴西里 ／ 葫蘆巴 ／ 蒔蘿

Ajika
阿吉卡辣醬，喬治亞地區的辣椒醬，配方多元。主要作為絞肉、蔬菜料理的醬料。

夏香薄荷
具有類似百里香的香氣，在地中海周邊地區經常使用。

芫荽 ／ 薄荷（辣薄荷）／ 羅勒 ／ 胡椒

黑萊姆
將波斯萊姆乾燥後製成。又分為曬至完全轉為黑色與輕微曬成淺棕色的，皆具煙燻般香氣，用於燉煮料理。

金盞花
粉末狀的金盞花常被視為番紅花，作為Khmeli Suneli這種綜合香料的材料之一。

龍蒿 ／ 玫瑰 ／ 肉豆蔻 ／ 肉桂 ／ 丁香 ／ 孜然 ／ 薑黃 ／ 洋蔥

番紅花

Khmeli Suneli
在喬治亞地區常見的綜合香料，主要用於燉煮或湯類料理。雖有著獨特風味，但香氣清爽而甜美。

- ● 馬鬱蘭　● 洋茴香
- ● 薄荷　　● 金盞花
- ● 香薄荷　● 芫荽籽
- ● 巴西里　● 黑胡椒
- ● 藍葫蘆巴　等

Advieh
伊朗的經典綜合香料，配方會因地而異。多用於燉煮料理、香料飯中。

- ● 生薑
- ● 小豆蔻
- ● 玫瑰
- ● 肉桂
- ● 肉豆蔻
- ● 孜然
- ● 芫荽籽
- ● 胡椒
　等

Chemen
亞美尼亞的經典綜合香料。以葫蘆巴、紅椒粉、大蒜等組成。主要用於製作Pastirma（風乾醃牛肉）。

Svanetian Salt
含有藍葫蘆巴、葛縷子等的香料鹽。沾蔬菜、肉類食用。

Bazhe
喬治亞的核桃醬，加入金盞花、番紅花、葫蘆巴等香料製成。

Baharat
在阿拉伯料理圈中廣泛使用的綜合香料，有「七香粉」之稱。配方多元。

- ● 小豆蔻　● 丁香　　● 黑胡椒
- ● 肉桂　　● 孜然　　● 甜椒
- ● 肉豆蔻　● 芫荽籽　等

伊朗地區特色香料料理

Kuku Sabzi

- ● 芫荽　　● 胡椒
- ● 巴西里　● 蝦夷蔥
- ● 蒔蘿　　等

類似香草核桃歐姆蛋的料理。可冷食，有時會加入薑黃製作。

Fesenjān

- ● 肉桂　　● 胡椒　等

以核桃醬、石榴汁燉煮雞肉而成的料理。雖然用的香料不多，但石榴的酸味與肉桂的甜香、湯汁中的鹹味疊加起來，充分展現了地區料理特色。

小豆蔻玫瑰米布丁

玫瑰搭配小豆蔻,是阿拉伯料理中的經典香料組合,為料理增添了華麗香氣。

🪷 材料〔3～4人份〕
米…1/2杯
牛奶…500ml
砂糖…100g
鮮奶油…50ml
● 玫瑰粉…1撮
● 小豆蔻粉…1撮

🪷 作法
❶ 鍋中放入米、100ml牛奶,開中火。沸騰後轉小火,邊攪拌邊煮,煮到水分快收乾,再一點一點加入剩下的牛奶。重複上述步驟,煮到米變軟,接著加入砂糖、鮮奶油,續煮到水分收乾。
❷ 倒入調理容器中冷卻。
❸ 盛入喜歡的容器,再撒上玫瑰粉和小豆蔻粉妝點一下。

> 如果鍋中的牛奶都沒了,米芯卻還是硬的,就再加點牛奶繼續煮。這道甜點可以常溫或冷藏後享用。

高麗菜香料味噌卷

屬於日式調味的味噌,配上波斯風味的香料,是一道具有魅力的無國界料理。

🪷 材料〔3～4人份〕
高麗菜…1/4顆
葡萄乾…30g
烤過的核桃…30g
A ┌ ● 肉豆蔻粉…1撮
 │ ● 肉桂粉…1/4小匙
 │ ● 薑黃粉…1撮
 │ 砂糖…1大匙
 └ 紅味噌…2大匙

🪷 作法
❶ 準備裝得下整顆高麗菜的大鍋。煮一鍋滾水,將去芯的高麗菜放入鍋中,稍微汆燙後,取出外葉約5、6片。
❷ 葡萄乾、核桃切成粗碎粒,加入A中拌勻,靜置約10分鐘。
❸ 用高麗菜葉將②包捲起來即完成。

> 因剩下的高麗菜也稍微燙過了,很適合直接做成泡菜。步驟②的靜置,是為了等待砂糖完全溶解且入味。做好的味噌醬也可以抹在麵包上或沾蔬菜棒吃。

摩洛哥地區

摩洛哥及周邊地區，由於曾經受多個帝國統治，因此當地融合了傳統與外來的飲食文化，其料理中的香料調配得相當平衡，尤其善用肉桂、玫瑰、洋茴香等氣味香甜的香料與綜合香料，可說是相當「精巧」。雖然當地也經常運用孜然，但卻不會讓孜然的風味過於突出，將風味掌握得恰到好處。

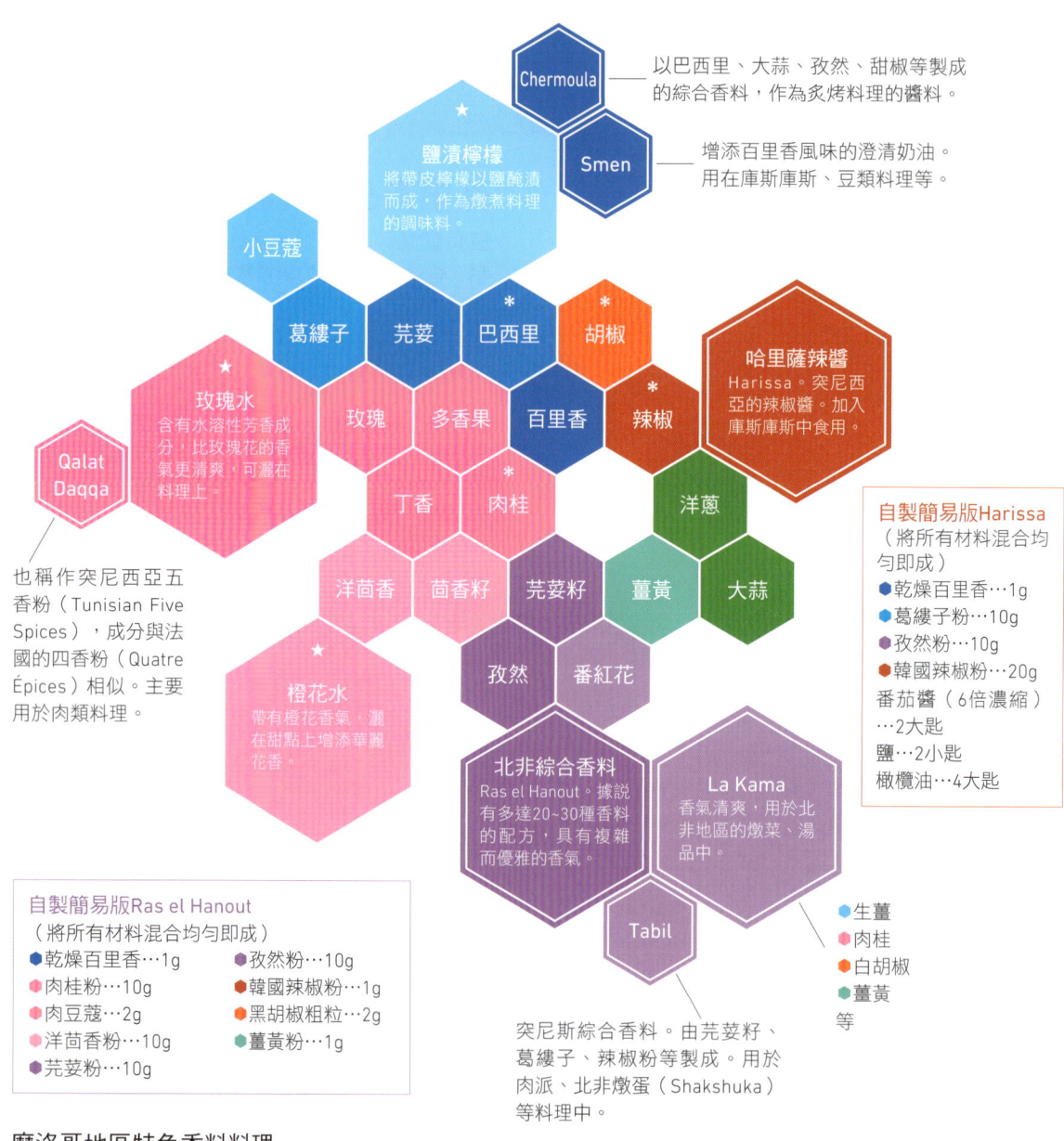

Chermoula —— 以巴西里、大蒜、孜然、甜椒等製成的綜合香料，作為炙烤料理的醬料。

鹽漬檸檬 將帶皮檸檬以鹽醃漬而成，作為燉煮料理的調味料。

Smen —— 增添百里香風味的澄清奶油。用在庫斯庫斯、豆類料理等。

小豆蔻、葛縷子、芫荽、巴西里、胡椒

哈里薩辣醬 Harissa。突尼西亞的辣椒醬。加入庫斯庫斯中食用。

Qalat Daqqa —— 也稱作突尼西亞五香粉（Tunisian Five Spices），成分與法國的四香粉（Quatre Épices）相似。主要用於肉類料理。

玫瑰水 含有水溶性芳香成分，比玫瑰花的香氣更清爽，可灑在料理上。

玫瑰、多香果、百里香、辣椒
丁香、肉桂、洋蔥
洋茴香、茴香籽、芫荽籽、薑黃、大蒜

自製簡易版Harissa
（將所有材料混合均勻即成）
- 乾燥百里香…1g
- 葛縷子粉…10g
- 孜然粉…10g
- 韓國辣椒粉…20g
- 番茄醬（6倍濃縮）…2大匙
- 鹽…2小匙
- 橄欖油…4大匙

橙花水 帶有橙花香氣，灑在甜點上增添華麗花香。

孜然、番紅花

北非綜合香料 Ras el Hanout。據說有多達20~30種香料的配方，具有複雜而優雅的香氣。

La Kama 香氣清爽，用於北非地區的燉菜、湯品中。
- 生薑
- 肉桂
- 白胡椒
- 薑黃 等

Tabil 突尼斯綜合香料。由芫荽籽、葛縷子、辣椒粉等製成。用於肉派、北非燉蛋（Shakshuka）等料理中。

自製簡易版Ras el Hanout
（將所有材料混合均勻即成）
- 乾燥百里香…1g
- 肉桂粉…10g
- 肉豆蔻…2g
- 洋茴香粉…10g
- 芫荽粉…10g
- 孜然粉…10g
- 韓國辣椒粉…1g
- 黑胡椒粗粒…2g
- 薑黃粉…1g

摩洛哥地區特色香料料理

巴司蒂亞餡派（Pastilla）
- 巴西里
- 番紅花
- 薑黃
- 乾薑
- 洋蔥 等
- 肉桂
- 大蒜

使用雞肉（過去使用鴿子）製成的傳統肉派。細緻的甜香搭配番紅花，展現北非民族風情。

摩洛哥番茄農湯（Harira）
- 乾薑
- 肉桂
- 洋蔥 等

在齋戒月結束時食用的豆湯，使用如La Kama這類香氣清爽的綜合香料。

雞肉李子庫斯庫斯

這道料理的關鍵在於讓整體風味溫和且平衡，Ras el Hanout（北非綜合香料）成分較複雜，但若想特別突顯Harissa（哈里薩辣醬）的風味，可以選用所含香料較少的種類。

材料〔4～5人份〕

- 帶骨雞肉…500g
- ●洋蔥…2顆
- ●大蒜…1/2顆
- 胡蘿蔔…2條
- 鹽…1小匙
- ●北非綜合香料…1/2小匙
- 白酒…2大匙
- 李子乾…約10粒
- 即食庫斯庫斯…150g
- ●哈里薩辣醬…適量
- ●巴西里…適量

作法

❶ 雞肉帶骨切成容易入口大小。洋蔥順著纖維方向切薄片。大蒜切薄片。胡蘿蔔削皮後橫切對半，將上半段縱切成4等分，下半段縱切成2等分。
❷ 將雞肉、洋蔥、大蒜、鹽、北非綜合香料加入碗中，拌揉均勻，靜置約30分鐘。
❸ 鍋中加入②、200ml水、白酒，開大火。沸騰後撈出浮沫，再放入胡蘿蔔、李子乾，轉小火、蓋上鍋蓋煮約1小時，煮到食材變軟。
❹ 將即食庫斯庫斯放入碗中，倒入300ml熱水拌勻，蓋上保鮮膜燜10分鐘。
❺ 先將④鋪在盤底，再放上③，撒上切末的巴西里，旁邊附上哈里薩辣醬。

> 因為會搭配帶有湯汁的料理，此處的庫斯庫斯刻意保留乾硬的口感。如果想要更濕軟，可以在表面噴水後，反覆短時間再加熱兩三次。

炸羊肉三角酥餅

三角酥餅（Briouat）是摩洛哥的傳統小糕點。雖然僅使用肉桂、孜然、多香果這樣單純的香料組合，但再搭配上堅果、果乾、羔羊肉，就是一道能品嚐到阿拉伯風味的料理。

材料〔4～5人份〕

- ●洋蔥…1/2顆
- ●巴西里…2、3枝
- 杏桃乾…2個
- 杏仁…20g
- 馬鈴薯…1個
- 橄欖油…1大匙
- 小羔羊絞肉…150g
- A ┌ ●肉桂粉…1/4小匙
  │ ●多香果粉…1撮
  │ ●孜然粉…1/4小匙
  │ 鹽…1/4小匙
  └ 砂糖…1小匙
- 春捲皮…6張
- 麵粉水…適量
- 油炸用油…適量

作法

❶ 將洋蔥、巴西里、杏桃乾、杏仁分別切碎末。馬鈴薯帶皮蒸熟。
❷ 平底鍋中倒入橄欖油，開大火，油溫上來後加入洋蔥稍微拌炒。接著加入絞肉拌炒至熟後，加入A拌勻、關火。加入巴西里、蒸熟且去皮的馬鈴薯、杏桃乾、杏仁拌勻。
❸ 春捲皮縱切成3等分，將②包裹起來做成三角形。在開口處抹一層麵粉水後壓實封口。
❹ 放入180℃油溫中，炸至金黃。

> 馬鈴薯要趁熱和其他食材一起拌勻。若沒有杏桃乾，可用葡萄乾代替。

印度

原產於印度的香料很多，因此當地日常生活與香料的關係更是密不可分。其中，在全印度被廣泛使用的是孜然和辣椒。北部地區則會在風味濃郁的肉類料理中，加入香氣強烈的丁香、小豆蔻等；南部地區會在蔬菜、米飯料理中加入咖哩葉、薑黃；西部屬於多元文化交匯的地區，可見融合了歐洲料理的痕跡；東部地區會以芥末來調味淡水魚料理；東北部在香料使用上則相對單純許多。此外，曾經統治印度地區的蒙兀兒帝國，當時發展出的宮廷料理、帕西料理，更是將香料完美融入其中，且傳承至今。現今，在印度的周邊地區，也能發現受印度香料文化影響的飲食遺緒。

香料圖

- 小豆蔻
- 黑豆蔻
- 生薑 *
- 印度藏茴香
- 黑種草
- 芫荽
- 印度月桂葉
- 辣椒 *
- 芥末 *
- 胡椒 *
- 印度刺山柑：Marathi Moggu，用於印度 Chettinadu 地區料理中的香料，雖是木棉屬植物，卻有胡椒般的香氣。
- Teppal Pepper：俗稱印度花椒（Indian prickly ash），為印度果阿邦（Goa）所產的花椒。在亞洲地區，原生花椒通常有特定使用的區域。
- 茴香籽
- 丁香
- 肉豆蔻
- 肉桂 *
- 洋蔥
- 大蒜
- 阿魏：為繖形科植物的樹脂，只需少量就能散發強烈的大蒜般氣味。
- 番紅花
- 孜然
- 葫蘆巴籽
- 咖哩葉
- 芫荽籽
- 羅望子
- 芒果粉
- 薑黃
- 印度鳳果：Kokum，有著類似羅望子的果香，主要用於添加酸味。
- Goraka：和印度鳳果都是藤黃屬的植物，帶有煙燻風味，用於添加酸味。

葛拉姆馬薩拉
Garam Masala，以小豆蔻、丁香、肉桂等多種香料製成的綜合香料。

- 黑種草
- 茴香
- 孜然
- 葫蘆巴籽
- 芥末
- 等

Panch Phoron
俗稱「孟加拉五香」的綜合香料，在印度東部主要用於爆香。

- 小豆蔻
- 芫荽籽
- 肉桂
- 孜然
- 肉豆蔻
- 黑胡椒
- 丁香
- 等

恰馬薩拉
Chaat Masala，為帶酸味的綜合香料，撒在蔬菜料理或水果上食用。

Dhana Jiru
一種綜合香料，最基本配方是由孜然和芫荽籽組成，同時也是構成印度各種綜合香料的基礎。

Dhansak Masala
主要用在和其同名的帕西料理名菜「Dhansak」，為風味溫和且層次豐富的綜合香料。

Balti Masala
以茴香籽、芫荽籽為基底的綜合香料。主要用以製作 Balti 咖哩。

Goda Masala
加了椰肉乾的綜合香料。又被稱為「馬哈拉施特拉邦的葛拉姆馬薩拉」。

Bottle Masala
瓶裝綜合香料粉，為孟買周邊地區使用的綜合香料。通常是自家製作，家家戶戶有各自的配方，一次做一年份的量。

Podi
發源自南印度的綜合香料，由炒過的豆子、咖哩葉、阿魏、辣椒等組成。

Sambar Powder
用在可說是南印度味噌湯的 Sambar（桑巴湯）裡。炒香後再使用會更美味。

自製 Dhansak Masala
（用電動研磨器研磨所有材料即成）
- 印度月桂葉…0.3g
- 黑豆蔻…3g
- 肉豆蔻…1g
- 肉桂…3g
- 丁香…0.3g
- 芫荽籽…10g
- 孜然…5g
- 葫蘆巴籽…1g
- 韓國辣椒粉…7g
- 黑胡椒…1g
- 薑黃粉…5g

自製簡易版 Chaat Masala
（將所有材料拌勻即成）
- 乾燥綠薄荷…1撮
- 孜然粉…1撮
- 黑岩鹽…1撮
- 辣椒粉…少許
- 芒果粉…1小匙

252

印度香料特色料理

〔北部〕

Abgoosht
- 小豆蔻
- 黑豆蔻
- 肉桂
- 丁香
- 辣椒
- 胡椒 等

不含孜然，以牛奶燉煮羔羊肉而成的淺色咖哩。

Rogan Josh
- 小豆蔻
- 黑豆蔻
- 肉桂
- 丁香
- 豆蔻皮
- 茴香籽
- 芫荽籽
- 孜然
- 番紅花
- 辣椒
- 洋蔥
- 大蒜 等

世界知名的羊肉咖哩。特徵是來自克什米爾紅辣椒、紫朱草（具上色作用的植物）的紅色外觀。

〔西部〕

Dhansak
- 印度月桂葉
- 小豆蔻
- 肉桂
- 丁香
- 豆蔻皮
- 芫荽籽
- 孜然
- 葫蘆巴籽
- 辣椒
- 黑胡椒
- 褐芥末籽
- 薑黃 等

八世紀從波斯遷移到印度的拜火教教徒（帕西人）的代表料理。特點是運用了非常多種香料。

Pork Vindaloo
- 小豆蔻
- 丁香
- 孜然
- 辣椒
- 洋蔥
- 大蒜 等

使用了醋、豬肉，是基督教社群特有的料理。其中的香料以孜然和辣椒為主，雖然種類不多但香料風味突出。

〔南部〕

Rasam
- 咖哩葉
- 孜然
- 辣椒
- 褐芥末籽
- 阿魏
- 羅望子 等

南印度特有、帶有清爽酸味與辣味的湯品。香料的配比因食材而異，其中添加的羅望子和咖哩葉屬於南印度的特色。

Vada
- 芫荽
- 茴香籽
- 咖哩葉
- 辣椒
- 洋蔥
等

類似中東的Falafel（炸鷹嘴豆球）。將香料拌進豆泥中再一起酥炸而成。

〔東部〕

咖哩魚
- 小豆蔻
- 肉桂
- 丁香
- 芫荽籽
- 孜然
- 辣椒
- 芥末
- 薑黃
等
- Panch Phoron（孟加拉五香）

多半都是將魚先醃在香料中再燉煮，但在漁獲豐富的東印度地區，無論是作法還是使用的香料種類都很多元。

咖哩蝦
- 印度月桂葉
- 葛拉姆馬薩拉
- 辣椒
- 薑黃
等

孟加拉東部地區的經典咖哩。用現磨的葛拉姆馬薩拉會更香。

〔北部〕葫蘆巴雞肉咖哩

新鮮葫蘆巴的清新香氣，搭配乾燥葫蘆巴葉獨特的香氣，營造北印風味。

材料〔3～4人份〕
雞腿肉…2塊
A ─ 原味優格…5大匙
    ● 乾燥葫蘆巴葉…1大匙
    ● 孜然粉…1/2小匙
    ● 芫荽粉…1.5小匙
    ● 韓國辣椒粉…1小匙
    └ 薑黃粉…1小匙
生薑…1片
● 大蒜…1/2瓣
● 洋蔥…1/2顆
● 新鮮葫蘆巴…1把
油…1大匙
奶油…20g
B ─ ● 印度月桂葉…1片
    ● 小豆蔻…7粒
    └ ● 丁香…3粒
C ─ 砂糖…2小匙
    醋…2小匙
    酒…3大匙
    番茄糊（6倍濃縮）
    └ …1大匙

作法
❶雞肉切成一口大小，和A拌揉均勻。生薑削皮，和大蒜皆順纖維方向切絲。洋蔥順纖維方向切粗絲。新鮮葫蘆巴切末。小豆蔻刀劃一半但不切斷，印度月桂葉劃刀痕不切斷。
❷平底鍋中倒入油、奶油和B，開中火。香味出來後加入大蒜、生薑，大致拌炒一下，加入洋蔥稍微拌炒。
❸將雞肉連同醃漬液一起倒入平底鍋中，接著加入新鮮葫蘆巴、C和50ml水，蓋上鍋蓋煮20分鐘，不時攪拌，煮至雞肉變軟。

> 切絲的大蒜、生薑會比切末的味道柔和。小豆蔻刀劃一半，是為了更容易釋放香氣。若沒有新鮮葫蘆巴，可將乾燥葫蘆巴葉的量調整為1.5倍。

〔西部〕雞肉扁豆咖哩

此處使用的馬薩拉綜合香料是「Dhansak」，也可以換成其他種，呈現各有特色的風味。

材料〔4～5人份〕
帶骨雞肉…500g
● 大蒜…1瓣
● 洋蔥…1顆
整顆番茄罐頭…1/4罐
● 紫洋蔥…1/8顆
● 香菜…2、3枝
A ─ ● 馬薩拉綜合香料
    （Dhansak Masala）
    …1小匙
    └ 鹽…1/2小匙
油…3大匙
鹽…1/2小匙
白酒…2大匙
B ─ ● 馬薩拉綜合香料
    （Dhansak Masala）
    …1大匙
    鹽…1/2小匙
    砂糖…1小匙
    └ 醋…1小匙
去皮小扁豆…20g

作法
❶雞肉帶骨切成容易入口的大小，用A醃製。大蒜切對半。洋蔥切薄片。番茄罐頭打成泥狀。紫洋蔥切大塊後泡水。芫荽切末。
❷鍋中加入油和大蒜，開大火爆香。香味出來後加入洋蔥、鹽稍微拌炒。加入白酒，轉小火、蓋上鍋蓋，煮20分鐘左右至洋蔥變軟。
❸鍋中加入B、番茄泥、200ml水、醃過的雞肉，轉大火。沸騰後撈掉浮沫，再轉中小火、蓋上鍋蓋，燉1小時。
❹取另一個鍋子，加入200ml水，開中火煮滾後，放入小扁豆，轉中小火，煮至豆子變軟、水分蒸發。
❺待❹燉好後加入❺拌勻。盛盤，撒上紫洋蔥、芫荽。

> 洋蔥煮成糊狀更好。如果看起來快燒焦了，就再補一點水。扁豆糊一起煮容易焦，因此先分開煮，最後再拌在一起。

〔南部〕椰子咖哩雞

香料炒過可以釋放香氣，帶出堅果般溫和的風味。使用粗顆粒，風味就不會過於搶戲。

🌼 材料〔3～4人份〕

- 洋蔥…2顆
- 大蒜…2瓣
- 雞腿肉…2塊
- 鹽…1/2小匙
- A
  - 小豆蔻…5粒
  - 丁香…3粒
  - 茴香籽…1小匙
  - 孜然…1小匙
  - 芫荽籽…2小匙
- 椰絲…30g
- B
  - 陳皮…1/2小匙
  - 肉桂粉…1/2小匙
  - 韓國粗辣椒粉…2小匙
  - 薑黃粉…1/2小匙
- 油…2大匙
- C
  - 椰奶…200ml
  - 鹽…1.5小匙
  - 砂糖…1大匙
  - 醋…1小匙
  - 白酒…2大匙

🌼 作法

❶ 洋蔥切月牙形。大蒜切對半。雞肉切成一口大小，再撒上鹽。

❷ 將A加入平底鍋中，開小火，炒至香氣出來後加入椰絲，椰絲呈金黃色後取出，放入碗中，再加入B拌勻。

❸ 同鍋加入1大匙油，開大火加熱後，加入洋蔥、大蒜拌炒3分鐘後取出，放進②的碗中。

❹ 將②碗中的材料和一部分的椰奶加入食物調理機中打成糊狀。

❺ 在③的平底鍋中加入1大匙油，開大火。油溫上來後放入雞肉，將兩面都煎熟，接著再加入④、C和100ml水，稍微拌勻後轉中火，蓋上鍋蓋煮15分鐘，煮至湯汁出現光澤感。

> B香料不要燉煮太久，先將鍋子移開火源再放入為佳。洋蔥、大蒜也不要加熱過久，要保留一點鮮辣味。這道料理容易燒焦，記得邊煮邊不時攪拌。

〔東部〕蛋咖哩

在這道料理中，爆香的香料作為風味亮點，粉末狀香料則豐富了整體的風味層次。

🌼 材料〔3～4人份〕

- 蛋…8顆
- 鹽…1/3小匙
- 大蒜…1/2瓣
- 洋蔥…1/4顆
- 咖哩葉…3枝
- 油…3大匙
- A
  - 茴香籽…1/2小匙
  - 孜然…1/2小匙
- B
  - 孜然粉…1/2小匙
  - 芫荽粉…1小匙
  - 韓國辣椒粉…1/2小匙
  - 褐芥末籽…1/2小匙
  - 薑黃粉…1/2小匙
- C
  - 白酒…50ml
  - 番茄糊（6倍濃縮）…1大匙
  - 淡口醬油…1大匙
- 生薑…1/2片
- 新鮮青辣椒…少許

🌼 作法

❶ 煮水煮蛋，煮好後在蛋上撒鹽。大蒜切薄片，洋蔥縱切對半後再順纖維方向切成5mm寬的絲狀。咖哩葉只留葉，去掉梗。

❷ 平底鍋中倒入油，開大火。放入水煮蛋，煎至表面金黃後取出。

❸ 將A加入同一個平底鍋中，開中火。待茴香籽因受熱開始跳動時，加入咖哩葉、大蒜、洋蔥、B，並馬上加入C和50ml水。接著放入蛋一起煮，煮至收汁即可盛盤，最後撒上薑絲和青辣椒末。

> 蛋煎到表面金黃甚至有焦痕，會更入味。B香料容易燒焦，下鍋之後，要立刻加入有水分的材料。感覺鮮味不足時，可以補一點醬油來增強。

Column 10 ｜ 咖哩粉的起源

在世界的任何一處，都能見到咖哩或類似咖哩的料理，其中日本當然不例外。那麼當初「咖哩」是如何傳向全世界的呢？可以大致分為兩條路線：一是源自英國人的路線，二是源於印度人的路線。

英國人路線

英國在十七世紀成立東印度公司，試圖獨佔亞洲貿易。當時橫渡到印度的英國商人與當地女性結婚，進而邂逅美味的香料料理。當他們回到自己國家後，試著想重現當地味道時，發明了咖哩粉。當來到十八世紀末、十九世紀時，咖哩粉已經普及至一般家庭，甚至可以說是國民美食。

移民到美國、加拿大、澳洲等地的英國人，也帶入了咖哩文化。在此之後，東南亞等多個民族進入澳洲，並互相融合，也接受到來自各地區的咖哩料理。

以英國軍隊飲食之姿進入日本的咖哩，在當地衍生出適合和米飯搭配的咖哩飯。伴隨著咖哩飯的高人氣，也發明出咖哩醬、冷凍咖哩真空包等。日式咖哩漸漸攀升至國民飲食的高峰，以「家常味」受到親睞。

＊Madras Curry Powder
馬德拉斯咖哩粉，屬於英式咖哩粉。香氣溫和，辣味恰到好處。

＊Bombay Curry Powder
孟買咖哩粉。其辣味與馬德拉斯咖哩粉相比，較為溫和。

＊Vadouvan
因印度也曾是法國的殖民地，而在當地發展出的法式咖哩粉。其中含有龍蒿、芥末。

＊Japanese Curry Powder
日式咖哩粉，雖模仿自英式咖哩粉，但在日本發展出特有的「咖哩烏龍麵」等美食。

印度人路線

另一方面，印度自奴隸制度時代之後，印度咖哩也逐漸隨移民傳播至世界各地。像是今日加勒比海地區的燉豆咖哩、魚和肉類咖哩等，以及作為牙買加代表料理之一的山羊肉咖哩，都是受到印度移民文化的影響。

此外，由於南非是歐亞貿易的中繼站，過去不乏來自印尼、印度的奴隸，這一群稱為「開普馬來人」的人們十分擅長料理，留下的料理更被稱為「開普馬來料理」。

東南亞部分地區與印度相鄰，其咖哩料理可見受印度影響的痕跡。例如越南咖哩、泰國咖哩等，正是以當地新鮮的香草，搭配印度的乾燥香料粉末製成的混合型咖哩。

＊Cape Malay Curry Powder
開普馬來咖哩粉。風味溫和，不過相較於英式咖哩粉，香料氣味更為突出。

＊Durban Curry Powder
德班咖哩粉。來自印度的古吉拉特族移民所製作的北印度風咖哩粉。

＊Colombo Curry Powder
可倫坡咖哩粉。在留尼旺島發展出的咖哩粉，據說來自斯里蘭卡移民。

＊Cà ri
越南咖哩粉。由八角、薑黃為主要香料，風味溫和。

Column 11 | **非洲的香料**

以下介紹非洲的特色香料及其運用方式。非洲不僅是某些香料的原產地，當地人也普遍有使用香料的習慣，而除了當地獨特的香料以外，也發展出綜合香料的用法。由於民族多樣性與移民影響等因素，非洲的香料飲食文化也趨向細緻、區域化，因此無法歸納為單一地區特徵。

Selim 塞利姆胡椒
幾內亞灣周邊地區使用的細長豆形香料。除了燉煮料理外，也用於塞內加爾的特有飲品圖巴咖啡（Café Touba）中。其獨特的香氣是法國料理中不可少的亮點。

Baobab 猴麵包樹果粉
猢猻木又被稱為猴麵包樹，為幾內亞灣沿岸地區使用的香料。葉片具有宛如菠菜的風味，能使料理變得濃稠。其果實用於飲料中或增添酸味。而Sauce Feuille則是用猢猻木的葉子做的象牙海岸燉煮料理。

Berbere 柏柏爾綜合香料
過去作為香料貿易中繼站的衣索比亞地區所使用的綜合香料。以辣椒、小豆蔻等為基底構成，用於燉煮料理中。

Hawaij 葉門綜合香料
廣泛用於葉門地區，由小豆蔻、孜然、丁香等多種香料組成。並且分為咖啡用和料理用，後者大多會添加薑黃。此綜合香料的配方相當多元。

＊Doro Wat
衣索比亞咖哩燉雞，此料理帶有辣味，當地會搭配具酸味的發酵麵包Injera一起食用。

＊Chicken Mandi
葉門的香料雞肉飯。會加入Hawaij以增添風味。

Dukkah 杜卡綜合香料
由堅果、芫荽籽、孜然等製成，為埃及周邊地區所使用的綜合香料，常用於撒在沙拉上。此外，埃及料理本就經常使用孜然和芫荽籽。

Mbongo 姆邦戈香料
喀麥隆的綜合香料。使用非洲肉豆蔻、天堂椒等原產香料。用在燉煮料理中。

東南亞

東南亞是各種香料原產地，特徵是使用新鮮香料，因此大部分料理的風味都是新鮮且強烈。多數的泰國料理是自宮廷料理發展而來，豐富的風味層次是其魅力所在。寮國、緬甸、柬埔寨料理則有許多共通點，除了皆使用新鮮香料，也會使用魚露、納豆這類發酵食物，提高了料理的美味與複雜度。越南料理雖然相對清淡，但仍偏好運用新鮮香料。馬來西亞、印尼則因為受到馬來人、印度、華人的飲食文化影響，風味複雜。受到印度的影響，這些地區也常使用乾燥香料。

泰國羅勒
主要在亞洲使用。比甜羅勒多了股薄荷香氣。

檸檬羅勒
有著檸檬香氣的羅勒。常以新鮮狀態作為佐料使用。

聖羅勒
是打拋、泰國咖哩等泰國料理中不可或缺的一種羅勒。

魚腥草
在越南料理中，通常當作生菜或香草使用。

- 新鮮生薑
- 泰國青檸
- 香蘭葉
- 辣椒
- 大蒜
- 紅蔥頭
- 羅望子 等

火炬薑花
火炬薑的花朵，常用於Nyonya Laksa（娘惹叻沙）、Sambal（參巴醬）等。

刺芫荽
也被稱為越南芫荽，在越南當作調味料使用。

叻沙葉
是叻沙中不可少的配料。

黃金蒲桃
也稱作印尼月桂葉，經常用在燉煮料理中。

小豆蔻　泰國青檸葉　檸檬香茅

＊辣椒

假蒟
在泰國、越南會使用其葉片包配菜食用。是胡椒的近親，有類似胡椒的辛香。

參巴醬
Sambal。椰漿飯等馬來西亞料理中一定會有的辣椒醬。變化豐富。

凹唇薑　＊生薑　南薑　芫荽　大蒜

八角　肉豆蔻　羅望子

在中華圈移民多的東南亞，經常會在中式料理中使用五香粉。

五香粉　丁香　咖哩葉　薑黃

峇里島綜合香料的代稱，變化豐富，共通基底為生薑與檸檬香茅。

Bumbu　香蘭葉　孜然

- 泰國羅勒
- 聖羅勒
- 芫荽
- 南薑
- 泰國青檸葉
- 檸檬香茅
- 芫荽籽
- 孜然
- 青辣椒
- 洋蔥
- 大蒜 等

綠咖哩醬
泰國代表性的咖哩醬。除了咖哩，也會用在炒、烤料理的調味。

- 泰國羅勒
- 聖羅勒
- 芫荽
- 南薑
- 凹唇薑
- 泰國青檸葉
- 檸檬香茅
- 肉豆蔻
- 丁香
- 孜然
- 紅辣椒
- 洋蔥
- 大蒜 等

紅咖哩醬
與清爽的綠咖哩相對比，為紅色且濃郁的咖哩醬。

瑪莎曼咖哩醬
加入許多香料粉末，香氣豐富的泰國咖哩醬。

越南咖哩粉
Cà ri。配方繁多，製成口感、香氣皆溫和的清爽型咖哩。

- 乾薑
- 肉桂
- 肉豆蔻
- 八角
- 丁香
- 芫荽籽
- 孜然
- 辣椒
- 薑黃 等

- 芫荽
- 南薑
- 凹唇薑
- 小豆蔻
- 檸檬香茅
- 肉桂
- 肉豆蔻
- 丁香
- 孜然
- 紅辣椒
- 洋蔥
- 大蒜 等

東南亞香料特色料理

Com Hen
- 🟢 聖羅勒　　● 大蒜
- 🔴 辣椒　　　● 洋蔥 等

越南的蜆飯。搭配新鮮香草、越式甜辣醬食用。

茶葉沙拉
- 🔴 辣椒
- ● 大蒜 等

以越南發酵茶搭配堅果的沙拉。使用單純的香辛料,卻有著蝦米、魚露般的鮮味。

竹筴魚玉米筍香草沙拉

使用多種東南亞香料,呈現異國風味的同時,也消除了竹筴魚的腥味。

材料〔4～5人份〕
- 竹筴魚乾…2尾
- 🔴 青辣椒…1/2根
- 🔵 檸檬香茅…1枝
- 🔵 南薑…1片
- 🔵 凹唇薑(指頭大)…2塊
- 🟢 芫荽…6、7枝
- 🟢 青蔥…2枝
- 🟢 洋蔥…1/4顆
- 🟢 大蒜…1/2瓣
- 玉米筍…6根
- 鹽…1撮
- A
  - 🔵 檸檬香蜂草葉…10片
  - 🔵 叻沙葉…10片
  - 🔵 綠薄荷葉…20片
  - 🔵 泰國羅勒葉…10片
- 魚露…1小匙
- 油…1小匙

作法
① 將煎好的竹筴魚乾去骨剔肉。青辣椒切末,檸檬香茅切細小圓片,南薑和凹唇薑去掉薑皮上的髒污,順纖維方向切絲。芫荽、青蔥切2～3cm段狀,洋蔥順纖維方向切絲,大蒜順纖維方向切絲。
② 玉米筍剝皮蒸熟,撒上鹽,放冷後再縱切十字。
③ 把A的香料葉用手撕碎,放入調理碗中,接著加入①、②和魚露拌勻後,再加入油拌勻。

每根辣椒的辣度有異,小心失手加太多。能搭配多種香草是最好的,如果手邊沒有這麼多香草,最少要添加綠薄荷葉。玉米筍的風味容易過於突出,因此建議用鹽預先調味。

假蒟包沙嗲風味烤雞

用有特殊香氣的假蒟包入沙嗲雞肉食用,風味意外地平衡。

材料〔4～5人份〕
- 雞腿肉…2塊
- 🟢 洋蔥…1/4顆
- A
  - 🔵 南薑…2片
  - 🔵 凹唇薑(指頭大)…1塊
  - 🔵 泰國青檸葉…6片
  - 🟣 芫荽…1/2小匙
  - 🔴 韓國粗辣椒粉…1小匙
  - 🟢 大蒜…1瓣
  - 花生醬…20g
  - 砂糖…1大匙
  - 魚露…2大匙
- 油炸用油…適量
- 油…2大匙
- 🔴 假蒟…約10片
- 毛蝦…2大匙

作法
① 雞肉切小一點的一口大小。洋蔥順纖維方向切絲。南薑和凹唇薑去掉薑皮上的髒污,和大蒜一起切碎,泰國青檸葉切絲。
② 將A搗成泥狀,用來醃雞肉。
③ 加熱鍋中的油炸用油,放入洋蔥炸到洋蔥沒有水分且呈金黃色。
④ 平底鍋中倒入油,開大火。油溫上來後加入②的雞肉,一面煎到焦黃後翻面繼續煎熟後,取出放在調理盤中,稍微放涼。
⑤ 先將假蒟鋪在盤底,再放上煎好的雞肉,撒上炸洋蔥和毛蝦即可。

也可使用市售炸好的洋蔥。南薑、凹唇薑皆可用生薑代替。

中國／台灣

中國最具代表性的是四川「麻辣」料理，特色是大量使用花椒和辣椒。而在靠近中亞的西部地區，則盛行以孜然、辣椒做成的烤羊肉串（類似Kebab）；鄰近越南、寮國的雲南周邊地區，香料的使用近似東南亞地區，像是檸檬香茅、薄荷等新鮮香草。整體而言，中式料理的香氣特徵是綜合香料的「五香粉」，以及八角、蔥、薑的香氣，時常以蔥、薑爆香後再和其他食材同炒。

台灣的料理有一部分與中國同源，因此八角的香氣也經常出現。除此之外，芫荽也是台灣風味一大特色，幾乎是隨處可見的日常香氣。其他像是馬告、刺蔥等原生種的香料，近年來也開始受到料理界的矚目。

- ● 生薑
- ● 肉桂
- ● 八角
- ● 茴香籽
- ● 辣椒
- ● 蔥 等

中芹
又稱為土芹、芹菜。比作為蔬菜使用的西芹，香味來得濃郁。

黑豆蔻

陳皮

辣油
有僅使用辣椒製作，也有加入其他香料製成的種類，風味豐富。

● 辣椒

九層塔
羅勒的一個品種。用在三杯雞等台灣料理中。

芫荽

＊生薑

花椒

馬告
雖不屬於胡椒類，卻帶有辛辣風味與清新的香氣，因此又稱為「山胡椒」。

四川豆瓣醬
發酵蠶豆製成的調味料，含有辣椒帶來的辛辣味。

＊薄荷

月桂葉

＊辣椒

大蒜

肉桂

洋蔥

韭菜
當作蔬菜使用，有著獨特風味，能提升料理的美味。

蔥
經常和生薑一起爆香使用。

桂花
也稱丹桂。具有類似接骨木花的甜香。會將桂花利口酒用於甜點。

丁香

八角

孜然

茴香籽

枸杞
經常用在藥膳料理中。也會用來上色，具獨特香氣。

XO醬
使用蝦米等海鮮和辣椒、金華火腿等製成的醬料。味道極為鮮美。

茉莉
在甜點中添加茉莉花茶，大多是間接地增添香味。

甘草
中國南部地區會用於藥膳湯中。

● 辣椒
● 紅蔥頭
● 大蒜
等

金針花
用在藥膳湯，或是新鮮生炒食用。

五香粉
中式料理中代表性的綜合香料。事實上不限於五種香料，有的也會加入胡椒、陳皮等。

- ● 肉桂
- ● 八角
- ● 丁香
- ● 茴香籽
- ● 花椒
等

中國／台灣香料特色料理

麻辣鍋

- ● 丁香
- ● 大蒜
- ● 辣椒
- ● 生薑
- ● 花椒　等

在辣椒和其他香料一起煮滾的湯汁中，放入肉、蔬菜一起食用。為源自中國重慶的料理。

滷肉飯

- ● 五香粉
- ● 辣椒
- ● 蔥
- ● 芫荽
- ● 生薑　等

將滷好的豬肉澆淋在米飯上食用，是台灣的經典小吃。

冬瓜蝦仁桂花陳酒凍

桂花是常見於甜點或飲品的元素，這次巧妙地融入料理中，增添細緻的風味，同時保有中式料理的風格。

材料〔4～5人份〕
吉利丁片…3.5g
白蝦…10隻
冬瓜…1/10個
●生薑…1片
鹽…1撮

A ┌ ●桂花陳酒…50ml
  │ 鹽…1/4小匙
  └ 砂糖…3大匙

作法
❶吉利丁片泡冷水。蝦子剝殼去腸泥，快速汆燙一下。冬瓜削皮去籽，切2cm塊狀，快速汆燙一下。生薑順著纖維方向切絲。
❷將蝦子、冬瓜、生薑加入碗中，以鹽預先調味。
❸將A和150ml水加入小鍋中，開中火。沸騰後關火，加入瀝掉水分的吉利丁，吉利丁融化後倒入❷中，放涼後再放進冰箱冷藏，凝固後即可食用。

先將蝦子和冬瓜汆燙過，降低各自的氣味後，才能展現桂花的細緻香氣。生薑部分若使用嫩薑更好。

花椒蒸魚

辣椒、八角、花椒是中式料理的經典組合。這裡加入甜麵醬等中式調味料，更能展現區域特色。

材料〔3～4人份〕
三線雞魚…2尾（約20cm大小）
鹽…2撮
酒…2大匙
●大蔥…1/2根
●生薑…1片

A ┌ ●八角粉…1撮
  │ ●韓國辣椒粉…1/2小匙
  │ ●花椒粉…1撮
  │ 濃口醬油…1/2小匙
  │ 味醂…1小匙
  └ 甜麵醬…1小匙
油…3大匙

作法
❶三線雞魚刮掉鱗片、取出內臟，抹鹽靜置10分鐘後，擦掉水分放在盤子上，淋上酒。
❷蔥白切絲，生薑削皮後順纖維方向切絲。將A拌勻做成醬。
❸將①的盤子放入蒸鍋中，蒸10分鐘左右至魚熟透。蒸好後撒上蔥絲、生薑、醬。
❹平底鍋中倒入油，開大火加熱至沸騰後，淋在③的醬上面。

也可以替換成魚片，或是鮭魚、鯖魚等不同的魚類。魚片的做法亦相同。油淋的手法適合很多料理，能夠快速釋放出辛香料的香氣。

日本

日本將紫蘇、生薑、香橙、茗荷等原生植物作為「藥味」（調味用的佐料）的文化已根深蒂固，較少使用外來的香料。當地人偏好清爽的風味。食用鰹魚等風味較強烈的魚種時，會搭配新鮮大蒜。代表性的綜合香料「七味辣椒粉」，其由來可追溯到江戶時代，當時會撒在烏龍麵、蕎麥麵等熱湯麵上，當作調味料使用。另外，一般家庭在製作燉煮料理時，常見加入生薑來去除肉腥味的作法。

七味辣椒粉
● 辣椒
● 香橙

傳統配方中包含黑芝麻、火麻仁、罌粟籽、海苔等，也有加入七種以上香料者。

柚子胡椒
用鹽醃漬發酵柚子皮和辣椒。青柚搭配青辣椒，黃柚搭配紅辣椒。

Kanzuri
● 辣椒

新潟特產辣椒醬。比柚子胡椒的風味更為單純，可加在各種料理中以增添辛辣風味。

山葵醬
● 山葵
● 辣根
● 芥末
等

為重現山葵香氣與風味的泥狀加工食品。由於便於使用，比起生鮮山葵更常見於各個家庭中。

● 紫蘇
● 乾薑
● 香橙
● 陳皮
● 辣椒
● 山椒
等

香橙　紫蘇　*辣椒　山葵

茗荷
生薑的一種，將花蕾的部分當作調味佐料使用。

*生薑　山椒

木之芽
山椒的葉子。與果實同樣有著令人舌頭發麻的辣味，氣味溫和而清爽。

日式黃芥末
褐芥末的一種，以粉狀販售。溶於溫水後再加入料理中。

大蒜　洋蔥

菊花
除了當作生魚片的裝飾，也會用在拌青菜等料理。

桂皮
用在日本名產八橋餅、日本肉桂糖。葉子則用於鹿兒島的肉桂糯米糕。

行者大蒜
和大蒜雖同為石蒜科植物，但風味有如韭菜，口感柔軟。

蔥
品種豐富，主要有青蔥、白蔥等。用途因地而異。

竹葉
經常用在笹糰子、麩饅頭等和菓子。

櫻花葉
鹽漬後用於製作櫻餅等和菓子。

咖哩醬
以油脂融合多種香料香氣製成的醬料，十分常見。

咖哩粉
英國人引進日本後，進一步在地化發展出的香料粉。常用於製作大量餐點時，運用範圍相當廣泛。

● 小豆蔻
● 肉桂
● 丁香
● 茴香籽
● 孜然
● 葫蘆巴籽
● 芫荽籽
● 辣椒
● 胡椒
● 薑黃
等

● 小豆蔻　● 孜然　● 胡椒
● 肉桂　● 葫蘆巴籽　● 薑黃
● 丁香　● 芫荽籽　等
● 茴香籽　● 辣椒

日本香料特色料理

咖哩烏龍麵
● 咖哩粉 等

用太白粉將咖哩粉融化後，加入湯汁中勾芡，再淋在烏龍麵上，受到廣大民眾喜愛。

山椒花火鍋
● 山椒 等

使用山椒花做成的火鍋料理，是一道季節性料理。

七味粉茶碗蒸

風味溫和的茶碗蒸，搭配經典的日式綜合香料，別有一番風味，非常適合作為下酒菜。

材料〔6碗份〕
- 生薑…1片
- A ┌ 蛋…3顆
-   │ 鰹魚高湯…300ml
-   └ 鹽…1撮
- 雞腿肉絞肉…100g
- 酒…2大匙
- 紅味噌…1/2大匙
- 白味噌…1/2大匙
- 七味辣椒粉…1/4小匙

作法
1. 生薑削皮切末。A拌勻後過濾，做成蛋液。
2. 小鍋中放入雞肉、生薑、酒，開中火。用筷子邊攪拌邊煮。雞肉煮熟後加入紅味噌、白味噌拌勻，待整體味道融合後，加入七味辣椒粉拌勻。
3. 將②放入容器中，並倒入蛋液。放入蒸鍋開小火蒸熟。

> 蒸的時間會因食材狀態而異。建議在蒸鍋完全加熱前放入，一起慢慢升溫，會蒸得比較漂亮，不容易產生氣孔。

茗荷味噌奶油義大利麵

不加入其他配料，看似單純、風味卻很迷人的義大利麵。以茗荷和紫蘇為主角，營造清爽的日式料理風格。

材料〔2人份〕
- 鹽…1大匙
- 義大利麵（1.6mm）…160g
- 大蒜…1瓣
- 橄欖油…2大匙
- A ┌ 田舍味噌…1.5大匙
-   │ 白胡椒粗粒…1/2小匙
-   │ 鮮奶油…4大匙
-   │ 砂糖…2小匙
-   └ 酒…2大匙
- 茗荷…3枝
- 青紫蘇…5片

作法
1. 鍋中加入2000ml水、鹽，開大火，沸騰後放入義大利麵，煮熟。大蒜搗碎。茗荷順著纖維方向切絲，青紫蘇切細絲。
2. 平底鍋中倒入橄欖油、大蒜，開中火。大蒜香氣出來後加入A拌勻，沸騰後關火。接著放入煮好的義大利麵、茗荷和青紫蘇，開小火，拌勻。

> 茗荷和青紫蘇容易因浮沫而變色，使用前再切比較好。鮮奶油加熱過久會出現腥味，所以煮至沸騰後就關火。

德州、墨西哥等中南美地區

此地區的香料魅力，首推各式各樣辣椒的使用方法。料理中廣泛使用原產的辣椒、可可、多香果等。此外，由於曾受歐洲國家統治，以及印度、非洲移民影響，各自的料理與香料互相融合，發展出獨具特色的料理風格。在通常以辣椒、大蒜為基底，搭配其他香料製成的多種醬料當中，以阿根廷的青醬（Chimichurri）、墨西哥的莎莎醬（Salsa）最具代表性。其他地區也有類似的醬料，多用在燉煮料理或作為烤肉的醃料。

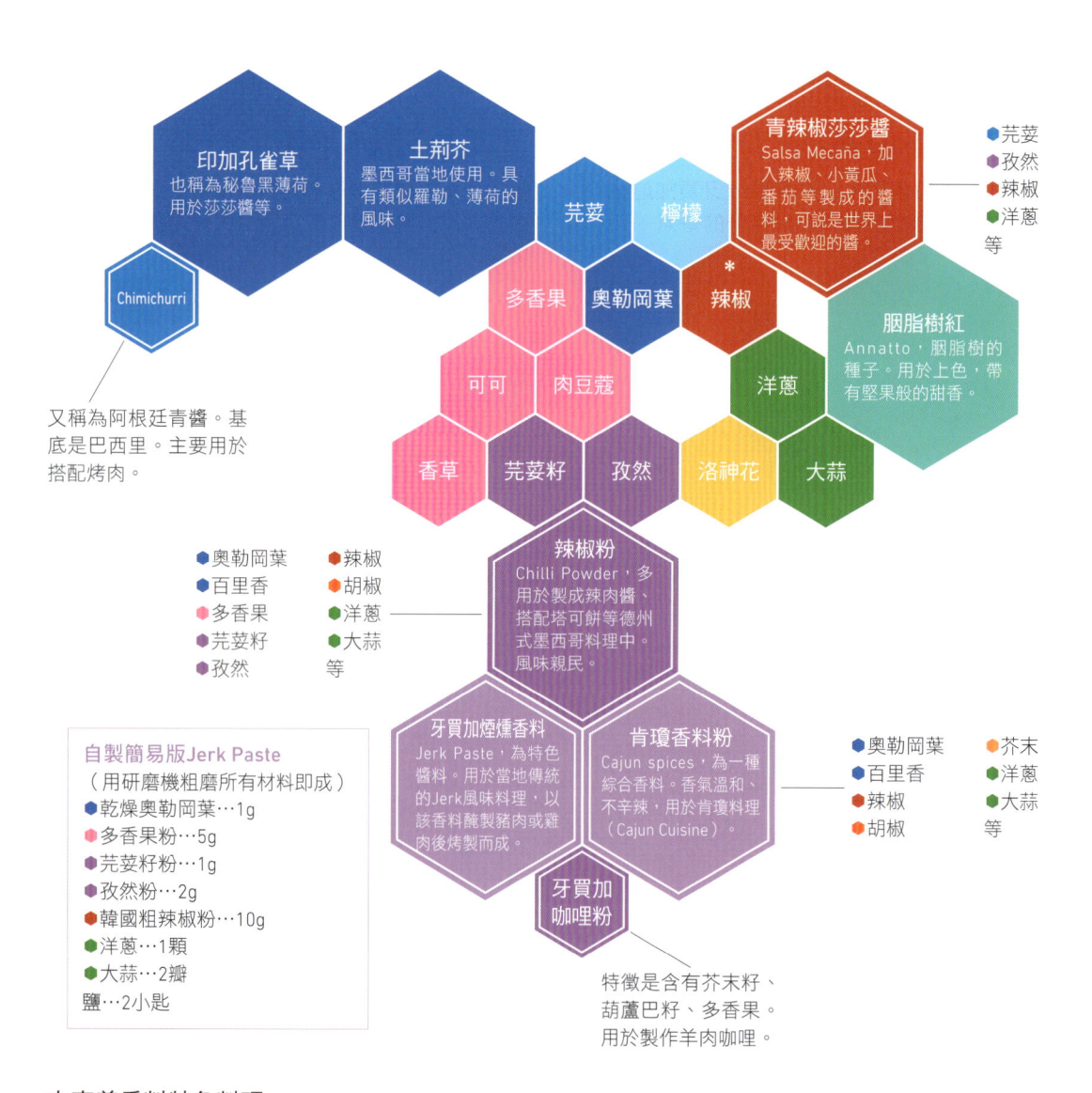

印加孔雀草
也稱為秘魯黑薄荷。用於莎莎醬等。

土荊芥
墨西哥當地使用。具有類似羅勒、薄荷的風味。

芫荽

檸檬

青辣椒莎莎醬
Salsa Mecaña，加入辣椒、小黃瓜、番茄等製成的醬料，可說是世界上最受歡迎的醬。
- 芫荽
- 孜然
- 辣椒
- 洋蔥 等

Chimichurri
又稱為阿根廷青醬。基底是巴西里。主要用於搭配烤肉。

多香果　**奧勒岡葉**　**＊辣椒**

胭脂樹紅
Annatto，胭脂樹的種子。用於上色，帶有堅果般的甜香。

可可　**肉豆蔻**　**洋蔥**

香草　**芫荽籽**　**孜然**　**洛神花**　**大蒜**

- 奧勒岡葉　● 辣椒
- 百里香　● 胡椒
- 多香果　● 洋蔥
- 芫荽籽　● 大蒜
- 孜然　　　等

辣椒粉
Chilli Powder，多用於製成辣肉醬、搭配塔可餅等德州式墨西哥料理中。風味親民。

自製簡易版 Jerk Paste
（用研磨機粗磨所有材料即成）
- 乾燥奧勒岡葉…1g
- 多香果粉…5g
- 芫荽籽粉…1g
- 孜然粉…2g
- 韓國粗辣椒粉…10g
- 洋蔥…1顆
- 大蒜…2瓣
- 鹽…2小匙

牙買加煙燻香料
Jerk Paste，為特色醬料。用於當地傳統的Jerk風味料理，以該香料醃製豬肉或雞肉後烤製而成。

肯瓊香料粉
Cajun spices，為一種綜合香料。香氣溫和、不辛辣，用於肯瓊料理（Cajun Cuisine）。

- 奧勒岡葉　● 芥末
- 百里香　　● 洋蔥
- 辣椒　　　● 大蒜
- 胡椒　　　　等

牙買加咖哩粉
特徵是含有芥末籽、葫蘆巴籽、多香果。用於製作羊肉咖哩。

中南美香料特色料理

Mole Poblano
● 多香果　● 可可　● 青辣椒 等

墨西哥當地的一種巧克力辣醬，特徵是帶有墨西哥可可和多香果的風味，配方豐富。主要搭配白切雞肉等食用。Mole即醬料之意。

Double
● 咖哩粉　● 洋蔥　● 大蒜 等

千里達及托巴哥的街頭美食，在類似印度脆餅（Puri）的炸酥餅中，夾入鷹嘴豆咖哩和辣味莎莎醬食用。

牙買加風煙燻雞肉捲餅

使用上一頁的簡易版Jerk Paste（牙買加煙燻香料）配方，以多香果和辣椒粉的香氣，來營造牙買加風味。除此之外，奧勒岡、孜然、芫荽籽也是這道料理不可少的香料。

❧ 材料〔6個份〕
低筋麵粉⋯100g　　　油⋯少許
鹽⋯1/4小匙　　　　橄欖油⋯2大匙
雞腿肉⋯1塊　　　　●洋蔥⋯1/2顆
●Jerk Paste⋯2大匙　●紅椒⋯1/2顆
麵粉⋯適量　　　　　萵苣⋯6片

❧ 作法
❶將低筋麵粉和鹽加入碗中拌勻後，慢慢加入40℃的水，揉勻至沒有結塊，再分成6等分、整成圓形，蓋上濕布靜置30分鐘以上。
❷雞肉去筋膜，抹上Jerk Paste，靜置30分鐘。
❸撒一點麵粉在工作台上，將①擀薄成直徑20cm的薄餅。
❹平底鍋開大火，抹上一層薄油後，擦去多餘油分，放入③煎至餅皮變白後翻面，另一面也煎好後取出，用濕布保濕。重複③和④，直到做好所有的薄餅。
❺平底鍋中倒入橄欖油，開大火。油溫上來後加入②、蓋上鍋蓋，煎到焦黃後翻面繼續煎熟，取出放在料理盤中稍微放涼。
❻洋蔥、甜椒切薄片。萵苣洗淨擦乾。
❼將萵苣、剝成肉絲的⑤、洋蔥、甜椒放在薄餅上捲起來。

使用低筋麵粉輕鬆做出墨西哥薄餅，擀薄後立刻放入鍋中煎，就能保持濕潤柔軟的口感。可將Jerk Paste冷凍保存，每次取需要的量使用即可。

南美風洛神花凍

單純使用洛神花似乎有些單調，但只要再搭配多香果、蘭姆酒，立刻就能展現中南美風情，令人驚豔。

❧ 材料〔3～4人份〕
香蕉⋯1根
蘋果⋯1/2顆
A ┌ ●多香果⋯3粒
　│ ●肉桂碎片⋯1/2小匙
　│ ●洛神花⋯2小匙
　└ 蘭姆酒⋯2大匙
砂糖⋯3大匙
●新鮮綠薄荷⋯適量

❧ 作法
❶香蕉去皮切成1cm塊狀，蘋果洗淨帶皮、去芯，切成1cm塊狀，加入碗中。
❷將A、100ml水加入小鍋中，開大火。沸騰後轉小火，蓋上鍋蓋煮5分鐘。關火，加入砂糖，砂糖溶化後過濾到①中，稍微放涼後，放進冰箱冷藏。
❸盛入杯中，放上綠薄荷裝飾。

將中南美地區深受喜愛的洛神花汁，做成變化版甜點。加入砂糖前先煮香料，比較容易萃取出香料的精華風味。

265

索引

〔凡例〕

○粗體字部分為在CHAPTER 2介紹的頁數。
○在香料組成分析圖中出現的香料,不列入此清單。
○若食譜中的「生薑」無特別標示,則是指「新鮮生薑」。若非食用用途,則同時列入新鮮與乾燥兩者。
○若食譜中的「辣椒」無特別標示,則是指「紅辣椒」。若非食用用途,則同時列入青辣椒與紅辣椒。
○在CHAPTER 3中「香草系列／萬用群組」的香料中,若無特別標示是乾燥或新鮮,則同時列入兩種形式。
○對於較難區分的香料或香料加工品,歸納為以下:
・蒔蘿……同時列入蒔蘿葉、蒔蘿籽兩種
・肉桂……同時列入肉桂、錫蘭肉桂兩種
・胡椒……同時列入黑胡椒、白胡椒兩種
・芥末、芥子油……包含褐芥末、白芥末兩種
○部分世界香料為了避免因翻譯用語的差異而難以檢索,會以外語為主呈現。

ㄅ

八角……8, 19, 21, 58, 117, 126, 128, **132**, 137, 157, 212, 235, 256, 258, 260, 261
白芥末……49, 66, 82, 95, 163, 177, 197, 200, **201**-205, 232, 240, 242, 243, 252, 253, 256, 262, 264
白胡椒……19, 48, 50, 53, 58, 73, 95, 102, 133, 150, 176, 182, **184**, 188, 240, 242-246, 248, 250, 252, 253, 260, 262-264
巴西里……31, 32, 38, 74, 77, **80**, 83, 95, 139, 204, 205, 233, 240, 243, 246-248, 250, 251, 164
勃艮第芥末……205
薄荷……38, 48, 68, 71, 73, 77, 80, 85, 105, 155, 157, 218, 223, 243, 246-248, 252, 259, 260, 264, 265

ㄆ

普羅旺斯綜合香料……51, 53, 240

ㄇ

芒果粉……166, 216-**218**, 223, 252
玫瑰……95, 126, 140, **143**, 145, 157, 219, 224, 248-250
玫瑰水……105, 126, 143, 245, 250
玫瑰果……216, 217, **219**, 222, 223
茉莉……127, 260
茗荷……39, 81, 262, 263
瑪莎曼咖哩……91, 100, 258

ㄈ

法國香草束……45, 240
非洲肉豆蔻……257
粉紅胡椒……26, 27, 176, 240, 242
番紅花……8, 157, 160, 170, **172**, 173, 240-246, 248, 250, 252, 253

ㄉ

丁香……30-32, 61, 83, 95, 104, 105, 126, 128, **134**, 139, 144, 157, 225, 235, 240, 246, 248, 250, 252-255, 257, 258, 260, 262
大蒜……9, 21, 30, 42, 46, 60, 61, 71, 72, 83, 95, 100, 101, 116, 123, 136, 173, 181, 194, 208, 209, **211**, 213, 231, 233, 240, 241, 243, 244, 246-248, 250-255, 258-260, 262-264
多香果……30-32, 59, 61, 93, 126, 128, **133**, 138, 184, 234, 240, 242, 246, 247, 250, 251, 264, 265
杜松子……39, 48, 92, **93**, 94, 157, 240, 242
東加豆……19, 126, 140, **141**, 144, 157
第戎芥末……201, 205, 240

ㄊ

土荊芥……38, 264
天堂椒……39, 104, **106**, 109, 257
泰國青檸葉……39, 101, 118, **120**, 123, 258, 259
泰國羅勒……38, 103, 258-260

ㄋ

南薑……39, 96, **97**, 101, 258, 259
檸檬……39, 44-46, 48, 69, 77, 81, 83-85, 92, 93, 110, **111**, 115, 131, 149, 170, 171, 181, 233, 243, 244, 246, 250, 264
檸檬香蜂草……38, 68, **69**, 72, 259
檸檬香茅……39, 101, 118, 120, **121**, 123, 157, 258-260
檸檬馬鞭草……39, 118, **119**, 122, 240
檸檬羅勒……38, 42, 258

ㄌ

叻沙葉……38, 258, 259
柳橙……39, 40, 45, 46, 50, 53, 76, 102, 103, 110, **112**, 116, 128-130, 134, 145, 199, 240, 250
洛神花……9, 216, 217, 219, **222**, 225, 264, 265
綠咖哩……97, 258
綠胡椒……176, 182, **183**, 187, 240

龍蒿……78, 127, 150, **151**, 155, 240, 248, 256
藍葫蘆巴……38, 248
羅望子……90, 216, 217, **220**, 224, 252, 253, 258
辣油……260
辣根……177, 196-**198**, 199, 242, 262

ㄍ

甘草……127, 242, 260
枸杞……160, 260
桂花……127, 260, 261
桂皮……126, 262
乾薑……39, 95, 96, **98**, 103, 136, 156, 157, 240, 248, 250, 252, 258, 260, 262
乾燥百里香……38, 50, **56**, 60, 157, 235, 240, 244, 246, 248, 250, 264
乾燥迷迭香……38, 50, **57**, 61, 243, 244
乾燥馬鬱蘭……38, 50, **51**, 58, 157, 240, 248
乾燥奧勒岡葉……38, 50, **54**, 59, 165, 234, 240, 243, 246, 264
乾燥鼠尾草……38, 50, **55**, 60, 240, 243, 246
乾燥薰衣草……38, 50, **53**, 58, 59, 240
乾燥羅勒……38, 50, **52**, 58, 235, 240, 243, 248
葛縷子……39, 84, **86**, 89, 95, 242, 248, 250
葛拉姆馬薩拉……63, 83, 245, 252, 253

ㄎ

可可（包含可可豆、可可粉、可可碎粒）……95, 105, 109, 126, 128, **135**, 139, 224, 264
咖哩粉……83, 107, 151, 162, 164, 165, 240, 256, 258, 262, 264
咖哩葉……21, 160, 161, **163**, 168, 232, 252, 253, 255, 258

ㄏ

火炬薑……39, 258
花椒……177, 190, 191, **193**-195, 234, 252, 260, 261
哈里薩辣醬（Harissa）……250, 251
紅椒粉……54, 81, 90, 228, 229, **231**, 233, 235, 244-248, 265
紅辣椒（包含韓國辣椒粉）……9, 54, 67, 72, 83, 90, 95, 98, 110, 123, 165, 167, 173, 176, 178, **180**, 181, 191, 193, 201, 213, 217, 218, 232, 235, 240, 243-246, 248, 250, 252-255, 257-262, 264
紅蔥頭……208, 240, 258, 260
紅咖哩……100, 258
茴香籽……127, 146, **147**, 149, 240, 243, 250, 252, 253, 255, 260, 262
茴香葉……38, 47, 74, **76**, 81, 243

黃金蒲桃……38, 258
黑豆蔻……39, 104, **107**, 109, 252-254, 260
黑岩鹽……160, 161, **166**, 169, 252
黑胡椒……19, 31, 32, 48-50, 59, 95, 123, 133, 135, 137, 139, 150, 176, 182, 184, **185**, 188, 212, 225, 234, 240, 242-246, 248, 250, 252, 253, 260, 262, 264
黑種草……39, 66, 84, **87**, 90, 203, 246, 252
黑醋栗芥末醬……205
黑萊姆……216, 248
葫蘆巴籽……160, 161, **164**, 168, 248, 252, 253, 262, 264
葫蘆巴葉……38, 74, **78**, 82, 248, 254
褐芥末……49, 82, 95, 163, 177, 197, 200, **202**-205, 232, 240, 242, 243, 252, 253, 255, 256, 262, 264

ㄐ

金針花……127, 260
金盞花……127, 248
韭菜（包含韭黃）……115, 208, 260, 262
韭蔥……45, 208, 240
接骨木花……127, 150, **153**, 156, 242, 260
菊花……127, 262
薑黃……9, 82, 95, 205, 224, 228-**230**, 232, 235, 240, 245, 248-250, 252-258, 262
假蒟……176, 258, 259

ㄑ

七味辣椒粉……91, 114, 262, 263
青花椒……177, 190, **191**, 192, 194
青辣椒（包含墨西哥辣椒）……138, 176, 178, **179**, 181, 250, 252, 255, 258-260, 262, 264
青辣椒莎莎醬（Salsa Mecaña）……180, 264

ㄒ

行者大蒜……208, 262
西芹（包含西芹葉、西芹籽）……38, 62, **65**, 67, 95, 173, 240, 260
香料麵包……240
香草……126, 140-**142**, 144, 157, 240, 246, 264
香橙（日本柚子）……39, 110, **113**, 116, 262
香檸檬……39, 243
香蘭葉……127, 150, **154**, 156, 258
細葉芹……38, 74, **75**, 81, 151, 240
新鮮生薑……21, 39, 47, 72, 95, 96, **99**, 102, 112, 116, 117, 123, 157, 181, 194, 204, 252, 254, 255, 258, 260-263

267

新鮮百里香（包含檸檬百里香）……31, 38, 40, 44, **45**, 49, 56, 57, 95, 157, 187, 233, 240, 241, 244, 246, 248, 250, 264

新鮮迷迭香……8, 31, 38, 40, 44, **46**, 49, 57, 67, 95, 243, 244

新鮮馬鬱蘭……38, 40, **41**, 47, 157, 240

新鮮奧勒岡葉……38, 40, **44**, 48, 116, 243, 246, 264

新鮮鼠尾草……38, 40, **43**, 44, 46, 48, 73, 233, 243, 246

新鮮羅勒……26, 38, 40, **42**, 47, 103, 240, 243, 248, 258, 264

蝦夷蔥……208, 240, 248

錫蘭肉桂……8, 62, 63, 95, 126, 128, **129**, 134-136, 157, 221, 230, 240, 242-246, 248, 250, 252, 253, 258

鹹甘草糖……242

小豆蔻……39, 63, 83, 95, 104, **105**, 108, 128, 134, 145, 156, 157, 172, 242, 245, 248-250, 252-255, 257, 258, 262

ㄓ

中芹……38, 260

竹葉……127, 262

ㄔ

長胡椒……176, 182, **186**, 189

陳皮……39, 110, **114**, 117, 255, 260, 262

橙花水……127, 245, 250

ㄕ

山葵……177, 196, **197**, 199, 262

山椒葉……177, 192, 262

山椒……19, 103, 177, 190, **192**, 194, 262

聖羅勒……38, 42, 258, 259

蒔蘿籽……39, 84, **85**, 89, 95, 157

蒔蘿葉……38, 74, **77**, 80, 82, 95, 157, 242, 246-248

ㄖ

日式黃芥末……177, 200, 205, 262

日式咖哩醬……256, 262

肉豆蔻（包含豆蔻皮）……19, 48, 81, 95, 126, 128, **131**, 137, 188, 235, 240, 246, 248-250, 252, 253, 258, 264

肉桂……8, 62, 63, 95, 126, 128-**130**, 134-136, 157, 221, 230, 235, 240, 242-246, 248-253, 255, 258, 260, 262, 265

ㄗ

孜然……8, 31, 66, 83, 90, 95, 146, 147, 160-162, **165**, 169, 217, 218, 230, 234, 240, 243, 245-248, 250-255, 257, 258, 260, 262, 264, 265

紫蘇（包含青紫蘇、紅紫蘇）……38, 52, 68, **70**, 103, 117, 179, 203, 204, 247, 262, 263

綜合胡椒粒……184, 240

ㄘ

刺芫荽……38, 258

蔥（包含青蔥、大蔥）……58, 79, 99, 115, 136, 189, 193, 208, 259-262

ㄙ

四川豆瓣醬……260

四香粉……48, 240, 250

酸豆……95, 160, 170, **171**, 173, 199, 240, 243

薩塔……38, 54, 91, 246

ㄚ

阿魏……208, 252, 253

ㄠ

凹唇薑……39, 96, **100**, 103, 258, 259

ㄧ

牙買加咖哩粉……264

印加孔雀草……38, 264

印度月桂葉……18, 21, 38, 62, **63**, 66, 252-254

印度藏茴香……39, 84, **88**, 90, 169, 252

柚子胡椒……262

洋甘菊……127, 150, **152**, 155

洋乳香……126, 246

洋茴香……95, 127, 136, 146, **148**, 149, 155, 156, 240, 242, 248, 250

洋蔥（包含紫洋蔥）……9, 30, 32, 49, 61, 66, 81-83, 90, 95, 130, 133, 134, 137, 144, 173, 179, 181, 187, 199, 203, 205, 208-**210**, 211, 212, 218, 221, 223-225, 240-242, 244, 247, 248, 250-255, 258-260, 262, 264, 265

胭脂樹紅……228, 264

櫻花葉……127, 144, 262

鹽漬檸檬……39, 250

鹽膚木……54, 216, 217, **221**, 224, 246, 247

ㄨ

五香粉……73, 132, 212, 258, 260

ㄩ

月桂葉……8, 18, 38, 45, 56, 61-63, **64**, 67, 137, 173, 225, 235, 240, 242, 260
芫荽……38, 74, 78, **79**, 83, 90, 117, 165, 181, 204, 218, 224, 248, 250, 252-254, 258, 260, 264
芫荽籽……19, 31, 83, 95, 160-**162**, 165, 184, 246, 248, 250, 252-255, 257-259, 262, 264, 265
魚腥草……38, 258

其他

Advieh……248
Ajika……248
Aleppo Pepper……176, 246
Aquavit……106, 242
Baharat……248
Balti Masala……252
Baobab……257
Bavarian Mustard……205
Bazhe……248
Berbere……98, 257
Bottle Masala……252
Bumbu……97, 258
Cajun spices……264
Cape Malay Curry Powder……165, 256
Cà ri……256, 258
Chaat Masala……166, 218, 223, 252
Chemen……248
Chermoula……250
Chilli Powder……264
Chimichurri……80, 264
Choricero Pepper……176, 244
Colombo Curry Powder……256
Dhana jiru……162, 252
Dhansak Masala……252, 254
Dukkah……91, 257
Durban Curry Powder……256
Dusseldorf Mustard……205
Espelette Pepper……176, 240
Fines Herbes……240
Goda Masala……162, 252
Golpar……39, 248
Goraka……216, 252
Gremolada……243

Hawaij……257
Jerk Paste……264, 265
Kanzuri……262
Khmeli Suneli……248
Kokum……216, 252
La Kama……250
Madras Curry Powder……256
Mahleb……127, 246
Marathi Moggu……176, 252
Mbongo……257
Mostarda……243
Moutarde Violette……205
Ñora Pepper……176, 244
Panch Phoron……147, 164, 202, 252, 253
Pesto……243
Pimentón……228, 244
Piquillo Pepper……228, 244
Podi……252
Qalat Daqqa……250
Ras el Hanout……106, 250, 251
Romesco……231, 244
Salsa Verde……179, 243
Sambal……258
Sambar Powder……252
Selim……257
Svanetian salt……248
Tabil……250
Tapenade……171, 240, 241
Teppal Pepper……177, 252
Vadouvan……151, 240, 241, 256
XO醬……260

後記

　　這是一本幫助大家更靈活運用香料的入門書，但裡頭提供的並不是絕對正確的解答。因為在料理世界中，最正確的答案，永遠來自我們實際動手烹調、並以感官品味過後的經驗。

　　簡單來說，只要自己覺得好吃，就是正確的答案。這說起來簡單，要發現屬於自己的答案其實並不容易，料理人最重要的是必須不斷嘗試與思考。經驗，是金錢買不到的寶藏。

　　每一次的嘗試，都能夠磨練我們下一次烹調時的直覺，隨著經驗的厚度逐漸增加，我們的料理也會因此變得越來越迷人。

　　請妥善把握每一次的料理經驗，這些經驗的價值難以估量。而我希望這本書，能夠成為你在不知道如何使用香料，或者對香料產生疑問時，為你提供繼續往下一步邁進的指引。

　　香料料理的可能性，就在每位正在料理的你手中。

　　最後，感謝協助完成這本書的各位。謝謝促成本書出版的中村先生，以及將我腦中的靈感製成漂亮圖像的三池先生、展現深厚排版功力的岡野先生、慷慨提供建議的野坂先生，還有精準捕捉光影、拍出美麗照片的加藤先生。另外，也感謝以天才般的想法製作出美麗食器的阪本先生、送來美味的魚的小千小姐，以及提供我新鮮香草的健太先生。

　　最後，感謝總是在身邊支持我的先生及家人，還有許多無法逐一唱名的人。無論您們曾經直接或間接地協助過我，我都在此獻上由衷的謝意。

日沼紀子

參考文獻

Bacon, Josephine. *AFRICA&THE MIDDLE EAST*. Lorenz Books. 2005.
Basan, Ghillie. *THE TURKISH COOKBOOK*. Lorenz Books. 2021.
Batmanglij, Najmieh. *COOKING in IRAN*. MAGE PUBLISHERS. 2018.
Bharadwaj, Monisha. *THE INDIAN COOKERY COURSE*. KYLE BOOKS. 2016.
Cuadro, Morena. *The Peruvian Kitchen*. Skyhorse Publishing. 2014.
Duguid, Naomi. *BURMA*. Artisan Books. 2012.
Duguid, Naomi. *TASTE OF PERSIA*. Artisan Books. 2016.
Erway, Cathy. *THE FOOD OF TAIWAN*. Houghton Mifflin Harcourt Publishing. 2015.
Ghyour, Sabrina. *Persiana*. Mitchell Beazley. 2014.
Goldstein, Darra. *FIRE+ICE*. Ten Speed Press. 2015.
Hal, Fatema et al. . *authentic recipes from morocco*. PERIPLUS EDITIONS. 2007.
Holzen, Heinz von et al. . *authentic recipes from Indonesia*. PERIPLUS EDITIONS. 2006.
Mers, Jhon De. *Authentic Recipes from JAMAICA*. PERIPLUS EDITIONS. 2005.
Nguyen, Luke. *THE FOOD OF VIETNAM*. Hardie Grant Books. 2013.
Norman, Jill. *Herbs&Spices*. Dorling Kindersley. 2002.
O'connell, Jhon. *THE BOOK OF SPICE*. PEGASUS BOOKS. 2016.
Orr, Stephen. *THE NEW AMERICAN HERBAL*. Clarkson Potter/Publishers. 2014.
Paula Wolfert, . *the FOOD of MOROCCO*. Harper Collins Publishers. 2011.
Spierings, Thea. *The real taste of Indonesia*. Hardie Grant Books. 2009.
Thiam, Pierre. *SENEGAL*. Lake Isle Press Inc.U.S. . 2015.
Wright, Jeni. *curry*. Dorling Kindersley. 2006.
岡谷文雄 編.『イタリアの地方料理』.柴田書店. 2020.
香取薫.『家庭で作れる 東西南北の伝統インド料理』.河出書房新社. 2022.
河田勝彦 編.『「オーボンヴュータン」河田勝彦のフランス郷土菓子』.誠文堂新光社. 2014.
ゴズラン、フレディ.『香料植物の図鑑』.原書房. 2013.
佐藤真.『パリっ子の食卓』.河出書房新社. 2019.
柴田書店 編.『プロのためのスペイン料理がわかる本』.柴田書店. 2022.
地球の歩き方編集室 編.『世界のカレー図鑑』.学研. 2022.
DK社 編著.『ビジュアルマップ大図鑑世界史』.東京書籍. 2020.
ドルビー、アンドリュー.『スパイスの人類史』.原書房. 2004.
日本メディカルハーブ協会 監修.『メディカルハーブ事典』.日経ナショナル・ジオグラフィック社. 2014.
パッション、アンドレ.『フランス郷土料理』.河出書房新社. 2020.
平松玲.『イタリア郷土料理 美味紀行』.講談社. 2021.
ブリテイン、ヘレン·C.『国別世界食文化ハンドブック』.柊風舎. 2019.
森山光司.『メキシコ料理大全』.誠文堂新光社. 2015.
ローダン、レイチェル.『料理と帝国』.みすず書房. 2016.
渡辺万里.『スペインの竜から』.現代書館. 2010.

書籍協力者

フレッシュハーブ まるふく農園 http://www.marufuku.noen.biz/
食器 阪本 健 https://www.takeshisakamoto.com/
食材—魚 千村重信
攝影 株式会社柚餅子総本家中浦屋 https://yubeshi.jp/
攝影 三明物産株式会社 https://sannmei.co.jp/
攝影 オステリア アリエッタ https://osteriaarietta.seesaa.net/
攝影 Yummy Traditional https://www.yummytraditional.com/
攝影 Namak by Jasleen https://www.instagram.com/namakswaadanusaar/
攝影背景 島村俊明 https://www.instagram.com/toshiaki.shimamura.works/

購買地點

フレッシュハーブ アイタイランド https://www.ai-thailand.com/
フレッシュハーブ 川辺農園 https://kawabefarm.com/
フレッシュハーブ まるふく農園 http://www.marufuku.noen.biz/
スパイス 大津屋 https://www.ohtsuya.com/
スパイス 神戸スパイス https://kobe-spice.jp/

台灣廣廈 國際出版集團 Taiwan Mansion International Group

國家圖書館出版品預行編目（CIP）資料

料理人香料應用圖鑑：第一本從「氣息、風味、色彩」教你香料入菜的專書・89種香辛料用法×112道食譜攻略 / 日沼紀子著. -- 新北市：臺灣廣廈有聲圖書有限公司, 2025.08
272面 ; 19×26公分
ISBN 978-986-130-663-6(平裝)

1.CST: 食譜 2.CST: 香料 3.CST: 香料作物

427.1　　　　　　　　　　　　　　　　　　　　114007836

台灣廣廈

料理人香料應用圖鑑

第一本從「氣息、風味、色彩」教你香料入菜的專書・89種香辛料用法×112道食譜攻略

作者・企劃・編輯・食物造型／日沼紀子　　　日文版工作團隊
譯者／王淳蕙　　　　　　　　　　　　　　　編輯／野坂牧子（hi foo farm）
編輯中心總編輯／蔡沐晨　　　　　　　　　　攝影／加藤晉平
編輯／許秀妃・特約編輯／彭文慧　　　　　　圖像設計／三池千鶴
封面設計／林珈仔・內頁排版／菩薩蠻　　　　封面設計・內頁設計／岡野雄一郎（hi foo farm）
製版・印刷・裝訂／東豪・弼聖・秉成　　　　編輯協力／藤本章公

行企研發中心總監／陳冠蒨　　　　　　　　　媒體公關組／陳柔彣
　　　　　　　　　　　　　　　　　　　　　綜合業務組／何欣穎

發　行　人／江媛珍
法律顧問／第一國際法律事務所 余淑杏律師・北辰著作權事務所 蕭雄淋律師
出　　版／台灣廣廈
發　　行／台灣廣廈有聲圖書有限公司
　　　　　地址：新北市235中和區中山路二段359巷7號2樓
　　　　　電話：（886）2-2225-5777・傳真：（886）2-2225-8052

代理印務・全球總經銷／知遠文化事業有限公司
　　　　　地址：新北市222深坑區北深路三段155巷25號5樓
　　　　　電話：（886）2-2664-8800・傳真：（886）2-2664-8801
郵政劃撥／劃撥帳號：18836722
　　　　　劃撥戶名：知遠文化事業有限公司（※單次購書金額未達1000元，請另付70元郵資。）

■出版日期：2025年08月
ISBN：978-986-130-663-6　　　版權所有，未經同意不得重製、轉載、翻印。

SPICE MATRIX : KOKO NO SPICE NO TOKUSEI WO TSUKAMI
SHOKUZAI YA CHOMIRYO TO LOGICAL NI KUMIAWASERU
Copyright © Noriko Hinuma 2024
All rights reserved.
Originally published in Japan in 2024 by Seibundo Shinkosha Publishing Co., Ltd.,
Traditional Chinese translation rights arranged with Seibundo Shinkosha Publishing Co., Ltd.,
through Keio Cultural Enterprise Co., Ltd.

禁止翻印、重製。本書所載之內容（包括正文、圖片、設計、圖表等），僅供個人用途使用。
在未經著作權人明確授權之情況下，禁止以任何形式擅自轉載、改作、發行或作商業用途利用。